高等教育"十三五"规划系列教材

土力学与地基基础

TULIXUE YU DIJI JICHU

主 编⊙苏 欣 杨继清
副主编⊙冯国建 刘文治 王立娜

西南交通大学出版社
·成都·

图书在版编目（ＣＩＰ）数据

土力学与地基基础 / 苏欣，杨继清主编. —成都：
西南交通大学出版社，2017.10
ISBN 978-7-5643-5829-7

Ⅰ. ①土… Ⅱ. ①苏… ②杨… Ⅲ. ①土力学 – 高等
学校 – 教材②地基 – 基础（工程）– 高等学校 – 教材 Ⅳ.
①TU4

中国版本图书馆 CIP 数据核字（2017）第 248636 号

土力学与地基基础

主　编／苏　欣　杨继清

责任编辑／姜锡伟

封面设计／墨创文化

西南交通大学出版社出版发行

（四川省成都市二环路北一段 111 号西南交通大学创新大厦 21 楼　610031）
发行部电话：028-87600564　028-87600533
网址：http://www.xnjdcbs.com
印刷：成都中铁二局永经堂印务有限责任公司

成品尺寸　185 mm×260 mm
印张　16.75　　字数　417 千
版次　2017 年 10 月第 1 版　　印次　2017 年 10 月第 1 次

书号　ISBN 978-7-5643-5829-7
定价　38.00 元

前　言

本书是配合高等教育"十三五"国家重点图书出版规划项目编写的系列教材之一，是高等学校土木建筑类及其他相关本、专科专业的专业基础教材，也可作为土建类专业勘测、设计及施工技术人员的参考书籍。

本书主要内容包括土力学与地基基础两部分，共 9 章。全书包括绪论、土的物理性质及工程分类、土体中的应力计算、土的压缩性与地基变形的计算、土的抗剪强度与地基承载力、土压力与土坡稳定、天然地基上的浅基础设计、桩基础及其他深基础、地基处理技术、特殊土地基及山区地基、土力学试验指导书。本书内容明确，实用性强，每章均有学习要点、思考题和习题，便于学生更好掌握本书内容。

本书由苏欣、杨继清主编。其中：杨继清编写第 0 章、第 1 章及负责土力学部分的统稿、修改和定稿，王立娜编写第 2 章和第 3 章；刘文治编写第 4 章和第 5 章；苏欣编写第 6 章、第 7 章以及土工试验指导书；冯国建负责编写第 8 章、第 9 章；地基基础部分由苏欣进行修订统稿。

由于编者水平有限，书中难免有不当或不妥之处，恳请使用本教材的广大师生、读者及专家提出宝贵意见。

编　者

2017 年 5 月

目 录

0 绪 论

0.1 概 述

0.1.1 土力学与地基基础的研究内容

土力学是以工程力学和土工测试技术为基础，利用力学的一般原理，研究与工程建设有关的土的应力、变形、强度和稳定性及其随时间变化规律的一门应用科学。

广义土力学还包括土的成因、组成、物理化学性质及分类等在内的土质学。

地基基础是建立在土力学基础上的设计理论与计算方法，和土力学密不可分。其研究内容涉及土力学、结构设计、施工技术以及与工程建设相关的各种技术问题。

研究地基问题实际就是研究土的问题，因为土力学是地基基础的理论基础。研究土力学就是要研究土的特性及其受力后的变化规律，由于一切工程的基础都建造在地表或埋置在土中，与土有着密切的关系，所以研究地表的土层的工程地质特性及力学性质，具有十分重要的意义。

0.1.2 土、土力学、地基与基础的概念

土：土是岩石风化的产物。地壳表层的岩石长期受物理、化学和生物风化的作用，致使大块岩体不断破碎与分解，再经过搬运、沉积而成为大小、形状和成分各不相同的松散颗粒集合体——土。

由于成土母岩矿物成分和形成的历史环境的不同，土体在自然界的种类繁多，分布复杂，性质各异。由于土颗粒之间的连接强度远小于土颗粒自身的强度，故土体常表现出散体性；由于土体内部的孔隙存在水和空气，常受外界温度、湿度及压力等因素的影响，故土具有多孔性、多样性、易变性等特点。因此，在工程建设前我们必须充分了解场地的工程地质情况，对土体做出正确的判断和评价。

地基与基础是两个完全不同的概念。我们通常将埋置于土层一定深度下的建（构）筑物下部与地基相接触的建（构）筑物底部称为基础，它起着支撑上部结构并把上部结构荷载传递给地基的任务。而支承建筑物荷载的土层或岩层称为地基。与建（构）筑物基础底面直接接触的土层称为持力层；而在持力层下面的土层称为下卧层，强度低于持力层的下卧层称为软弱下卧层。上部结构、地基与基础的关系如图 0-1 所示。

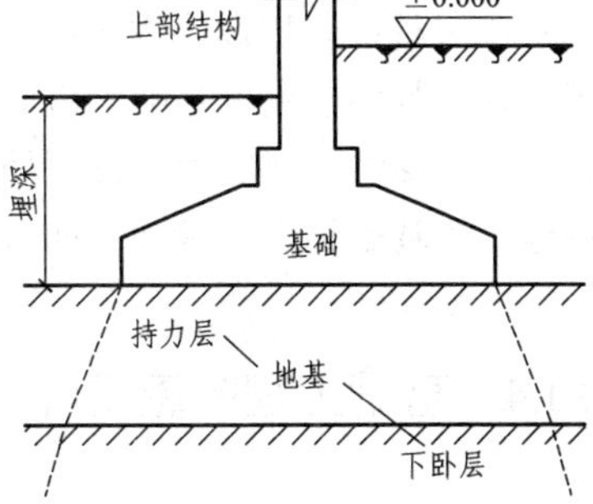

图 0-1 地基与基础示意图

基础在建（构）筑物中起着承上启下的作用，即承受上部结构作用的全部荷载，并将其传递、扩散到地基中。因此，基础必须具有足够的强度和稳定性，以保证建（构）筑物的安全和正常使用。而地基承载着由基础传递来的整个建（构）筑物的荷载，对整个建（构）筑物的安全和正常使用起根本性的作用，所以要求地基必须具有足够的强度和稳定性，地基的沉降变形在规范允许的范围内。

地基基础的设计需满足三个条件：

① 强度要求，即作用于地基上的荷载效应（基底压应力）不得超过地基承载力（特征值或容许值），在荷载的作用下地基不发生剪切破坏或失稳。

② 变形要求，控制地基的变形，使之不超过建筑物的地基变形允许值，保证建筑的正常使用。

③ 基础结构本身应具有足够的强度和刚度，在地基反力作用下会发生强度破坏，并且具有改善地基沉降与不均匀沉降的能力。

虽然建（构）筑物的地基、基础和上部结构的功能和作用各不相同，但三者是相互联系、相互制约的整体。设计时应根据场地的地质勘察资料，综合考虑地基、基础和上部结构的相互作用，考虑静力平衡、变形协调及施工条件，对各种设计方案进行技术比较，从而选择安全可靠、经济合理、技术先进、施工方便及对环境保护有益的地基基础设计方案。

0.1.3　地基与基础的类型

根据土层地质条件的变化情况、上部结构荷载大小的要求、荷载的特点和施工的技术条件，可采用不同形式、不同类型的地基基础。

1. 地基的类型

无论是岩层还是土层，都是自然界的产物，拟建场地一经确定，人们对工程地质条件便没有选择的余地，只能尽可能地了解，并进行合理的利用和处理。未经加固处理直接作为地基的天然土层称为天然地基；如地基土层较软弱，工程性质较差，需对其进行人工处理或加固后才能作为建（构）筑物地基的称为人工地基。

2. 基础的类型

基础有多种类型，按埋置深度的不同可分为浅基础和深基础。对一般的建（构）筑物，若地基土层较好，埋深不大（$h < 5$ m），采用一般方法和设备施工的基础称为浅基础，如独立基础、条形基础、筏板基础、箱形基础、壳体基础等。如果建（构）筑物荷载较大或地基土层较软弱，需要将基础埋置于较深处（$h \geqslant 5$ m）良好的土层上，且需借助特殊的施工方法及机械设备施工的基础称为深基础，如桩基础、墩基础、沉井基础、沉箱基础及地下连续墙等。

0.1.4　基础工程的重要性

地基和基础是建（构）筑物的根基，又位于地面以下，属地下隐蔽工程。它的勘察、设计以及施工质量的好坏，直接影响建筑物的安全。事实上，并不是每个基础工程设计都是成功的，许多建筑物的工程质量事故是由地基基础事故造成的。而且，地基基础一旦发生质量事故，补救与处理都很困难，甚至不可挽救，损失极大。因此，工程技术人员必须对地基基础问题给予足够的重视，以高度的责任感和科学的态度，对待工程的地基基础问题。许多工程事故都与地基基础有关，例如意大利比萨斜塔、苏州的虎丘塔等，都发生严重的塔身倾斜，原因都与地基的强度和变形有关。

举几个国内外地基基础成败的工程实例：

1. 变形问题

举世闻名的意大利比萨斜塔就是一个典型实例。意大利的比萨斜塔自1173年9月8日动工，至1178年建至第4层中部高度29 m时，因塔明显倾斜而停工。94年后，1272年复工，经6年时间建完第7层，高48 m，再次停工中断82年。1360年再次复工，至1370年竣工，前后历经近200年。该塔共8层，高55 m，全塔总荷重145 MN，相应的地基平均压力约为50 kPa。地基持力层为粉砂，下面为粉土和黏土层。由于地基的不均匀下沉500多年来以每年倾斜1 cm的速度增加，塔向南倾斜，南北两端沉降差1.8 m，塔顶离中心线已达5.27 m，倾斜5.5°，成为危险建筑（图0-2）。

比萨斜塔全景

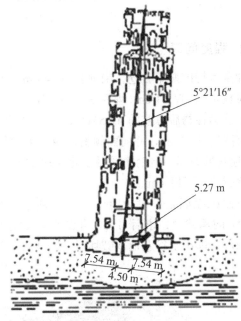

比萨斜塔剖面图

图0-2 比萨斜塔

苏州虎丘塔，建于五代周显德六年至北宋建隆二年（公元959—961），7级八角形砖塔，塔底直径13.66 m，高47.5 m，重63 000 kN。其地基土层由上至下依次为杂填土、块石填土、亚黏土夹块石、风化岩石、基岩等，由于地基土压缩层厚度不均及砖砌体偏心受压等，该塔向东北方向倾斜。1956—1957年间，相关单位对上部结构进行修缮，但使塔重增加了2 000 kN，加速了塔体的不均匀沉降。1957年，塔顶位移为1.7 m，到1978年发展到2.32 m，重心偏离基础轴线 0.924 m，砌体多处出现纵向裂缝，部分砖墩应力已接近极限状态。后在塔周建造一圈桩排式地下连续墙，并采用注浆法和树根桩加固塔基，基本遏制了塔的继续沉降和倾斜（图 0-3）。

图 0-3 苏州虎丘塔

2. 强度问题

加拿大特朗斯康谷仓，南北长 59.44 m，东西宽 23.47 m，高 31.00 m。其基础为钢筋混凝土筏板基础，厚 61 cm，埋深 3.66 m。谷仓 1911 年动工，1913 年秋完成。谷仓自重 20 000 t，相当于装满谷物后总重的 42.5%。1913 年 9 月装谷物，至 31 822 m^3 时，发现谷仓 1 小时内竖向沉降达 30.5 cm，并向西倾斜，24 h 后倾倒，西侧下陷 7.32 m，东侧抬高 1.52 m，倾斜 27°。地基虽破坏，但钢筋混凝土筒仓却安然无恙，后用 388 个 50 t 千斤顶纠正后继续使用，但位置较原先下降 4 m。

事故的原因是：设计时未对谷仓地基承载力进行调查研究，而采用了邻近建筑地基 352 kPa 的承载力，事后 1952 年的勘察试验与计算表明，该地基的实际承载力为 193.8 ~ 276.6 kPa，远小于谷仓地基破坏时 329.4 kPa 的地基压力，地基因超载而发生强度破坏（图 0-4）。

图 0-4 加拿大特朗斯康谷仓

3. 渗透问题

1963 年，意大利 265 m 高的瓦昂拱坝上游托克山左岸发生大规模的滑坡，滑坡体从大坝附近的上游扩展长达 1 800 m，并横跨峡谷滑移 300 ~ 400 m，估计有 2 亿 ~ 3 亿立方米的岩块滑入水库，冲到对岸形成 100 ~ 150 m 高的岩堆，致使库水漫过坝顶，冲毁了下游的朗格罗尼镇，死亡约 2 500 人，但大坝却未遭破坏。

我国连云港码头的抛石棱体，1974 年发生多次滑坡。

1998 年长江全流域发生特大洪水时，万里长江堤防经受了严峻的考验，一些地方的大堤垮塌，大堤地基发生严重管涌，洪水淹没了大片土地，人民生命财产遭受巨大的威胁。仅湖北省沿江段就查出 4 974 处险情，其中：重点险情 540 处，有 320 处属地基险情；溃口性险情 34 处，除 3 处是涵闸险情外，其余都是地基和堤身的险情。

0.2　本课程的内容、特点及学习要求

"土力学与地基基础"是高等院校土建类专业的一门必修课程。本课程包括土力学和基础工程两部分，土力学部分为专业基础课，基础工程部分为专业课。本课程涉及工程地质学、土力学、结构设计和施工等几个学科领域，内容广泛，综合性、理论性和实践性很强。学生学习时应从本专业出发，重视工程地质的基本知识，培养阅读和使用工程地质勘察资料的能力，掌握土的应力、变形、强度和地基计算等土力学基本原理，并能应用这些基本概念和原理，结合有关结构理论和施工知识，分析和解决地基基础问题。

本书主要内容包括土力学与地基基础两部分，共 9 章。本书内容明确，实用性强，每章均有学习要点、思考题和习题，便于学生更好掌握本书内容。

第 0 章为绪论、第 1 章土的物理性质及工程分类，为本课程的基础知识部分；第 2 章土体中的应力计算；第 3 章土的压缩性与地基变形计算；第 4 章土的抗剪强度与地基承载力，为土力学的基本原理部分，也是本课程的重点内容，分别讲述了土体中的应力分布及地基沉降计算的方法，土的抗剪强度理论及剪强度测试方法，土的极限平衡原理和条件，地基承载力的确定方法；第 5 章土压力与土坡稳定，讲述土坡稳定分析的基础知识，土压力的概念，产生条件及计算，重力式挡土墙的墙型选择、验算内容和方法。

第 6 章天然地基上的浅基础设计、第 7 章桩基础及其他深基础两章分别讲述浅基础的类型与设计、施工要点，桩基础的类型与设计、施工要点；第 8 章地基处理讲述了常用地基处理方法和适用范围；第 9 章特殊土地基及山区地基讲述了区域性特殊土如湿陷性黄土、膨胀土和红黏土的主要物理特性，以及为减少其对基础的危害所采取的方法和措施。

土工试验指导书主要介绍了常规试验的目的、原理、步骤和方法。

在本课程的学习中，必须自始至终抓住土的变形、强度和稳定性问题这一重要线索，并特别注意认识土的多样性和易变性等特点。此外，还必须掌握有关的土工试验技术及地基勘察知识，对建筑场地的工程地质条件作出正确的评价，才能运用土力学的基本知识去正确解决基础工程中的疑难问题。

本课程与材料力学、结构力学、弹性理论、建筑材料、建筑结构及工程地质等有着密切

的关系，本书在涉及这些学科的有关内容时仅引述其结论，要求理解其意义及应用条件，而不把注意力放在公式的推导上。

通过本课程的学习，学生应掌握下列几方面的知识：

（1）熟悉土的基本物理、力学性质，掌握一般土工试验原理和方法。

（2）掌握土中应力、变形、强度及土压力的基本理论和计算，学会利用这些知识分析解决地基基础工程中的实际问题。

（3）掌握天然地基上一般浅基础的设计方法及单桩承载力的计算和桩基础的设计，了解基坑支护与地基处理的一般方法。

（4）能正确地使用《建筑地基基础设计规范》（GB 50007—2011）及其他相关的规范、规程进行地基基础的设计计算。

此外，在处理基础工程问题时，必须运用本课程的基本原理，深入调查研究，针对不同情况进行具体分析。因此，在学习时必须注意理论联系实际，才能提高分析问题和解决问题的能力。

0.3 土力学与地基基础的发展概况

土力学与地基基础既是一门古老的工程技术，又是一门新兴的理论，它伴随着生产实践的发展而发展，经历了从感性认识到理性认识、形成独立学科和新的发展四个阶段。

1. 经验积累和感性认识阶段（18 世纪以前）

人们对土在工程建设方面的特性还停留在感性认识状态，许多土力学问题只凭借经验解决。如公元前 3 世纪修建的万里长城，公元 7 世纪开通的南北大运河。

2. 理论发展阶段（18 世纪中期至 19 世纪末）

（1）1773—1776 年，法国库仑（Coulomb）根据试验，提出了土的抗剪强度和土压力和滑动土楔理论，土力学进入古典理论时期，1857 年朗肯（Rankine）从塑性应力场出发建立了新的土压力理论。

（2）1885 年，法国辛纳斯克（Roussinesq）求得半无限空间弹性体在竖向集中力作用下，全部 6 个应力分量和 3 个形变分量的理论解，为以后计算地基变形建立了理论基础。

（3）达西（Darcy，1856 年）通过水在砂中的渗流试验，建立达西公式，为以后研究渗流和固结理论打下了基础。

3. 形成独立学科阶段（19 世纪末至 20 世纪）

1922 年，瑞典费伦纽斯（Fellenius）在处理铁路滑坡问题时，提出了土坡稳定分析方法。

4. 迅速进展阶段（20 世纪至今）

（1）1925 年，美国土力学家太沙基（Terzaghi）的《土力学》（Erdbaumechanik）出版，土力学的发展进入了一个新的时期，土力学成为一门独立的学科。

（2）为了总结和交流世界各国的理论和经验，1936 年，国际土力学基础工程学会成立，之后每 4 年召开一次国际土力学和基础工程会议，推动了这门学科在世界范围的发展。

（3）1956 年，土力学进入近代时期，以美国科罗拉多州波德尔（Bouder,colorado）举行的黏土抗剪强度学术会议以及英国正在开展的土应力-应变性质研究工作为时代的标志。

（4）在以后的时间里，由于计算机的普及应用，土力学在基本理论、计算方法、室内和现场的试验设备等诸多方面都取得了革命性的发展。

时至今日，在土建、交通、水利、桥隧等相关的工程中，以岩土体的利用、改造与整治问题为研究对象的科技领域，因其区别于结构工程的特殊性和各专业岩土问题的共同性，已融合为一个自成体系的新专业——岩土工程。我国土力学与地基基础科学技术，作为岩土工程的一个重要组成部分，将继续遵循现代岩土工程的工作方法和研究思路，取得更高、更多的成就，为我国的现代化建设作出更大的贡献。

思考题

1. 土力学与地基基础研究的内容是什么？什么是地基和基础？
2. 地基和基础的类型有哪些？
3. 什么是天然地基？什么是人工地基？
4. 联系工程实际说明基础工程的重要性。

1 土的物理性质及工程分类

【学习要点】

本章将首先阐明土的组成、土的基本物理性质指标及有关特征，再利用这些指标及特征对土进行分类。要求掌握土的三相组成，熟练计算土的物理性质及物理状态指标，熟悉土的压实原理，了解地基土的工程分类，为后续学习土力学打下基础。

1.1 土的组成

土是一种松散的颗粒堆积物，由固相、液相和气相三部分组成。固相部分主要是土粒，有时还有粒间胶结物和有机质，它们在土中起着骨架作用；液相部分为水及其溶解物；气相部分为空气和其他气体。如土中孔隙全部为水填充时，称为饱和土；如土中孔隙全部为气体充满时，为干土；如孔隙中同时存在空气和水时，为湿土。在一般情况下，在地下水位以上一定高度范围内的土为湿土。饱和土和干土为二相系，湿土为三相系，只有当饱和土完全冻结时，土才为单相系。

1.1.1 土的固相

土的固相是土粒的骨架部分，土粒的矿物成分、形状、大小及其搭配情况对土的工程性质有明显的影响。

1. 矿物成分

在自然界，土是风化作用的产物。其中：物理风化只引起岩块的机械破碎，使岩石产生量的变化，其风化产物基本保持与母岩相同的成分，称为原生矿物，如长石、石英、云母等，它们的性质比较稳定、无塑性，砾石和砂等粗粒土主要由原生矿物所组成。而化学风化则使岩石发生质的变化，它不仅破坏了母岩的结构，而且使其化学成分发生改变并形成新的矿物，这种矿物称为次生矿物，如高岭石、伊利石、蒙脱石等，它们的性质比较活泼，有较强的吸附水的能力，具有塑性。

土中含黏土矿物愈多，土的黏性、塑性和胀缩性也愈大。因此，评价工程性质时，必须重视土的形成历史、环境及存在条件对土性的影响。

2. 土粒的大小和土的级配

土颗粒的大小与成土矿物之间存在一定的相互关系。因此，土粒的大小也就在一定程度上反映了土粒性质的差异。例如，颗粒粗大的卵石、砾石和砂大多数为浑圆状或棱角状的石英颗粒，具有较大的透水性，不具有黏性；而颗粒较小的黏粒，则具有黏性，透水性较低等。（在工程上，粗粒土的粒径用土粒所能通过的最小筛孔尺寸表示，细粒土的粒径则用土粒的水力当量直径表示。）

　　天然土是由无数大小不同的土粒所组成的，逐个研究每个颗粒的大小是不可能的。因此，常常把大小相接近的土粒合并在一起，称为粒组。工程上常用的粒组有：砾、砂粒、粉粒、黏粒、胶粒。其中，又把粒径大于 0.075 mm 的土粒称为粗粒组，小于 0.075 mm 的土粒称为细粒组。各粒组的进一步细分和粒径范围见表 1-1。

表 1-1　土的粒组

粒组名称			粒径范围/mm
粗粒组	砾	粗砾	60～20
		中砾	20～5
		细砾	5～2
	砂粒	粗粒	2～0.5
		中粒	0.5～0.25
		细粒	0.25～0.075
细粒组	粉粒		0.075～0.005
	黏粒		<0.005
	胶粒		<0.002

为便于研究：

土中某颗粒的土粒含量（x）定义为：

$$x = \frac{W_i}{W} \times 100\%$$ （1-1）

式中　W_i ——某粒组中土粒质量；

　　　W ——干土总质量。

而土中个粒组的相对含量称为土的级配。

3. 颗粒分析试验

　　测定土中各粒组百分含量的过程，称为颗粒分析。

　　在实验室中，常用的试验方法有：对粒径大于 0.075 mm 的粗粒土用筛析法；对粒径小于 0.075 mm 的细粒土用比重计法等。当土中兼含有大于和小于 0.075 mm 的土粒时，两种方法可联合使用。

　　筛析法是利用一套孔径由大到小的筛子，将事先称过质量的干试样放入筛中，充分振摇，将留在各级筛上的土分别称量，先算出小于某粒径的土粒含量，再确定土中各粒组的相对含量。

比重计法是根据土粒在静水中的沉降速度不同来分离土粒组的。其实质是根据密度相同的土粒在静水中自由下沉时，粒径大的沉速快，粒径小的沉速慢的原理进行的。

根据斯托克斯（Stokes）公式，得：

$$v = \frac{g(\rho_s - \rho_w)}{1\,800\eta} \cdot d^2 \quad （粒径和速度的关系）\tag{1-2}$$

式中：ρ_s 为土粒密度；ρ_w 为水的密度；η 为水的动力黏滞系数。

对于某一种土的悬液来说，当 T 不变时，式（1-2）中的 g、ρ_s、ρ_w、η 均为常数，令

$$A = \sqrt{\frac{1\,800\eta}{g(\rho_s - \rho_w)}}\tag{1-3}$$

则

$$d = A \cdot \sqrt{v}\tag{1-4}$$

可见，在一定温度下，比重相当的土粒，沉速与粒径的平方成正比。另外，从质点运动原理学可得：

$$v = \frac{l}{t}\tag{1-5}$$

式中：l 为土粒沉降深度；t 为土粒沉降时间。

从而

$$\frac{d}{A} = \sqrt{\frac{l}{t}} \Rightarrow d = A \cdot \sqrt{\frac{l}{t}}\tag{1-6}$$

所以，在实验室，只要测出 l 和 t，d 就可以求出，进而计算出各粒组的百分含量。

4. 颗粒分析成果的表示方法

为使颗粒分析成果便于利用和容易看出规律，需要将粒径分析的资料加以整理并用较好的方法表现出来。目前，通常采用表格法和图解法来表示。

1）表格法

表格法是将分析资料填在已列好的表格内，如表 1-2 所示。

表 1-2　表格法分析粒组的百分含量

土样编号	粒组的百分含量						
	>2 mm	2~0.5 mm	0.5~0.25 mm	0.25~0.1 mm	0.1~0.05 mm	0.05~0.005 mm	<0.005 mm
土样1	21	8	6	18	8	29	10
土样2	10.6	64.5	16.4	8.5			

该法简单，内容具体，但不易看出规律性。

2）图解法

常用的图解法有累积曲线、分布曲线、三角图三种。这里着重介绍前两种。

（1）累积曲线：以土粒粒径为横坐标，以小于该粒径的土粒含量为纵坐标绘得。累积曲线有自然数坐标和半对数坐标两种，而后者应用较广。

（2）分布曲线：以各粒组的平均粒径为横坐标（对数比例尺），以各粒组的土粒含量为纵坐标绘得。

举例说明颗粒分析试验及两种曲线的绘制过程。

【例 1-1】 从干砂样中称取质量 1 000 g 的试样，放入标准筛中，经充分振摇，称各级筛上留下的土粒质量，见表 1-3，试求土中各粒组的土粒含量。

表 1-3 标准筛分试验结果

筛孔径/mm	2.0	1.0	0.5	0.25	0.15	0.1	底盘
各级筛上的土粒质量/g	100	100	250	300	100	50	100
小于各级筛孔直径的土粒含量/%	90	80	55	25	15	10	
各粒组的土粒含量/%	10	10	25	30	10	5	

【解】 根据表 1-3 中的数据绘制累积曲线，见图 1-1。

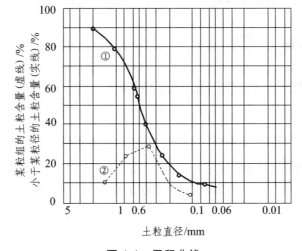

图 1-1 累积曲线

由此可知，某粒组的百分含量等于其上限粒径对应的百分含量减去下限颗粒对应的百分含量。

5．颗粒分析试验曲线的应用

1）累积曲线的用途

它的形态表明土的分选性。曲线平缓，表示粒径大小相差悬殊，土粒不均匀，分选性差，"级配好"；曲线陡，表示粒径大小相差不大，土粒较均匀，分选性好，"级配不好"。此外，根据累积曲线还可以直接得出如下参数：

（1）土的有效粒径（d_{10}）：土的最有代表性的粒径，是非均粒土累积含量为 10% 的颗粒直径。

（2）土的控制（中值）粒径（ d_{30} ）、土的限制粒径（ d_{60} ）。

（3）任一粒组的百分含量：某粒组的百分含量等于其上限粒径对应的百分含量减下限粒径对应的百分含量。

（4）土的平均粒径（ d_{50} ）。

（5）相当于任一百分含量的最大粒径。

根据上述参数，可计算不均匀系数和曲率系数。

（1）不均匀系数：

$$C_\text{u} = \frac{d_{60}}{d_{10}}$$ （1-7）

（2）曲率系数：

$$C_\text{c} = \frac{d_{30}^2}{d_{10} \cdot d_{60}}$$ （1-8）

累积曲线越陡， C_u 越小，表示土粒越均匀；反之，曲线平缓， C_u 越大，表示土粒不均匀。因此， C_u 的大小可衡量土颗粒的离散程度（均匀程度）。一般情况下， C_u 越大，当它压实时可得较高的密实度。但对某级配不连续的土，其累积曲线呈台阶状，尽管 C_u 很大，但渗透稳定性仍然很差。

累积曲线的形状可用 C_c 反映。若 C_c 过大，表示台阶出现在 $d_{10} \sim d_{30}$ ；若 C_c 过小，表示台阶出现在 $d_{30} \sim d_{60}$ 。

总之，土的级配好坏可用离散程度和曲线形状表示，也就可用 C_u 和 C_c 来衡量。

2）分布曲线

分布曲线可反映土的级配连续性，若为单峰，则级配连续。若为双峰或多峰，则

$$\begin{cases} \text{双峰之间各点对应粒组的土粒含量大于3\%时，连续；} \\ \text{双峰之间各点对应粒组的土粒含量小于3\%时，不连续。} \end{cases}$$

一般认为：砾类土或砂类土同时满足 $C_\text{u} \geqslant 5$ 且 $C_\text{c} = 1 \sim 3$ 两个条件时，则定名为良好级配砾或良好级配砂，否则级配不好。

1.1.2　土的液相

土中水即为土的液相，分结合水和自由水两大类。

1. 结合水

结合水是指土粒表面由电分子引力吸附着的土中水。研究表明，细小土粒与周围介质相互作用使其表面带负电荷，围绕土粒形成电场。

在土粒电场范围内的水分子以及水溶液中的阳离子(如 Na^+ 、 Ca^{2+} 等)一起被吸附在土粒周围。水分子是极性分子，受电场作用而定向排列，且越靠近土粒表面吸附越牢固，随着距离的增大，吸附力减弱，活动性增大。因此结合水可分为强结合水和弱结合水，如图1-2所示。

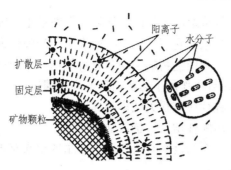

图 1-2 结合水示意

（1）强结合水。

强结合水指紧靠于颗粒表面的结合水。其所受电场的作用力很大，几乎完全固定排列，丧失液体的特性而接近于固体。强结合水冰点远低于 0 ℃，最低为 − 78 ℃；密度为 1.2 ~ 2.4 g/cm^3，比自由水密度的大。强结合水没有传递静水压力和溶解盐类的能力，温度在 105 ℃以上时才能蒸发。

（2）弱结合水。

弱结合水，也称薄膜水，存在于扩散层，是位于强结合水外围的一层水膜，其厚度较强结合水大（为 5 ~ 10 μm），受到电分子引力小，呈黏滞体状态。它仍不能传递静水压力，不能自由流动，但能从厚的水膜向薄的水膜处转移，直至平衡为止。

随着与土粒表面的距离增大，吸附力逐渐减少，弱结合水逐渐过渡为自由水。

2. 自由水

在土粒电场影响范围以外的水称为自由水。它的性质与普通水无异，能传递静水压力和溶解盐类，温度为 0 ℃时结冰。自由水按其移动时作用力的不同，可分为毛细水和重力水。

（1）毛细水。

毛细水是土孔隙中受到表面张力作用而存在的自由水，一般只存在于地下水位以上的透水土层中。由于表面张力的作用，地下水沿着土的孔隙不规则的毛细孔上升，形成上升水带。其上升高度视土颗粒的大小而不同，一般黏性土层中毛细上升高度可达 5 m。粒径大于 2 mm 的颗粒，孔隙较大，一般不存在毛细水。

毛细水上升到地面会引起沼泽化、盐渍化，而且还会使地基土润湿，强度降低，增大变形量，在寒冷地区还会加剧土的冻胀作用。

（2）重力水。

重力水是在土的孔隙中受重力作用而自由流动的水，一般存在于地下水位以下的透水土层中。在地下水位以下的土，受到重力水的浮力作用，而使土中应力状态发生变化。因此，在基坑的施工中应注意重力水产生的影响。

1.1.3 土中的气相

土中气体即为土的气相，存在于土孔隙中未被水占据的部分，可分为与大气连通的非封闭气泡和与大气不连通的封闭气泡两种。

与大气连通的气体，其含量取决于孔隙的体积和孔隙被水填充的程度，它对土的性质影响不大；与大气隔绝的封闭气泡，它不易逸出，增大了土的弹性和压缩性，同时降低了土的透水性。在泥和泥炭土中，由于微生物的活动和分解作用，土中产生一些可燃气体（如硫化氢、甲烷等），使土层不易在自重作用下压密而形成高压缩性的软土层。

土中所含的水对土的工程性质有很大的影响：

（1）软化土粒，使土的压缩性增大，抗剪强度降低。

（2）对细砂土和软黏土，在振荡荷载的作用下，水的存在有可能导致砂土的液化和软黏土的触变，对工程不利。

（3）土中水的渗透会导致土的渗透破坏，使土体失稳。

（4）水的浮力存在，会降低地基土的承载力。

1.2 土的物理性质指标

土的物理性质指标就是表示土中三相比例关系的一些物理量。

土的物理性质指标，可分为两类：一类是必须通过试验测定的，如含水量、密度和土粒比重，称为试验指标（基本指标）；另一类是可以根据试验测定的指标换算的，如孔隙比、孔隙率和饱和度等，称为换算指标。

为便于说明，常利用三相图。如图 1-3 所示，图中 m 表示质量，V 表示体积，下标 a、w、s 和 v 分别表示空气、水、土粒和孔隙。

下面我们详细介绍以下土的各项指标。

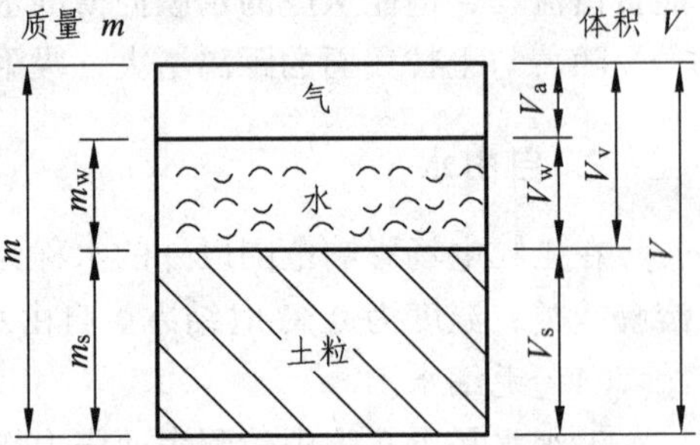

1.2.1 土的基本指标

图 1-3 土的三相图

土的物理性质指标中有三个基本指标可直接通过土工试验测定，亦称直接测定指标。

1. 土的密度 ρ

土的密度（ρ）：亦称湿密度、天然密度，定义为单位体积土的质量，用 ρ 表示，其单位为 kg/m^3（或 g/cm^3）。

$$\rho = \frac{m}{V} = \frac{m_w + m_s}{V_w + V_s + V_a} \tag{1-10}$$

对于黏性土，常用环刀法、蜡封法、注水法、注沙法测其密度。天然状态下土的密度变化范围较大，其参考值为：一般黏性土 $\rho = 1.8 \sim 2.0 \ g/cm^3$；砂土 $\rho = 1.6 \sim 2.0 \ g/cm^3$。

工程中常用重度 γ 来表示单位体积土的重力，它与土的密度有如下关系：

$$\gamma = \rho \times g \tag{1-10}$$

式中　　g ——重力加速度，约等于 $9.807 \ m/s^2$，工程中一般取 $g = 10 \ m/s^2$。

天然重度的变化范围较大，与土的矿物成分、孔隙的大小、含水的多少等有关。一般 γ = 16 ~ 20 kN/m^3。通常比较密实的土重度较大。

2. 土的含水量 w

土在天然状态下，土中水的质量与土颗粒质量之比的百分率，称为土的含水量，亦称为含水率。

$$w = \frac{m_\mathrm{w}}{m_\mathrm{s}} \times 100\% = \frac{m - m_\mathrm{s}}{m_\mathrm{s}} \times 100\% \qquad (1\text{-}11)$$

土的含水量通常用烘干法测定，亦可近似采用酒精燃烧法、红外线法、铁锅炒干法等快速测定。

土的含水量是标志土的湿度的一个重要指标。天然土层的含水量变化范围较大，一般为 10% ~ 60%。

3. 土粒相对密度（土粒比重）d_s（G_s）

土粒的质量与同体积纯蒸馏水在 4℃ 时质量的比值称为土粒的相对密度，即：

$$d_\mathrm{s} = \frac{m_\mathrm{s}}{V_\mathrm{s} \rho_\mathrm{w}} = \frac{\rho_\mathrm{s}}{\rho_\mathrm{w}} \qquad (1\text{-}12)$$

式中　ρ_s —— 土粒的密度，即单位体积土粒的质量；

　　　ρ_w —— 4℃ 时纯蒸馏水的密度，一般取 ρ_w = 1.0 g/cm^3。

因为 ρ_w = 1.0 g/cm^3，故实用上，土粒相对密度在数值上即等于土粒的密度，但它是一无量纲数。

土粒的相对密度常用比重瓶法测定。由于天然土体是由不同的矿物颗粒所组成的，而这些矿物的相对密度各不相同，因此试验测定的是试验土样所含的土粒的平均相对密度。

土粒相对密度的变化范围不大，细粒土（黏性土）一般为 2.70 ~ 2.75，砂土一般在 2.65 左右。土中有机质含量增加时，土粒相对密度减小。

1.2.2　反映土的孔隙特征、含水程度的指标

1. 土的孔隙比 e

土的孔隙体积与土颗粒体积之比值称为孔隙比，即：

$$e = \frac{V_\mathrm{v}}{V_\mathrm{s}} \qquad (1\text{-}13)$$

孔隙比是评价土的密实程度的重要物理性质指标。一般地，$e<0.6$ 的土属密实的低压缩性土，$e>1.0$ 的土是疏松的高压缩性土。

2. 土的孔隙率 n

土的孔隙率是指土中孔隙体积与土总体积之比，即单位体积的土体中孔隙所占的体积，

以百分数表示。

$$n = \frac{V_v}{V} \times 100\%$$（1-14）

一般粗粒土的孔隙率小，细粒土的孔隙率大。如砂类土的孔隙率一般是 28% ~ 35%，黏性土的孔隙率有时可高达 60%。

3. 土的饱和度

土中水的体积与孔隙体积之比值称为饱和度，以百分数表示，即：

$$S_r = \frac{V_w}{V_v} \times 100\%$$（1-15）

土的饱和度反映了土中孔隙被水充满的程度。如果 $S_r = 100\%$，表明土孔隙中充满水，土是完全饱和的；$S_r = 0$，则土是完全干燥的。通常可根据饱和度的大小将砂土划分为稍湿、很湿和饱和三种状态：

$S_r \leqslant 50\%$　　　　稍湿

$50\% < S_r \leqslant 80\%$　　　很湿

$S_r > 80\%$　　　　　饱和

2.2.3　反映土单位体积质量（或重力）的指标

1. 土的干密度 ρ_d

土单位体积中固体颗粒部分的质量称为土的干密度 ρ_d，即：

$$\rho_d = \frac{m_s}{V}$$（1-16）

土的干密度一般为 1.3 ~ 1.8 g/cm³。工程上常用土的干密度来评价土的密实程度，以控制填土、高等级公路路基和坝基的施工质量。

2. 土的饱和密度 ρ_{sat}

土中孔隙完全被水充满时，土单位体积的质量称为土的饱和密度 ρ_{sat}，即：

$$\rho_{sat} = \frac{m_s + V_v \rho_w}{V}$$（1-17）

式中　　ρ_w——水的密度，近似取 $\rho_w = 1.0$ g/cm³。

3. 土的有效密度（或浮密度）ρ'

在地下水位以下，单位体积中土粒的质量扣除同体积水的质量后，即为单位土体积中土粒的有效质量，称为土的有效密度 ρ'，即：

$$\rho' = \frac{m_s - V_s \rho_w}{V} \tag{1-18}$$

除上述几种密度外，工程上还常用干重度 γ_d、饱和重度 γ_{sat} 和有效重度 γ 表示相应含水状态下单位体积土的重力，其数值等于上述相应的密度乘以重力加速度 g，即 $\gamma_d = \rho_d g$，$\gamma_{sat} = \rho_{sat} g$，$\gamma' = \rho' g$，各重度指标的单位为 kN/m³。

同一种土体在体积不变的条件下，它的各种密度在数值上有如下关系：

$$\rho_{sat} > \rho > \rho_d > \rho'$$

1.2.4 物理指标间的换算

反映三相比例关系的指标中，只要通过试验直接测定土的密度 ρ、含水量 w 和相对密度 d_s，便可利用三相图推算出其他各个指标。

图 1-4 是常用的土的三相比例指标换算图，可按下述步骤填绘。

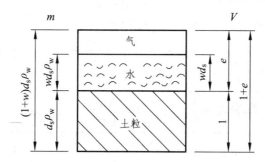

图 1-4　土的三相物理指标换算图

设土粒体积 $V_s = 1$，则根据孔隙比定义得：

$$V_v = V_s e = e \qquad V = 1 + e$$

根据相对密度定义得：

$$m_s = d_s \rho_w V_s = d_s \rho_w$$

根据含水量定义得：

$$m_w = w m_s = w d_s \rho_w \qquad m = m_s + m_w = d_s \rho_w (1 + w)$$

根据体积和质量关系：

$$V_w = \frac{m_w}{\rho_w} = w d_s$$

根据图 1-4，可由指标的定义得到下述计算公式（表 1-4）：

$$\rho = \frac{m}{V} = \frac{d_s(1+w)}{1+e} \rho_w \qquad\qquad \rho_d = \frac{m_s}{V} = \frac{d_s \rho_w}{1+e} = \frac{\rho}{1+w}$$

$$\rho_{sat} = \frac{m_s + V_v \rho_w}{V} = \frac{(d_s + e)\rho_w}{1+e} \qquad \rho' = \frac{m_s - V_s \rho_w}{V} = \rho_{sat} - \rho_w$$

$$e = \frac{d_s \rho_w}{\rho_d} - 1 = \frac{d_s(1+w)\rho_w}{\rho} - 1 \qquad n = \frac{V_v}{V} = \frac{e}{1+e}$$

$$S_r = \frac{V_w}{V_v} = \frac{w d_s}{e}$$

表 1-4　土的三相比例指标常用换算公式

名　称	符号	三相比例表达式	常用换算式	单　位	常见的数值范围
含水量	w	$w = \dfrac{m_w}{m_s} \times 100\%$	$w = \dfrac{S_r e}{d_s} = \dfrac{\rho}{\rho_d} - 1$		$20\% \sim 60\%$
土粒相对密度	d_s	$d_s = \dfrac{m_s}{V_s \rho_w}$	$d_s = \dfrac{S_r e}{w}$		黏性土：$2.72 \sim 2.76$ 粉　土：$2.70 \sim 2.71$ 砂　土：$2.65 \sim 2.69$
密　度	ρ	$\rho = \dfrac{m}{V}$	$\rho = \rho_d(1+w)$ $\rho = \dfrac{d_s(1+w)}{1+e}\rho_w$	g/cm³	$1.6 \sim 2.0$
干密度	ρ_d	$\rho_d = \dfrac{m_s}{V}$	$\rho_d = \dfrac{d_s \rho_w}{1+e} = \dfrac{\rho}{1+w}$	g/cm³	$1.3 \sim 1.8$
饱和密度	ρ_{sat}	$\rho_{sat} = \dfrac{m_s + V_v \rho_w}{V}$	$\rho_{sat} = \dfrac{(d_s + e)\rho_w}{1+e}$	g/cm³	$1.8 \sim 2.3$
有效密度	ρ'	$\rho' = \dfrac{m_s - V_s \rho_w}{V}$	$\rho' = \rho_{sat} - \rho_w$ $\rho' = \dfrac{d_s - 1}{1+e}\gamma_w$	g/cm³	$0.8 \sim 1.3$
重　度	γ	$\gamma = \rho g$	$\gamma = \dfrac{d_s(1+w)}{1+e}\gamma_w$	kN/m³	$16 \sim 20$
干重度	γ_d	$\gamma_d = \rho_d g$	$\gamma_d = \dfrac{d_s \gamma_w}{1+e}$	kN/m³	$13 \sim 18$
饱和重度	γ_{sat}	$\gamma_{sat} = \rho_{sat} g$	$\gamma_{sat} = \dfrac{(d_s + e)\gamma_w}{1+e}$	kN/m³	$18 \sim 23$
有效重度	γ'	$\gamma' = \rho' g$	$\gamma' = \dfrac{d_s - 1}{1+e}\gamma_w$	kN/m³	$8 \sim 13$
孔隙率	n	$n = \dfrac{V_v}{V} \times 100\%$	$n = 1 - \dfrac{\rho_d}{d_s \rho_w} = \dfrac{e}{1+e}$		黏性土和粉土：$30\% \sim 60\%$ 砂土：$25\% \sim 45\%$
孔隙比	e	$e = \dfrac{V_v}{V_s}$	$e = \dfrac{d_s \rho_w}{\rho_d} - 1$ $e = \dfrac{d_s(1+w)\rho_w}{\rho} - 1$		黏性土和粉土：$0.40 \sim 1.20$ 砂土：$0.30 \sim 0.90$
饱和度	S_r	$S_r = \dfrac{V_w}{V_v} \times 100\%$	$S_r = \dfrac{w \rho_d}{n \rho_w} = \dfrac{w d_s}{e}$		$0 \sim 100\%$

【例 1-2】　某一块试样，在天然状态下体积为 210 cm³，质量为 350 g，烘干后质量为 310 g，根据试验得到的土粒比重 G_s 为 2.67，试求该试样的密度、含水量、孔隙比、孔隙率和饱和度。

【解】　（1）已知：$V = 210$ cm³，$m = 350$ g

所以，

$$\rho = \frac{m}{V} = \frac{350}{210} = 1.67 \text{ g/cm}^3$$

（2）已知：$m_s = 310$ g

则

$$m_w = m - m_s = 350 - 310 = 40 \text{ g}$$

所以

$$w = \frac{m_w}{m_s} = \frac{40}{310} = 12.9\%$$

（3）已知：$G_s = 2.67$

则

$$V_s = \frac{m_w}{G_s} = \frac{310}{2.67} = 116 \text{ cm}^3$$

$$V_v - V - V_s = 210 - 116 = 94 \text{ cm}^3$$

所以

$$e = \frac{V_v}{V_s} = \frac{96}{116} = 0.81$$

（4）$n = \dfrac{V_v}{V} = \dfrac{94}{210} = 44.8\%$

（5）$V_w = \dfrac{m_w}{\rho_w} = \dfrac{40}{1} = 40 \text{ cm}^3$

所以

$$S_r = \frac{V_w}{V_v} = \frac{40}{94} = 43\%$$

【例 1-3】　已知土粒比重为 2.68，土的密度为 1.91 g/cm³，含水量为 29%，求土的干密度、孔隙比、孔隙率和饱和度。

【解】　已知：$\rho = 1.91 \text{g/cm}^3$，$w = 29\%$，则

$$\rho_d = \frac{\rho}{1+w} = \frac{1.91}{1+0.29} = 1.48 \text{ g/cm}^3$$

已知：$G_s = 2.68$，则

$$e = \frac{\rho_s}{\rho_d} - 1 = \frac{2.68}{1.48} - 1 = 0.82$$

于是

$$n = \frac{e}{1+e} = \frac{0.82}{1+0.82} = 45\%$$

$$S_r = \frac{wG_s}{e} = \frac{0.29 \times 2.68}{0.82} = 95\% = 95\%$$

G_s，$w {\rightarrow} e$，n，S_r，ρ_{sat}（γ_{sat}），ρ_d（γ_d），γ' 等的表达式。

推导间接指标的关键在于：熟悉各个指标的定义及其表达式，能熟练利用土的三相简图。

推导公式主要步骤：

（1）利用 V_s 作为未知数，将土的三相图中的各相物质的质量用 ρ（γ），G_s，w 和 V_S 表示出来，填在图 1-4 中。

（2）先将孔隙比 e 的表达式求出来，然后将其他指标用 ρ（γ），G_s，ω 和 e 来表达。

依图 1-4，将 $m =$（$1+w$）$G_s V_s \rho_w$ 和 $V =$（$1+e$）V_s 代入 $\rho = \dfrac{m}{V}$ 中可得：

$$e = \frac{(1+w)\ G_s \rho_w}{\rho} - 1 \qquad (1\text{-}20)$$

注意：此时 e 为已知指标，根据各间接指标定义，利用三相简图可求得其他指标。

1.3 土的物理状态指标

无黏性土颗粒较粗，粒间无黏结力，它们的工程性质与其密实度有关。如密实状态则其强度高，压缩性小。反之，则强度低，压缩性大。

1.3.1 无黏性土（砂土）的相对密实度

反映土体密实度的指标有孔隙比（e）、干密度（ρ_d）、相对密实度（D_r）和标准贯入击数（N）。

1. 根据天然孔隙比 e 判断土的密实度

砂土的密实度可用天然孔隙比 e 来衡量：

（1）当 $e \leqslant 0.6$ 时，属密实的砂土，是良好的地基。

（2）当 $e \geqslant 0.95$ 时，为松散状态，不宜作天然地基。

（3）当 $0.6 < e < 0.95$ 时，为中等密实状态。

根据 e 来评定砂土的密实度虽然简单，但没有考虑土颗粒级配的影响。如：同样密实的砂土，当颗粒均匀时，e 大；当颗粒不均匀时，e 小。因此，仅由一个指标 e 无法反映土颗粒级配的因素。为了克服这个缺点，常采用 D_r（相对密度）来衡量砂土的密实程度。

2. 根据无黏性土的相对密实度 D_r 判断土的密实度

$$D_r = \frac{e_{max} - e_0}{e_{max} - e_{min}} \qquad (1\text{-}21)$$

式中 e_0——无黏性土的天然孔隙比或无黏性填土的填筑孔隙比；

$e_{\max}$ ——无黏性土的最大孔隙比，由它的最小干密度换算；

$e_{\min}$ ——无黏性土的最小孔隙比，由它的最大干密度换算。

而
$$e_{\max} = \frac{G_s \rho_w}{\rho_{d\min}} - 1 , \quad e_{\min} = \frac{G_s \rho_w}{\rho_{d\max}} - 1 , \quad e_0 = \frac{G_s \rho_w}{\rho_d} - 1$$

所以
$$D_r = \frac{(\rho_d - \rho_{d\min})\rho_{d\max}}{(\rho_{d\max} - \rho_{d\min})\rho_d} \qquad (1-22)$$

显然：（1）当某无黏性土的 $e_0 = e_{\max}$ 时，则 $D_r = 0$，土处于最松状态。

（2）若 $e_0 = e_{\min}$，则 $D_r = 1$，土处于最密状态。

（3）工程上，无黏性土按 D_r 区分为：

① $0 < D_r < 1/3$，疏松；

② $1/3 < D_r < 2/3$，中密；

③ $2/3 < D_r \leq 1$，密实。

试验时，一般可采用"松散器法"测定最大孔隙比 $e_{\max}$，采用"振击法"测定最小孔隙比 $e_{\min}$。

由于天然状态砂土的孔隙比 e 值难以测定，尤其是位于地表下一定深度的砂层测定更为困难，此外按规程方法室内测定 $e_{\max}$ 和 $e_{\min}$ 时，人为误差也较大。因此，相对密度这一指标在理论上虽然能够更合理地确定土的密实状态，但由于以上原因，通常多用于填方工程的质量控制中，对于天然土尚难以应用。

3. 根据无黏性土的标准贯入击数 N_n 试验判断土的密实度

从理论上讲，用相对密实度划分砂土的密实度是比较合理的，但由于测定砂土的最大孔隙比和最小孔隙比试验方法的缺陷，试验结果常有较大的出入，同时也很难在地下水位以下的砂层中取得原样，砂土的天然孔隙比是很难测定的。这就使相对密实度的应用受到限制。因此，在工程实践中通常用标准贯入击数来划分砂土的密实度。

在式 N_n 中，当 $n = 10$ kg 时是轻型，当 $n = 63.5$ kg 时是重型，标准贯入击数试验是用规定的锤重（63.5 kg）和落距（76 cm）的标准贯入器（带有刃口的对开管，外径 50 mm，内径 35 mm）打入土中，记录贯入一定深度（30 cm）所需的锤击数 N 值的原位测试方法。标准贯入试验的贯入锤击数反映了土层的松密和软硬程度，是一种简易的测试手段。

《建筑地基基础设计规范》（GB 50007—2011）分别给出了判别标准（表 1-5）。

表 1-5　砂土和碎石土密实度的划分

密实度	松散	稍密	中密	密实
按 N 评定砂土的密实度	$N \leq 10$	$10 < N \leq 15$	$15 < N \leq 30$	$N > 30$
按 $N_{63.5}$ 评定碎石土的密实度	$N_{63.5} \leq 5$	$5 < N_{63.5} \leq 10$	$10 < N_{63.5} \leq 20$	$N_{63.5} > 20$

注：① N 值为未经过杆长修正的数值。

② $N_{63.5}$ 为经综合修正后的平均值，适用于平均粒径小于或等于 50 mm 且最大粒径不超过 100 mm 的卵石、碎石、圆砾、角砾。

1.3.2 黏性土的物理状态指标

黏性土，是指具有可塑状态性质的土，它们在外力的作用下，可塑成任何形状而不开裂，当外力去掉后，仍可保持原形状不变，土的这种性质称为可塑性。

含水量对黏性土的工程性质有着极大的影响。随着黏性土含水量的增大，土变成泥浆，呈黏滞流动的液体。当施加外力时，泥浆将连续地变形，土的抗剪强度近乎为零；当含水量逐渐降低到某一值，土会显示出一定的抗剪强度，并具有可塑性，它表现为塑性体的特征；当含水量继续降低时，土能承受较大的外力作用，不再具有塑性体特征，而呈现具有脆性的固体特征。

1. 黏性土的界限含水量

1）界限含水量

黏性土由于其含水量的不同，而分别处于固态、半固态、可塑状态和流动状态。

黏性土从一种状态转变为另一种状态的分界含水量称为界限含水量。如图 1-5 所示，土由可塑状态变化到流动状态的界限含水量称为液限（或流限），用 w_L 表示；土由半固态变化到可塑状态的界限含水量称为塑限，用 w_P 表示；土由半固态不断蒸发水分，体积逐渐缩小，直到体积不再缩小时土的界限含水量称为缩限，用 w_S 表示。界限含水量首先由瑞典科学家阿特堡（Atterberg，1911）提出，故这些界限含水量又称为阿特堡界限。

2）液限与塑限的测定

我国目前采用锥式液限仪（图 1-6）来测定黏性土的液限。它是将调成浓糊状的试样装满盛土杯，刮平杯口面，使 76 g 重圆锥体（含有平衡球，锥角 30°）在自重作用下徐徐沉入试样，如经过 15 s 圆锥沉入深度恰好为 10 mm 时，则该试样的含水量即为液限 w_L 值。

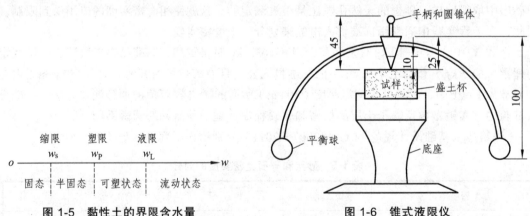

图 1-5　黏性土的界限含水量　　　　图 1-6　锥式液限仪

塑限多采用"搓条法"测定。把塑性状态的土重塑均匀后，用手掌在毛玻璃板上把直径 10 mm 的土团搓成小土条。搓滚过程中，水分渐渐蒸发，若土条刚好搓至直径为 3 mm 时产生裂缝并开始断裂，此时土条的含水量即为塑限 w_P 值。

由于上述方法采用人工操作，人为因素影响较大，测试成果不稳定，因此国标规定采用液、塑限联合测定法。

联合测定法是采用锥式液限仪，以电磁放锥，利用光电方式测读锥入土深度。试验时一般对三个不同含水量的试样进行测试，在双对数坐标纸上做出各次锥入土深度及相应含水量的关系曲线（大量试验表明其接近于一直线（图 1-7），则对应于圆锥体入土深度为 10 mm 及 2 mm 时，土样的含水量就分别为该土的液限和塑限。

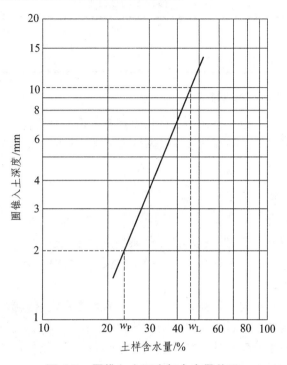

图 1-7 圆锥入土深度与含水量关系

2. 黏性土的塑性指数和液限指数

1）塑性指数 I_P

液限与塑限之差称为塑性指数 I_P，习惯上略去百分号，即：

$$I_P = w_L - w_P \qquad (1-24)$$

塑性指数表示土处在可塑状态的含水量的变化范围，其值的大小取决于土中黏粒的含量多少。黏粒含量越多，土的塑性指数越大，表示土在含水量变化较大范围内，仍保持可塑性状态。

I_P 反映黏性土的可塑性大小，是描述黏性土物理状态的重要指标之一，因此塑性指数常作为工程上对黏性土进行分类的依据。

2）液性指数 I_L

土的天然含水量与塑限的差除以塑性指数称之为液性指数 I_L，即：

$$I_L = \frac{w - w_P}{w_L - w_P} = \frac{w - w_P}{I_P} \qquad (1-25)$$

液性指数表征了土的天然含水量与分界含水量之间的相对关系，是黏性土软硬程度的物理性能指标。液性指数 I_L 越大，土质越软，反之土质越硬。《建筑地基基础设计规范》按液性指数大小将黏性土划分为五种软硬状态，划分标准见表1-6。

表 1-6　黏性土的软硬状态

状　态	坚　硬	硬　塑	可　塑	软　塑	流　塑
液性指数	$I_L \leq 0$	$0 < I_L \leq 0.25$	$0.25 < I_L \leq 0.75$	$0.75 < I_L \leq 1.0$	$I_L > 1.0$

3. 黏性土的灵敏度和触变性

天然状态下的黏性土，由于地质历史作用常具有一定的结构性。当土体受到外力扰动作用，其结构遭受破坏时，土的强度降低，压缩性增高。工程上常用灵敏度 S_t 来衡量黏性土结构性对强度的影响，即：

$$S_t = \frac{q_u}{q_u'} \qquad (2\text{-}22)$$

式中　q_u、q_u' ——原状土和重塑土试样的无侧限抗压强度，kPa。

根据灵敏度可将饱和黏性土分为：低灵敏（$1.0 < S_t \leq 2.0$），中等灵敏（$2.0 < S_t \leq 4.0$）和高灵敏（$S_t > 4.0$）三类。

土的灵敏度愈高，其结构性愈强，受扰动后土的强度降低就愈明显。因此，在基础工程施工中必须注意保护基槽，尽量减少对土结构的扰动。

与结构性相关的是土的触变性。饱和黏性土受到扰动后，结构产生破坏，土的强度降低。但当扰动停止后，土的强度随时间又会逐渐增长，这是土体中土颗粒、离子和水分子体系随时间而逐渐趋于新的平衡状态的缘故。也可以说土的结构逐步恢复而导致强度的恢复。

黏性土结构遭到破坏，强度降低，但随时间发展土体强度恢复的胶体化学性质称为土的触变性。

例如，打桩时会使周围土体的结构扰动，使黏性土的强度降低，而打桩停止后，土的强度会部分恢复，所以打桩时要"一气呵成"，才能进展顺利，提高工效，这就是受土的触变性影响的结果。

【例1-4】今有A、B两种黏性土，经取样测得它们的天然密度（ρ）、天然含水量（w）、液限（w_L）及塑限（w_P）如表1-7所示。

表 1-7　A、B 两种土的物理性质指标

土样	A	B
$\rho/$（g/cm^3）	1.91	1.94
$w/\%$	28.0	20.5
$w_L/\%$	40.0	30.0
$w_P/\%$	20.0	18.0

则：比较密实的土为___B___；

黏性较大的土为___A___；

比较硬的土为___B___。

1.4 土的压实性

土的压实性是指在一定的含水率下，以人工或机械的方法，使土能够压实到某种密实程度的性质。

土工建筑物，如土坝、土堤及道路填方是用土作为建筑材料填筑而成的。为了保证填土有足够的强度、较小的压缩性和透水性，施工中常常需要压实填料，以提高土的密实度和均匀性。填土的密实度常以其干密度 ρ_d 来表示。

土的压实性在室内是通过击实试验来研究的。击实试验有轻型和重型两种类型。《土工试验方法》规定轻型击实试验适用于粒径小于 5 mm 的土，重型击实试验适用于粒径小于 40 mm 的土。

轻型击实试验的击实筒容积为 947 cm³，击锤的质量为 2.5 kg，如图 1-8 所示。试验时把制备成某一含水率的土样分三层装入击实筒，每装入一层均用击锤依次锤击 25 下，击锤落高为 30.5 cm，由导筒加以控制。

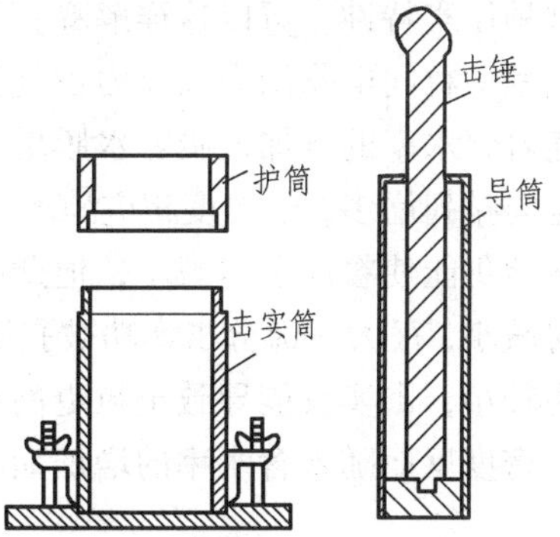

重型击实试验的击实筒容积为 2 104 cm³，击锤的质量为 4.5 kg，落高为 45.7 cm，分 5 层击实，每层锤击 56 下。击实后，测出土样的含水率和密度，再算出相应的干密度。

压实试验分为击实试验（室内测定）和现场碾压试验两种。

图 1-8 土的击实实验

1.4.1 影响土压实性的因素

影响土压实性的因素主要有含水率、击实功能、土的种类和级配以及粗粒含量。

1. 含水率的影响

对同一种土料，分别在不同的含水率下，用同一击数将它们分层击实，测定土样的含水率和密度，再算出相应的干密度，然后以含水率为横坐标，干密度为纵坐标，点绘成击实曲线，如图 1-9 所示。从图中可以看出，当含水率较小时，土的干密度随着含水率的增加而增大，而当干密度随着含水率的增加达到某一值后，含水率的继续增加反而使干密度减小。干密度的这一最大值称为该击数下的最大干密度 ρ_{dmax}，此时相应的含水率称为最优含水率 w_{op}。

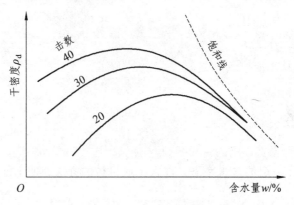

图 1-9 含水率与干密度的关系曲线

这就是说，当击数一定时，只有在某一含水率下才能获得最佳的击实效果。土所具有的这种压实特性，可以这样解释：黏性土在含水率较低时，土粒表层的吸着水膜也较薄，击实过程中粒间电作用力以引力占优势，土粒相对错动困难，并趋向于形成任意排列，干密度小；随着含水率的增加，吸着水膜增厚，击实过程中粒间斥力增大，土粒容易错动，因此，土粒定向排列增多，干密度相应地增大。但是当含水率达到最优含水率后，如再继续增大含水率，虽然仍能使粒间引力减小，但此时空气以封闭气泡的形式存在于土体内，击实时气泡体积暂时减小，很大一部分击实功被孔隙中的水所吸收（转化为孔隙水压力），而土粒骨架所受到的力较小，击实仅能导致土粒更高程度的定向排列，土体几乎不发生永久的体积变化。因而，干密度反而随着含水率的增加而减小。

2. 击实功能的影响

土的压实性除了与含水率有关外，还与击实的功能有关。在实验室内击实功能是用击数来反映的，对于同一种土，压实的功能小，则所能达到的最大干密度也小，反之，压实功能大，则所能达到的最大干密度也大；而压实功能小，则最优含水率大，压实功能大，则最优含水率小。如果用同一种土料在不同含水率下分别用不同击数进行击实试验，就能得到一组随击数而异的含水率与干密度关系曲线，如图 1-9 所示。图 1-9 中虚线为饱和线，即饱和度为 100%时的含水率与干密度关系曲线，它的表达式即

$$w = \frac{\rho_{\text{w}}}{\rho_{\text{d}}} - \frac{1}{G_{\text{s}}}$$ （1-26）

由图 1-6 可见：

（1）土料的最大干密度和最优含水率不是常数。最大干密度随击数的增加而逐渐增大，最优含水率则逐渐减小。但是这种增大或减小的速率是递减的，因此，光靠增加击实功能来提高土的最大干密度是有一定限度的。

（2）当含水率较低时击数的影响较显著。当含水率较高时，含水率与干密度关系曲线趋近于饱和线，也就是说，这时提高击实功能是无效的。

还应指出，填料的含水率过高或过低都是不利的。含水率过低，填土遇水后容易引起湿陷；过高又将恶化填土的其他力学性质。因此，在实际施工中填土含水率的控制得当与否，不仅涉及经济效益，而且影响到工程质量。

3. 土类和级配的影响

土的压实性还与土的种类、级配等因素有关。试验表明，同样含水率情况下，黏性土的黏粒含量愈高或塑性指数愈大，愈难以压实。

对于无黏性土，含水率对压实性的影响没有像黏性土那么敏感，击实试验结果如图 1-10 所示。可以看出其击实曲线与黏性土的不同，在含水率较大时得到较高的干密度。因此，在无黏性土的实际填筑中，通常需要不断洒水使其在较高含水率下压实。无黏性土的填筑标准，通常是用相对密实度来控制的，一般不进行击实试验。

图 1-10 无黏性含水率与
干密度的关系曲线

在同一土类中，土的级配对它的压实性影响很大，级配良好的土，易于压实，反之，则不易压实。这是因为级配良好的土有足够的细土粒去充填较粗土粒形成的孔隙，因而获得较高的干密度，而级配不良的土则正好相反，较粗土粒形成的孔隙缺少足够的细土粒去充填，所以其干密度较小。

4. 粗粒含量的影响

由于击实仪尺寸的限制，《土工试验方法》中规定轻型击实试验允许试样的最大粒径为 5 mm，重型击实试验允许试样的最大粒径为 40 mm。当土内含有大于试验规程规定的粒径时，常需先剔除超出粒径部分，然后进行试验。这样测得的最大干密度和最优含水率与实际土料在相同击实功能下的最大干密度和最优含水率不同。对于轻型击实试验，当土内粒径大于 5 mm 的土粒含量不超过 25%～30%（土粒浑圆时，容许达 30%；土粒呈片状时，容许达 25%）时，可认为土内粗土粒可均匀分布在细土粒之内，同时细土粒达到了它的最大干密度。于是，实际土料的最大干密度和最优含水率可按下面两个式子校正：

最大干密度

$$\rho'_{d\max} = \cfrac{1}{\cfrac{1-P_5}{\rho_{d\max}} - \cfrac{P_5}{\rho_w G_{s5}}} \tag{1-27}$$

式中　$\rho_{d\max}$ ——粒径小于 5 mm 土料的最大干密度；

　　　$\rho'_{d\max}$ ——相同击实功能下实际土料的最大干密度；

　　　P_5 ——粒径大于 5 mm 的土粒含量；

　　　G_{s5} ——粒径大于 5 mm 的土粒的饱和面干比重。

最优含水率

$$w'_{op} = w_{op}(1-P_5) + w_{ab}P_5 \tag{1-28}$$

式中　w_{op} ——粒径小于 5 mm 土料的最优含水率；

　　　w'_{op} ——相同击实功能下实际土料的最优含水率；

　　　w_{ab} ——粒径大于 5 mm 土粒的吸着含水率。

其余符号意义同前。

1.5　土的工程分类

对天然形成的土来说，其成分、结构和性质千变万化，其工程性质也千差万别。为了能大致判别土的工程性质和评价土作为地基或建筑材料的适宜性，有必要对土进行科学的分类。分类体系的建立是将工程性质相近的土归为一类，以便对土作出合理的评价和选择恰当的方法对土的特性进行研究。因此，必须选用对土的工程性质最有影响、最能反映土的基本属性，又便于测定的指标作为土的分类依据。

各部门对土的工程性质的着眼点不完全相同，因而目前并无全行业统一的分类法。本节主要介绍《建筑地基基础设计规范》（GB 50007—2011）的分类法、细粒土按塑性图分类法、公路桥涵地基土分类法。

1.5.1　《建筑地基基础设计规范》中地基土分类

在该规范中，按土粒大小、粒组的土粒含量或土的塑性指数把地基土分为岩石、碎石土、砂土、粉土、黏性土和人工填土等。

1. 岩　石

岩石是指颗粒间牢固黏结，呈整体或具有节理裂隙的岩体。

1）岩石的坚硬程度

岩石的坚硬程度可根据岩块的饱和单轴抗压强度 f_{rk} 分为坚硬岩、较硬岩、较软岩、软岩、极软岩，如表 1-8 所示。

表 1-8　岩石坚硬程度的划分

坚硬程度类别	坚硬岩	较硬岩	较软岩	软岩	极软岩
饱和单轴抗压强度标准值 f_{rk}/MPa	$f_{rk}>60$	$60 \geqslant f_{rk}>30$	$30 \geqslant f_{rk}>15$	$15 \geqslant f_{rk}>5$	$f_{rk} \leqslant 5$

2）岩石的完整程度

岩石的完整程度根据完整性指数划分为完整、较完整、较破碎、破碎、极破碎，见表 1-9。

表 1-9　岩石的完整程度

完整程度等级	完整	较完整	较破碎	破碎	极破碎
完整性指数	>0.75	0.75～0.56	0.55～0.35	0.35～0.15	<0.15

注：完整性指数为岩体压缩波速与岩块压缩波速之比的平方。

2. 碎石土

碎石土是指粒径大于 2 mm 的颗粒含量超过全重 50% 的土。

根据粒组含量及颗粒形状可分为漂石或块石、卵石或碎石、圆砾或角砾，其密实度按骨架颗粒占总量的百分比、颗粒的排列、可控性与可钻性分为密实、中密和稍密，见表1-10。

表1-10 碎石土的分类

土的名称	颗粒形状	粒组含量
漂 石	圆形及亚圆形为主	粒径大于 200 mm 的颗粒超过全重的 50%
块 石	棱角形为主	
卵 石	圆形及亚圆形为主	粒径大于 20 mm 的颗粒超过全重的 50%
碎 石	棱角形为主	
圆 砾	圆形及亚圆形为主	粒径大于 2 mm 的颗粒超过全重的 50%
角 砾	棱角形为主	

3. 砂 土

砂土是指粒径大于 2 mm 的颗粒含量不超过全重 50%，而粒径大于 0.075 mm 的颗粒含量超过全重 50% 的土。

根据粒组含量分为砾砂、粗砂、中砂、细砂和粉砂，见表1-11。

表1-11 砂土的分类

土的名称	粒 组 含 量
砾 砂	粒径大于 2 mm 的颗粒占全重 25%~50%
粗 砂	粒径大于 0.5 mm 的颗粒超过全重 50%
中 砂	粒径大于 0.25 mm 的颗粒超过全重 50%
细 砂	粒径大于 0.075 mm 的颗粒超过全重 85%
粉 砂	粒径大于 0.075 mm 的颗粒超过全重 50%

注：分类时应根据粒组含量由大到小以最先符合者确定。

4. 粉 土

粉土是指粒径大于 0.075 mm 的颗粒含量不超过全重 50%，且塑性指数小于或等于 10 的土。现有资料分析表明，粉土的密实度与天然孔隙比 e 有关，一般 $e \geq 0.9$ 时，为稍密，强度较低，属软弱地基；$0.75 \leq e < 0.9$，为中密；$e < 0.75$，为密实，其强度高，属良好的天然地基。

粉土的湿度状态可按天然含水量 w（%）划分，当 $w < 20\%$ 时，为稍湿；$20\% \leq w < 30\%$，为湿；$w \geq 30\%$，为很湿。粉土在饱水状态下易于散化与结构软化，以致强度降低，压缩性增大。

5. 黏性土

黏性土是指塑性指数 I_P 大于 10 的土，且颗粒大于 0.075 mm 的颗粒含量不超过总量的 50%。

黏性土根据塑性指数可分为粉质黏土（$10 < I_P \leq 17$）和黏土（$I_P > 17$）。

工程实践表明，土的沉积年代对土的工程性质影响很大，不同沉积年代的黏性土，尽管其物理性质指标可能很接近，但其工程性质可能相差悬殊。因此《岩土工程勘察规范》按土的沉积年代又分为：老黏性土、一般黏性土和新近沉积的黏性土。

1）老黏性土

老黏性土是指第四纪晚更新世（Q_3）及其以前沉积的黏性土。广泛分布于长江中下游、湖南、内蒙等地。其沉积年代久，工程性能好，通常在物理性质指标相近的条件下，比一般黏性土强度高而压缩性低。

2）一般黏性土

一般黏性土是指第四纪全新世（Q_4，文化期以前）沉积的黏性土，在工程上最常遇到，透水性较小，其力学性质在各类土中属于中等。

3）新近沉积的黏性土

新近沉积的黏性土是指文化期以来新近沉积的黏性土。其沉积年代较短，结构性差，一般压缩尚未稳定、而且强度很低，其主要分布于山前洪积扇的表层以及掩埋的湖、塘、沟、谷和河水泛滥区。

6．人工填土

人工填土是指由于人类活动而形成的堆积物，其物质成分杂乱，均匀性较差。根据其物质组成和成因可分为素填土、杂填土和冲填土三类。

1）素填土

素填土是指由碎石、砂土、粉土、黏性土等组成的填土，不含杂质或含杂质很少，按主要组成物质分为碎石素填土、砂性素填土、粉性素填土及黏性素填土，经分层压实或夯实的素填土称为压实填土。

2）杂填土

杂填土指含有大量建筑垃圾、工业废料或生活垃圾等杂物的填土，按组成物质分为建筑垃圾土、工业垃圾土及生活垃圾土。

3）冲填土

冲填土指由水力冲填泥砂形成的填土。

人工填土可按堆填时间分为老填土和新填土。通常把堆填时间超过 10 年的黏性填土或超过 5 年的粉性填土称为老填土，否则称为新填土。

1.5.2 特殊土的分类

特殊土是指具有一定分布区域或工程意义上具有特殊成分、状态和结构特征的土，主要包括软土、黄土、膨胀土、红黏土、盐渍土、冻土、填土、可液化土等。

（1）软土：沿海的滨海相、三角洲相、溺谷相，内陆的河流相、湖泊相、沼泽相等主要由细粒土组成的孔隙比大、天然含水量高、压缩高、强度低和具有灵敏性、结构性的土层。

其包括淤泥、淤泥质黏性土、淤泥质粉土等。

淤泥和淤泥质土是工程建设中经常遇到的软土。它在静水或缓慢的流水环境中沉积，并经生物化学作用形成。① 当黏性土的 $w > w_L$、$e \geq 1.5$ 时称为淤泥；② 而当 $w > w_L$、$1.5 > e \geq 1.0$ 时称为淤泥质土；③ 当土的有机质含量大于 5%时称为有机质土，大于 60% 时称为泥炭。

（2）黄土：遍布在我国甘、陕、晋大部分地区及豫、冀、鲁、宁夏、辽宁、新疆等部分地区。它是一种在第四纪时期形成的特殊堆积物，颗粒组成以粉粒为主。

天然黄土在未受水浸湿时，一般强度较高，压缩性较低。但当其受水浸湿后，因黄土自身大孔隙结构的特征，压缩性剧增使结构受到破坏，土层突然显著下沉，同时强度也随之迅速下降，这类黄土统称为湿陷性黄土。

湿陷性黄土根据上覆土自重压力下是否发生湿陷变形，又可分为自重湿陷性黄土和非自重湿陷性黄土。

（3）膨胀土：土中含有大量的亲水性黏土矿物成分（如蒙脱石、伊利石等），在环境温度及湿度变化影响下，可产生强烈胀缩变形的土。在我国广西、云南、湖北、河南、安徽、四川等地均有不同范围的分布。

由于膨胀土通常强度较高，压缩性较低，易被误认为是良好的地基。但遇水后，就呈现出较大的吸水膨胀和失水收缩的能力，往往导致建筑物和地坪开裂、变形而破坏。

（4）红黏土：在炎热气候条件下的石灰岩、白云岩等碳酸盐系的出露区，岩石在长期的土化学风化作用（红土化作用）下形成的高塑性黏土物质，其液限一般大于 50%，一般呈褐红、棕红、紫红和黄褐色，称为红黏土，在我国主要分布在云贵高原、南岭山脉南北两侧及湘西、鄂西丘陵地等。

红黏性土含水量虽高，但土体一般仍处于硬塑或坚硬状态，而且具有较高的强度和较低的压缩性。

（5）盐渍土：易溶盐含量大于 0.5%，且具有吸湿、松胀等特性的土。

由于可溶盐遇水溶解，可能导致土体产生湿陷、膨胀以及有害的毛细水上升，使建筑物遭受破坏。盐渍土按含盐性质可分为氯盐渍土、亚氯盐渍土、硫酸盐渍土、亚硫酸盐渍土、碱性盐渍土等，按含盐量可分为弱盐渍土、中盐渍土、强盐渍土和超盐渍土。

（6）冻土：土的温度等于或低于摄氏零度、含有固态水，且这种状态在自然界连续保持 3 年或 3 年以上的土。当自然条件改变时，它将产生冻胀、融陷、热融滑塌等特殊不良地质现象，并发生物理力学性质的改变。

多年冻土根据土的类别和总含水量可划分其融陷性等级为少冰冻土、多冰冻土、富冰冻土、饱冰冻土及含土冰层等。

思考题

1. 试比较表示土的粒度成分的累积曲线法和三角坐标法。
2. 什么是颗粒级配曲线？它有什么用途？
3. 土的三相比例指标有哪些？哪些可以直接测定？哪些需要通过换算求得？
4. 评价砂土密实度的方法有哪些？简述各方法的评价标准。

5. 黏性土的界限含水量有哪些？如何确定？

6. 什么是塑性指数、液性指数？塑性指数的大小与哪些因素有关？如何应用液性指数来评价土的软硬状态？

7. 简述《建筑地基基础设计规范》（GB 50007—2011）对地基土的分类。

习 题

1. 某黏性土在含水量为 20%时被击实至湿密度为 1.84 g/cm³，土粒比重为 2.74，试确定此时土体的干密度和土中含气体积的百分数。又如用同样的方法，但含水量增多为 25%，将土击实至相同的湿密度，则此时该土的干密度和含气体积的百分数将会发生什么变化？

2. 已知土样试验数据为：土的重度 19.0 kN/m³，土粒重度 27.1 kN/m³，土的干重度为 14.5 kN/m³，求土样的含水量、孔隙比、孔隙率和饱和度。

3. 某原状土样处于完全饱和状态，测得其含水量 $w = 32.45\%$，密度 $\rho = 1.80$ g/cm³，土粒比重 $G_s = 2.65$，液限 $w_L = 36.4\%$，塑限 $w_P = 18.9\%$。试求：

（1）土样的名称及物理状态。

（2）若将土样压密，使其干密度达到 1.58 g/cm³，此时土的孔隙比将减小多少？

4. 某地基土试验中，测得土的干容重 11.2 kN/m³，含水量 31.2%，土粒比重 2.70，液限 40.5%，塑限 28.7%。求：

（1）土的孔隙比、孔隙度、饱和度和饱和容重。

（2）该土的塑性指数、液性指数，并判断土所处的稠度状态。

5. 某地基土的试验中，已测得土样的干密度 $\rho_d = 1.54$ g/cm³，含水量 $w = 19.3\%$，土粒比重 $G_s = 2.71$。计算土的 e，n 和 S_r。若此土样又测得 $w_L = 28.3\%$，$w_P = 16.7\%$，计算 I_P 和 I_L，描述土的物理状态，定出土的名称。

6. 有一砂土试样，经筛析后各颗粒粒组含量如下。试确定砂土的名称。

粒组/mm	<0.075	0.075~0.1	0.1~0.25	0.25~0.5	0.5~1.0	>1.0
含量/%	8.0	15.0	42.0	24.0	9.0	2.0

7. 已知某土试样的土粒比重为 2.72，孔隙比为 0.95，饱和度为 0.37。若将此土样的饱和度提高到 0.90 时，每 1 m³ 的土应加多少水？

8. 已知某土样的土粒比重为 2.70，绘制土的密度 ρ（范围为 1.0~2.1 g/cm³）和孔隙比 e（范围为 0.6~1.6）的关系曲线，分别计算饱和度 $S_r = 0$、0.5、1.0 时的三种情况。

9. 黏性土土样的击实试验成果如下表所示。该土的土粒比重为 2.70，试绘出该土的击实曲线，确定其最优含水量（w_{op}）与最大干密度（$\rho_{d\max}$），并求出相应于击实曲线峰点的饱和度与孔隙比。如试验时将每层锤击数减少，则所得的 w_{op} 与 $\rho_{d\max}$ 会和上述结果有什么不同？

含水量/%	14.7	16.5	18.4	21.8	23.7
干密度/（g/m³）	1.59	1.63	1.66	1.65	1.62

2 土体中的应力计算

【学习要点】

要求掌握土中应力的基本形式及基本定义，熟练掌握土中各种不同应力在不同条件下的计算方法。

2.1 土体中的应力概述

土中应力是指土体在自身重力、建筑物及构筑物荷载，以及其他因素（如土中水的渗流、地震等）作用下，在土中产生的应力。为了对建筑物地基基础进行沉降（变形）、承载力与稳定性分析，必须掌握建筑前后土中应力的分布和变化情况。

土中应力分为自重应力和附加应力。由土体重力引起的应力称为自重应力。自重应力一般是自土形成之日起就在土中产生。附加应力是指由于外荷载（如建筑荷载、车辆荷载、土中水的渗流力、地震作用等）的作用，在土中产生的应力增量。两种应力由于产生的原因不同，因而分布规律和计算方法也不同。

2.2 土的自重应力

土体的有效重量产生的应力称为土的自重应力，其始终存在于土体中，而与是否修建建筑无关。在计算土的自重应力时，通常假定天然地面为一无限的平面，在竖直面上向下延伸，因土体的自重应力作用下只产生竖向变形，而在任意竖直面和水平面上没有侧向变形和剪切变形。因此，地基中的初始应力场，即地基中任意一点的自重应力，只需用竖向应力和水平向应力表示，地基土自重应力的计算得到了简化。

2.2.1 竖向自重应力

若将地基视为均质的半无限体，土体在自重作用下只能产生竖向变形，而无侧向位移及剪切变形存在。因此，在深度 z 处的平面上，土体因自身重力产生的竖向应力 σ_{cz} 就等于单位面积上土柱体的重力 $\gamma z \times 1$。

对于均匀土（土的重度为常数），在地表以下深度 z 处自重应力为

$$\sigma_{cz} = \gamma z \tag{2-1}$$

可见，自重应力 σ_{cz} 沿水平面均匀分布，且与 z 成正比，即随深度呈线性增加，如图 2-1 所示。

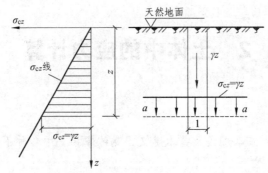

（a）沿深度的分布　　（b）任意水平面上的分布

图 2-1　均质土中竖向自重应力

在一般情况下，天然地基往往由成层土所组成，设各土层的厚度为 h_i，重度为 γ_i，则深度 z 处土的自重应力可通过对各层土自重应力求和得到，即：

$$\sigma_{cz} = \gamma_1 h_1 + \gamma_2 h_2 + \gamma_3 h_3 + \cdots = \sum_{i=1}^{i=n} \gamma_i h_i \qquad (2-2)$$

式中　n ——自天然地面至深度 z 处土的层数；

　　　h_i ——第 i 层土的厚度（m）；

　　　γ_i ——第 i 层土的天然重度（ kN/m^3 ），对地下水位以下的土层取有效重度 γ'，因为土受到水的浮力影响，其自重应力相应减小。

但在地下水位以下，若埋藏有不透水层（如岩层或只含结合水的坚硬黏土层），由于不透水层中不存在水的浮力，故层面及层面以下的自重应力应按上覆土层的水土总重计算。这样，上覆层与不透水层界面上下的自重应力有突变，使层面处具有两个自重应力值（图 2-2 不透水层顶面处）。

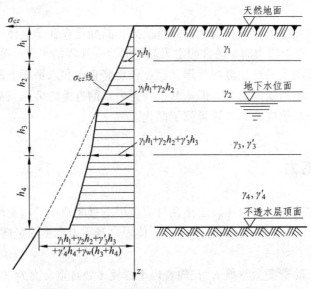

图 2-2　成层土中竖向自重应力沿深度的分布

2.2.2　水平向自重应力

地基土在重力作用下，除承受作用于水平面上的竖向自重应力外，在竖直面上还作用有水平的侧向自重应力。由于土柱体在重力作用下无侧向变形和剪切变形，可以证明，侧向自重应力和 σ_{cx} 和 σ_{cy} 与竖向自重应力 σ_{cz} 成正比，剪应力均为零，即：

$$\sigma_{cx} = \sigma_{cy} = K_0 \sigma_{cz} \qquad (2\text{-}3)$$

$$\tau_{xy} = \tau_{yz} = \tau_{zx} = 0 \qquad (2\text{-}4)$$

式中：比例系数 K_0 称为土的侧压力系数或静止土压力系数。

土的静止土压力系数与土的性质、土的结构和形成条件等有关，其值可通过室内或原位试验确定。对于正常固结土，K_0 值与土的泊松比 μ 之间存在理论关系。由于侧限条件土体侧向不发生变形，侧向变形 $\varepsilon_x = \varepsilon_y = 0$，可由广义胡克定律推导出这个理论关系

$$K_0 = \frac{\mu}{1-\mu} \qquad (2\text{-}5)$$

然而，地基土并不是理想弹性体，上述理论关系与实测值并不相符，μ 值与土的地质历史、土的种类、土体结构等多种因素有关。μ 值可以通过原位或室内试验方法测定。

2.3　基础底面压力

土中的附加应力是由于建筑物荷载等作用所引起的应力增量，而建筑物荷载是通过基础传给地基的。在基础底面与地基之间产生的接触压力，通常称为基底压力。它既是基础作用于地基表面的力，也是地基对于基础的反作用力。为了计算上部荷载在地基土层中引起的附加应力，应首先研究基底压力的大小与分布情况，这是计算地基附加应力以及基础结构计算时十分重要的荷载条件。

2.3.1　基础底面压力的分布规律

影响基础底面压力分布的因素很多，主要因素有：地基与基础的相对刚度，基础的形状、尺寸、埋置深度，地基土的性质和地基变形条件，荷载的大小和分布情况等。在理论分析中要综合考虑各种因素是很困难的，目前在弹性理论中主要研究不同的刚度基础与弹性半空间体表面的接触压力分布问题。工程中通常根据基础抗弯刚度 EI 的大小，将其分为柔性基础、刚性基础和有限刚度基础。

1. 柔性基础

柔性基础（如土坝、路基及油罐薄板）的刚度很小，就像放在地上的柔软薄膜，在垂直荷载作用下没有抵抗弯曲变形的能力，基础随着地基一起变形。因此，柔性基础接触压力分布与其上部荷载分布情况相同。在中心受压时，为均匀分布（图 2-3）。

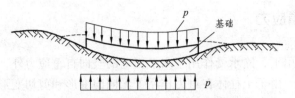

图 2-3 柔性基础基底压力分布图

2. 刚性基础

刚性基础（如块式整体基础、素混凝土基础）本身刚度较大，受荷后基础不出现挠曲变形。由于地基与基础的变形必须协调一致，因此，在调整基底沉降使之趋于均匀的同时，基底压力发生了转移。

（1）通常在中心荷载下，基底压力呈马鞍形分布，中间小而边缘大，如图 2-4（a）所示。

（2）当基础上的荷载较大时，基础边缘由于应力很大，使土产生塑性变形，边缘应力不再增加，而使中央部分继续增大，基底压力重新分布而呈抛物线形如图 2-4（b）所示。

（3）若作用在基础上的荷载继续增大，接近于地基的破坏荷载时，应力图形又变成中部突出的钟形如图 2-4（c）所示。

由图 2-4 可知刚性基础的接触压力分布与基础上面荷载分布有关。但根据圣维南原理，在地表以下一定深度处所引起的土中应力，几乎与接触压力分布无关，而只与其分力的大小和作用点位置有关，因此，刚性基础的接触压力可按直线分布进行简化计算。

有限刚度基础底面的压力分布，可按基础的实际刚度及土的性质，用弹性地基上梁和板的方法计算，在本课程中不作介绍。

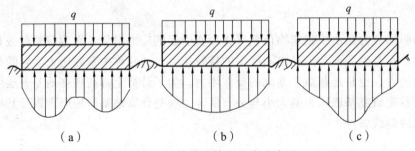

（a）   （b）   （c）

图 2-4 刚性基础基底压力分布图

2.3.2 基底压力的简化计算

1. 中心荷载作用时

作用在基底上的荷载合力通过基底形心，基底压力假定为均匀分布（图 2-5），平均压力设计值 p(kPa)可按下式计算：

$$p = \frac{F+G}{A}$$

式中　F——基础顶面的竖向力值（kN）；

　　　G——基础自重及其上回填土重之和（kN），$G = \gamma_G Ah$，

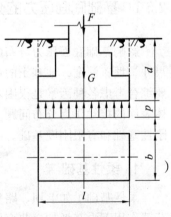

图 2-5 中心荷载作用下基底压应力分布图

其中 γ_G 为基础及回填土之平均重度，一般取 $20\,\mathrm{kN/m^3}$，地下水位以下部分应扣除 $10\,\mathrm{kN/m^3}$ 的浮力；

d ——基础埋深（m），一般从室外设计地面或室内外平均设计地面算起；

A ——基底面积（$\mathrm{m^2}$），矩形基础 $A = l \times b$，l 和 b 分别为矩形基底的长度和宽度（m），对于条形基础可沿长度方向取 $1\,\mathrm{m}$ 计算，则上式中 F、G 代表每延米内的相应值（$\mathrm{kN/m}$）。

2. 偏心荷载作用时

常见的偏心荷载作用于矩形基底的一个主轴上（称单向偏心，图 2-6），可将基底长边方向取与偏心方向一致，此时两短边边缘最大压力 $p_{\max}$ 与最小压力 $p_{\min}$ 设计值（kPa）可按材料力学短柱偏心受压公式计算：

$$p_{\min}^{\max} = \frac{F+G}{A} \pm \frac{M}{W} = \frac{F+G}{A}\left(1 \pm \frac{6e}{l}\right) \tag{2-7}$$

式中　M ——作用在基底形心上的力矩值（$\mathrm{kN \cdot m}$），$M = (F+G)e$；

e ——荷载偏心距；

W ——基础底面的抵抗矩（$\mathrm{m^3}$），对矩形基础 $W = bl^2/6$。

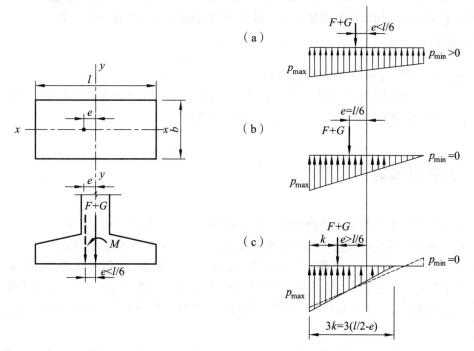

图 2-6　偏心荷载作用下基底压应力　　图 2-7　偏心荷载下基底压应力分布

从式（2-7）可知，按荷载偏心距 e 的大小，基底压力的分布可能出现下述三种情况（图 2-7）。

① 当 $e < l/6$ 时，由式（2-7）知 $p_{\max} > 0$，基底压力呈梯形分布[图 2-7（a）]。

② 当 $e = l/6$ 时，$p_{\min} > 0$，基底压力呈三角形分布[图 2-7（b）]。

③ 当 $e > l/6$ 时，$p_{\min} < 0$，也即产生拉应力[图 2-7（c）]。

由于基底与地基之间不能承受拉应力，此时产生拉应力部分的基底将与地基土局部脱开，致使基底压力重新分布。根据偏心荷载与基底反力平衡的条件，荷载合力 $F+G$ 应通过三角形反力分布图的形心[图 2-7（c）]，由此可得：

$$p_{\max} = \frac{2(F+G)}{3ba}, \ a = \frac{l}{2} - e \qquad (2-8)$$

式中　a ——合力作用点至 $p_{\max}$ 处的距离（m）；

　　　b ——垂直于力矩作用方向的基础底面边长；

　　　l ——偏心方向基础底面边长。

2.3.3　基底附加压力

基础通常埋置在天然地面以下一定深度。由于天然土层在自重作用下的变形已经完成，故只有超出基底处原有自重应力的那部分应力才会使地基产生附加变形，如新增的建筑物荷载，即属于作用在地基表面的附加压力，它是使地基压缩变形的主要原因。因此，在计算由建筑物造成的基底附加压力时，应扣除基底标高处土中原有的（建筑前的）自重应力 σ_{cz} 后，才是基底平面处新增加的基底附加压力，基底平均附加压力 p_0 值按下式计算

$$p_0 = p - \sigma_{cz} = p - \gamma_0 d \qquad (2-9)$$

式中　σ_{cz} ——基底处的自重应力标准值；

　　　γ_0 ——基底标高以上天然土层的加权平均重度，其中地下水位以下取有效重度；

　　　d ——基础埋置深度（m），必须从天然地面算起。

2.4　土中附加应力

土中的附加应力是指由建筑物荷载即基底附加压力所引起的土中应力增量。土中附加应力的分布与地基土的性质有关，其计算比较复杂，目前一般采用将基底附加压力当作作用在弹性半无限体表面上的局部荷载，用弹性理论求解的方法计算。采用弹性理论计算土中附加应力的基本假定主要包括：地基是半无限空间弹性体；地基土是均匀连续的，即弹性模量 E 和泊松比 μ 各处相等；地基土是各向同性的，即同一点的弹性模量 E 和泊松比 μ 各个方向相等。

2.4.1　集中力作用下土中应力计算

集中荷载作用下地基中应力解答是求解其他形式荷载作用下地基中应力分布的基础。

在半无限空间表面上作用一竖向集中力 P 时（图 2-8），半空间内任一点 $M(x,y,z)$ 的应力和位移的弹性力学解，是由法国的布辛奈斯克（J. Bousinesq，1885 年）首先提出。

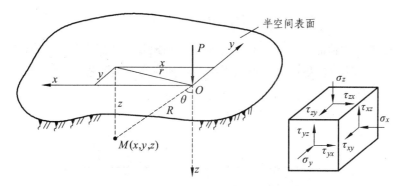

图 2-8 一个竖向集中力作用下的附加应力

1. 单个集中力作用下土中应力计算

$$\sigma_z = \frac{3P}{2\pi} \times \frac{z^3}{R^5} = \frac{3P}{2\pi} \times \frac{z^3}{(r+z^2)^{5/2}} = \frac{3P}{2\pi z^2} \times \frac{1}{[(r/z)^2+1]^{5/2}} = \alpha \frac{P}{z^2} \qquad (2\text{-}10)$$

$$w = \frac{P(1-\mu^2)}{\pi Er} \qquad (2\text{-}11)$$

R ——集中力作用点至 M 点的距离；

$$R = \sqrt{r^2+z^2} = \sqrt{x^2+y^2+z^2} \qquad (2\text{-}12)$$

则

$$\sigma_z = \frac{3P}{2\pi} \times \frac{z^3}{R^5} = \frac{3P}{2\pi} \times \frac{z^3}{(r+z^2)^{5/2}} = \frac{3P}{2\pi z^2} \times \frac{1}{[(r/z)^2+1]^{5/2}} = \alpha \frac{P}{z^2} \qquad (2\text{-}13)$$

其中

$$\alpha = \frac{3}{2\pi} \times \frac{1}{[(r/z)^2+1]^{5/2}}$$

α 称为集中力作用下的地基竖向应力系数，是 r/z 的函数，由表 2-1 查取。

表 2-1 集中荷载作用下地基竖向附加应力系数 α

r/z	α	r/z	α	r/z	α	r/z	α	r/z	α
0.00	0.477 5	0.5	0.273 3	1	0.084 4	1.5	0.025 1	2	0.008 5
0.05	0.474 5	0.55	0.246 6	1.05	0.074 4	1.55	0.022 4	2.2	0.005 8
0.10	0.465 7	0.6	0.221 4	1.1	0.065 8	1.6	0.02	2.4	0.004
0.15	0.451 6	0.65	0.197 8	1.15	0.058 1	1.65	0.017 9	2.6	0.002 9
0.20	0.432 9	0.7	0.176 2	1.2	0.051 3	1.7	0.016	2.8	0.002 1
0.25	0.410 3	0.75	0.156 5	1.25	0.045 4	1.75	0.014 4	3	0.001 5
0.30	0.384 9	0.8	0.138 6	1.3	0.040 2	1.8	0.012 9	3.5	0.000 7
0.35	0.357 7	0.85	0.122 6	1.35	0.035 7	1.85	0.011 6	4	0.000 4
0.40	0.329 4	0.9	0.108 3	1.4	0.031 7	1.9	0.010 5	4.5	0.000 2
0.45	0.301 1	0.95	0.095 6	1.45	0.028 2	1.95	0.009 5	5	0.000 1

2. 多个集中力作用下的土中应力计算

若半无限体表面（地面）有几个集中力作用，则地基中任意点 M 处的附加应力 σ_z，可利用式（2-13）分别求出各集中力对该点引起的附加应力，然后进行叠加得到。即：

$$\sigma_z = \alpha_1 \frac{F_1}{z^2} + \alpha_2 \frac{F_2}{z^2} + \cdots + \alpha_n \frac{F_n}{z^2} = \frac{1}{z^2} \sum_{i=1}^{n} \alpha_i F_i \qquad （2-14）$$

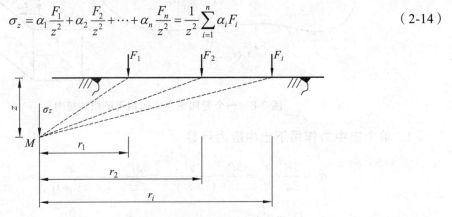

图 2-9　多个竖向集中力作用下的附加应力

在实际工程中，当所求地基中某点 M 与小块基础荷载距离 R 比小块基础面积的长边 L 大很多时（一般要求 $R/L \geqslant 3$），可把这些基础视作集中荷载 P_i 来计算地基中的附加应力，所得附加应力误差一般小于 3%。此外，当基础平面形状与荷载分布不规则时，也可将地基划分为若干个小块面积，把作用在每小块面积上的荷载作为集中力，此法称为等代荷载法，由公式（2-14）计算，见图 2-10。

法国的布辛奈斯克（J.Bousinesq，1885 年）根据弹性理论导得的应力及位移表达式如下：

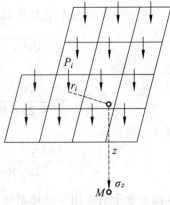

图 2-10　以等代荷载法计算 σ_z

$$\sigma_z = \frac{3F}{2\pi} \times \frac{z^3}{R^5} = \frac{3F}{2\pi R^2} \cos^3 \theta \qquad （2-15）$$

$$\sigma_x = \frac{3F}{2\pi} \cdot \left\{ \frac{x^2 z}{R^5} + \frac{1-2\mu}{3} \left[\frac{R^2 - Rz - z^2}{R^3(R+z)} - \frac{x^2(2R+z)}{R^3(R+z)^2} \right] \right\} \qquad （2-16）$$

$$\sigma_y = \frac{3F}{2\pi} \cdot \left\{ \frac{y^2 z}{R^5} + \frac{1-2\mu}{3} \left[\frac{R^2 - Rz - z^2}{R^3(R+z)} - \frac{y^2(2R+z)}{R^3(R+z)^2} \right] \right\} \qquad （2-17）$$

$$\tau_{xy} = \tau_{yx} = -\frac{3F}{2\pi} \left[\frac{xyz}{R^5} - \frac{1-2\mu}{3} \times \frac{xy(2R+z)}{R^3(R+z)^2} \right] \qquad （2-18）$$

$$\tau_{yz} = \tau_{zy} = -\frac{3F}{2\pi} \times \frac{yz^2}{R^5} = -\frac{3Fy}{2\pi R^3} \cos^2 \theta \qquad （2-19）$$

$$\tau_{zx} = \tau_{xz} = -\frac{3F}{2\pi} \times \frac{xz^2}{R^5} = -\frac{3Fx}{2\pi R^3} \cos^2 \theta \qquad （2-20）$$

$$u = \frac{F(1+\mu)}{2\pi E} \left[\frac{xz}{R^3} - (1-2\mu) \frac{x}{R(R+z)} \right] \qquad （2-21）$$

$$v = \frac{F(1+\mu)}{2\pi E}\left[\frac{yz}{R^3} - (1-2\mu)\frac{y}{R(R+z)}\right] \tag{2-22}$$

$$w = \frac{F(1+\mu)}{2\pi E}\left[\frac{z^2}{R^3} - 2(1-\mu)\frac{1}{R}\right] \tag{2-22}$$

式中 σ_x, σ_y, σ_z ——M 点平行于 x、y、z 轴的正应力；

τ_{xy}, τ_{yz}, τ_{zx} ——剪应力；

u,v,w ——M 点沿 x、y、z 轴方向的位移。

2.4.2 空间问题地基中附加应力计算

1. 基本计算原理

首先讨论一般情况：设半无限土体表面作用一分布荷载 $P(x,y)$，若求地基土中某点 $M(x,y,z)$ 的竖向应力 σ_z，可以先在荷载面积范围内取一微元面积 $dA = d\xi d\eta$，则作用在微元面积上的分布荷载可用集中力 $dF = p(x,y)d\xi d\eta$ 表示（图 2-11），用式（2-24）在荷载面积 A 范围内积分可得 σ_z。

即：
$$\sigma_z = \iint_A d\sigma_z = \frac{3z^3}{2\pi}\iint_A \frac{p(x,y)d\xi d\eta}{[(x-\xi)^2 + (y-\eta)^2 + z^2]^{5/2}} \tag{2-24}$$

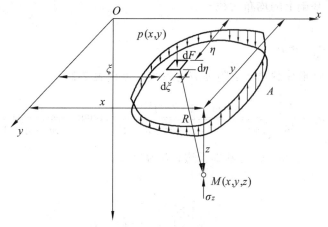

图 2-11 分布荷载作用下土中应力计算

在求解上式积分时与下面三个条件有关：

（1）分布荷载 $p(x,y)$ 的分布规律及其大小。

（2）分布荷载的分布面积 A 的几何形状及其大小。

（3）应力计算点 M 的坐标 x、y、z 的值。

由于积分后结果比较繁杂，都是 l/b，$z/b(z/r_0)$ 等的函数。工程上为了应用方便，常采用"无量纲化"处理。即以 l/b，$z/b(z/r_0)$ 编制一些表格。应用时，可直接根据 l/b，$z/b(z/r_0)$ 查表即可得出 α，再以下式求得附加应力 σ_z。即：

$$\sigma_z = \alpha p_0 \tag{2-25}$$

式中　p_0 ——作用于地基上的竖向荷载；

　　　α ——附加应力系数。

2. 具体情况应力计算

下面介绍几种常见的基础底面形状及其在分布荷载（有规则）作用下，地基土中附加应力 σ_z 的计算。

1）矩形面积角点下土中竖向应力计算

当均布竖向荷载作用于矩形基础时，矩形基础角点下任一深度 z 处的附加应力可由布辛奈斯克公式进行积分求得。

在离坐标原点 O 为 x、y 处取一微分面积 $dA = dxdy$，该面上集中力为 dp（图 2-12），由式（2-26）可得角点下 $M(0,0,z)$ 的附加应力为：

$$d\sigma_z = \frac{3}{2\pi}\frac{z^3 dp}{(\sqrt{r^2 + z^2})^5} \tag{2-26}$$

代入 $dp = p_0 dxdy$ 及 $r^2 = x^2 + y^2$，则

$$\sigma_z = \iint_A d\sigma_s = \frac{3 p_0}{2\pi} \iint_A \frac{z^3 dxdy}{[x^2 + y^2 + z^2]^{5/2}} \tag{2-27}$$

式中　A ——基础底面面积，$A = l \times b$，l 为基础长边，b 为短边；

　　　p_0 ——矩形基础上的均布荷载。

通过积分得：

$$\sigma_z = \alpha_c p_0 \tag{2-28}$$

式中　α_c ——均布矩形荷载角点下附加应力系数，可查表 2-2。

$$\alpha_c = \frac{1}{2\pi}\left[\frac{mn(m^2 + 1 + 2n^2)}{\sqrt{(m^2 + n^2)(1 + n^2)m^2 + n^2 + 1}} + \arctan\frac{m}{n\sqrt{m^2 + n^2 + 1}}\right] \tag{2-29}$$

式中：$m = l/b$，$n = z/b$，取 l 恒为基础长边，b 为短边。

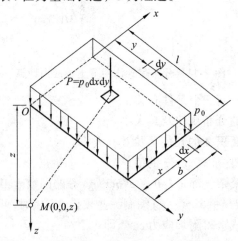

图 2-12　均布矩形荷载角点下的附加应力

表 2-2 均布矩形荷载角点下竖向附加应力

z/b	l/b								
	1.0	1.2	1.4	1.6	1.8	2.0	2.2	2.4	2.6
0	0.250 0	0.250 0	0.250 0	0.250 0	0.250 0	0.250 0	0.250 0	0.250 0	0.250 0
0.2	0.248 6	0.248 9	0.249 0	0.249 1	0.249 1	0.249 1	0.249 1	0.249 1	0.249 2
0.4	0.240 1	0.242 0	0.242 9	0.243 4	0.243 7	0.243 9	0.244 0	0.244 1	0.244 2
0.6	0.222 9	0.227 5	0.230 0	0.231 5	0.232 4	0.232 9	0.233 3	0.233 3	0.233 8
0.8	0.199 9	0.207 5	0.212 0	0.214 7	0.216 5	0.217 6	0.218 3	0.218 8	0.219 6
1.0	0.175 2	0.185 1	0.191 1	0.195 5	0.198 1	0.199 9	0.201 2	0.202 0	0.203 4
1.2	0.151 6	0.162 6	0.170 5	0.175 8	0.179 5	0.181 8	0.183 6	0.184 9	0.187 0

2）矩形面积均布荷载作用时，土中任意点的竖向应力计算 —— 角点法

当所求点不位于基础角点下时，可用角点法求解。通常 o 点的位置分下列三种情况，计算时，通过 o 点将荷载面积划分为若干个小矩形，然后按式（2-28）计算每个小矩形角点下同一深度 z 处的附加应力，并求其代数和。注意：若干个小矩形面积之代数和应等于基础原有的受荷面积。

图 2-13：
$$\alpha_{c(o)} = \alpha_{oc} + \alpha_{oa} - \alpha_{od} - \alpha_{ob} \tag{2-30}$$

图 2-14：
$$\alpha_{c(o)} = \alpha_{oa} + \alpha_{ob} + \alpha_{oc} + \alpha_{od} \tag{2-31}$$

图 2-15：
$$\alpha_{c(o)} = \alpha_{ob} + \alpha_{oc} \tag{2-32}$$

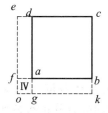

图 2-13 o 点在荷载面积以外 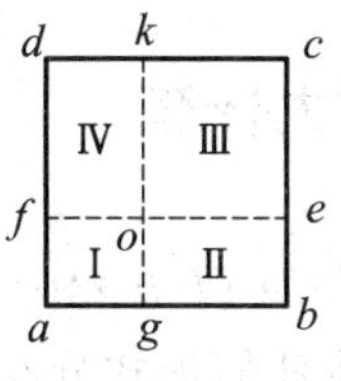   图 2-14 o 点在荷载面积以内 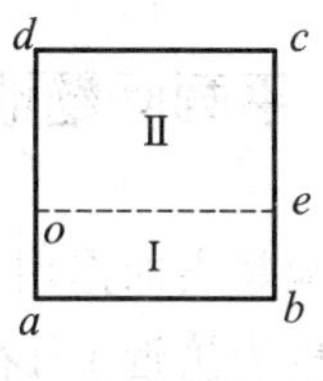   图 2-15 o 点在荷载面积边界

【例 2-1】 有一矩形底面基础 $b = 4\,\text{m}$, $l = 6\,\text{m}$ ，其上作用均布荷载力 $p_0 = 100\,\text{kPa}$ ，用角点法计算矩形基础外 k 点下深度 $z = 6\,\text{m}$ 处 N 点竖向应力 σ_z 值。

【解】 如图 2-16 所示，将 k 点置于假设的矩形受荷面积的角点处，按角点法计算 N 点的附加应力。N 点的附加应力是由受荷面积（ $ajki$ ）与（ $iksd$ ）引起的附加应力之和，减去矩形受荷面积（ $bjkr$ ）与（ $rksc$ ）引起的附加应力（表 2-3），即：

$$\sigma_z = \sigma_z(ajki) + \sigma_z(iksd) - \sigma_z(bjkr) - \sigma_z(rksc)$$

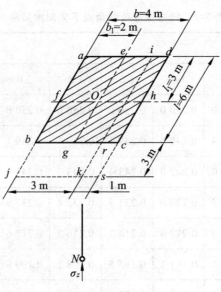

图 2-16　算例 2-1

表 2-3　例 2-1 计算表

荷载作用面积	l/b	z/b	α_c
$ajki$	$9/3 = 3$	$6/3 = 2$	0.131
$iksd$	$9/1 = 9$	$6/1 = 6$	0.051
$bjkr$	$3/3 = 1$	$6/3 = 2$	0.084
$rksc$	$3/1 = 3$	$6/1 = 6$	0.033

$$\sigma_z = 100 \times (0.131 + 0.051 - 0.084 - 0.033)$$
$$= 100 \times 0.065$$
$$= 6.5 \text{ kPa}$$

2.4.3　平面问题地基中附加应力计算

当地基表面作用无限长的条形荷载 ($l/b > 10$ 时，计算的附加应力 σ_z 与按 $l/b = \infty$ 计算时的解已极为接近) 且荷载沿宽度可按任何形式分布，沿长度方向附加应力分布状态则相同，此时地基中产生的应力状态按平面问题处理、如墙基、挡土墙基础、路基、坝基等条形基础，可按平面问题考虑。

1. 线荷载作用下地基的附加应力

线荷载是作用在半空间土体表面上一条无限长直线上的均布荷载，以 $\bar{p}$(kN/m) 表示（图 2-21）。设在竖向线荷载 $\bar{p}$ 作用下，在 y 轴取一微分段 dy，沿 y 轴取一微段 dy，其上作用荷载 $\bar{p}dy$，把它看作集中力 $dF = \bar{p}dy$，利用式（2-37）积分求得地基中任意点 M 处由 $\bar{p}$ 引起的附加应力

$$d\sigma_z = \frac{3z^3\overline{p}dy}{2\pi R^5} \qquad (2\text{-}33)$$

对上式进行积分得：

$$\sigma_z = \int_{-\infty}^{+\infty} d\sigma_z = \frac{3\overline{p}z^3}{2\pi} \int_{-\infty}^{+\infty} \frac{dy}{R^5} = \frac{2\overline{p}z^3}{\pi R_1^4} = \frac{2\overline{p}}{\pi z}\cos^4\beta \qquad (2\text{-}34)$$

从图 2-17 可知，$\cos\beta = z/R_1$，$\sin\beta = x/R_1$，$R_1 = (x^2 + z^2)^{1/2}$，则

$$\sigma_z = \frac{2\overline{p}}{\pi z}\cos^4\beta = \frac{2\overline{p}}{\pi z}\frac{z^4}{(x^2+z^2)^2} = \frac{2\overline{p}z^3}{\pi(x^2+z^2)^2} \qquad (2\text{-}35)$$

同理可得：

$$\sigma_x = \frac{2\overline{p}}{\pi z}\cos^2\beta\sin^2\beta = \frac{2\overline{p}}{\pi z}\frac{z^2x^2}{R_1^4} = \frac{2\overline{p}x^2z}{\pi(x^2+z^2)^2}$$

$$\tau_{xz} = \tau_{zx} = \frac{2\overline{p}}{\pi z}\cos^3\beta\sin\beta = \frac{2\overline{p}}{\pi z}\frac{z^3x}{R_1^4} = \frac{2\overline{p}z^2x}{\pi(x^2+z^2)^2} \qquad (2\text{-}36)$$

由于线荷载沿 y 轴均匀分都且无限延伸，因此与 y 轴垂直的任何平面上的应力状态完全相同。根据弹性力学原理可得：

$$\tau_{xy} = \tau_{yx} = \tau_{yz} = \tau_{zy} = 0 \qquad (2\text{-}37)$$

$$\sigma_y = \mu(\sigma_z + \sigma_x) \qquad (2\text{-}38)$$

上式在弹性理论中称为费拉曼解（表 2-4）。

表 2-4 均布矩形荷载角点下的竖向附加应力系数

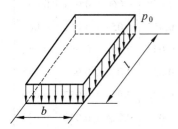

z/b	l/b											
	1.0	1.2	1.4	1.6	1.8	2.0	3.0	4.0	5.0	6.0	10.0	条形
0.0	0.250	0.250	0.250	0.250	0.250	0.250	0.250	0.250	0.250	0.250	0.250	0.250
0.2	0.249	0.249	0.249	0.249	0.249	0.249	0.249	0.249	0.249	0.249	0.249	0.249
0.4	0.240	0.242	0.243	0.243	0.244	0.244	0.244	0.244	0.244	0.244	0.244	0.244
0.6	0.223	0.228	0.230	0.232	0.232	0.233	0.234	0.234	0.234	0.234	0.234	0.234
0.8	0.200	0.207	0.212	0.215	0.216	0.218	0.220	0.220	0.220	0.220	0.220	0.220
1.0	0.175	0.185	0.191	0.195	0.198	0.200	0.203	0.204	0.204	0.204	0.205	0.205
1.2	0.152	0.163	0.171	0.176	0.179	0.182	0.187	0.188	0.189	0.189	0.189	0.189
1.4	0.131	0.142	0.151	0.157	0.161	0.164	0.171	0.173	0.174	0.174	0.174	0.174

z/b	l/b											
	1.0	1.2	1.4	1.6	1.8	2.0	3.0	4.0	5.0	6.0	10.0	条形
1.6	0.112	0.124	0.133	0.140	0.145	0.148	0.157	0.159	0.160	0.160	0.160	0.160
1.8	0.097	0.108	0.117	0.124	0.129	0.133	0.143	0.146	0.147	0.148	0.148	0.148
2.0	0.084	0.095	0.103	0.110	0.116	0.120	0.131	0.135	0.136	0.137	0.137	0.137
2.2	0.073	0.083	0.092	0.098	0.104	0.108	0.121	0.125	0.126	0.127	0.128	0.128
2.4	0.064	0.073	0.081	0.088	0.093	0.098	0.112	0.116	0.118	0.118	0.119	0.119
2.6	0.057	0.065	0.072	0.079	0.084	0.089	0.102	0.107	0.110	0.111	0.112	0.112
2.8	0.050	0.058	0.065	0.071	0.076	0.080	0.094	0.100	0.102	0.104	0.105	0.105
3.0	0.045	0.052	0.058	0.064	0.069	0.073	0.087	0.093	0.096	0.097	0.099	0.099
3.2	0.040	0.047	0.053	0.058	0.063	0.067	0.081	0.087	0.090	0.092	0.093	0.094
3.4	0.036	0.042	0.048	0.053	0.057	0.061	0.075	0.081	0.085	0.086	0.088	0.089
3.6	0.033	0.038	0.043	0.048	0.052	0.056	0.069	0.076	0.080	0.082	0.084	0.084
3.8	0.030	0.035	0.040	0.044	0.048	0.052	0.065	0.072	0.075	0.077	0.080	0.080
4.0	0.027	0.032	0.036	0.040	0.044	0.048	0.060	0.067	0.071	0.073	0.076	0.075
4.2	0.025	0.029	0.033	0.037	0.041	0.044	0.056	0.063	0.067	0.070	0.072	0.073
4.4	0.022	0.027	0.031	0.034	0.038	0.041	0.053	0.060	0.064	0.066	0.069	0.070
4.6	0.021	0.025	0.028	0.032	0.035	0.038	0.049	0.056	0.061	0.063	0.066	0.067
4.8	0.019	0.023	0.026	0.029	0.032	0.035	0.046	0.053	0.058	0.060	0.064	0.064
5.0	0.018	0.021	0.024	0.027	0.030	0.033	0.043	0.050	0.055	0.057	0.061	0.062
6.0	0.013	0.015	0.017	0.020	0.022	0.024	0.033	0.039	0.043	0.046	0.051	0.052
7.0	0.009	0.011	0.013	0.015	0.016	0.018	0.025	0.031	0.035	0.038	0.043	0.045
8.0	0.007	0.009	0.010	0.011	0.013	0.014	0.020	0.025	0.028	0.031	0.037	0.039
9.0	0.006	0.007	0.008	0.009	0.010	0.011	0.016	0.020	0.024	0.026	0.032	0.035
10.0	0.005	0.006	0.007	0.007	0.008	0.009	0.013	0.017	0.020	0.022	0.028	0.032
12.0	0.003	0.004	0.005	0.005	0.006	0.006	0.009	0.012	0.014	0.017	0.022	0.026
14.0	0.002	0.003	0.004	0.004	0.004	0.005	0.007	0.009	0.011	0.013	0.018	0.023
16.0	0.002	0.002	0.003	0.003	0.003	0.004	0.005	0.007	0.009	0.010	0.014	0.020
18.0	0.001	0.002	0.002	0.002	0.002	0.003	0.004	0.006	0.007	0.008	0.012	0.018
20.0	0.001	0.001	0.002	0.002	0.002	0.002	0.004	0.005	0.006	0.007	0.010	0.016
25.0	0.001	0.001	0.001	0.001	0.001	0.002	0.002	0.003	0.004	0.004	0.007	0.013
30.0	0.001	0.001	0.001	0.001	0.001	0.001	0.002	0.002	0.003	0.003	0.005	0.011
35.0	0.000	0.000	0.001	0.001	0.001	0.001	0.001	0.002	0.002	0.002	0.004	0.009
40.0	0.000	0.000	0.000	0.000	0.001	0.001	0.001	0.001	0.001	0.002	0.003	0.008

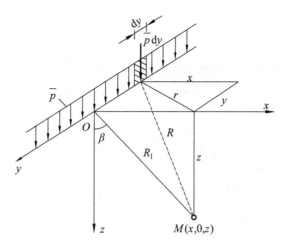

图 2-17　线荷载作用

2. 均布条形荷载

在实际工程中，经常遇到的是有限宽度的条形荷载，如图 2-18 所示，则均布的条形荷载 p_0 沿 x 轴上某微分段 $\mathrm{d}x$ 上的荷载可以用线荷载 $\overline{p}$ 代替，并引入 OM 线与 z 轴线的夹角 β，得：

$$\overline{p} = p_0 \mathrm{d}x = \frac{p_0 R_1}{\cos \beta} \mathrm{d}\beta \tag{2-39}$$

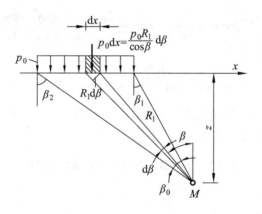

图 2-18　均布荷载作用

由式（2-34）有 $\mathrm{d}\sigma_z = \dfrac{2 p_0 z^3 \mathrm{d}x}{\pi R_1^4} = \dfrac{2 p_0 R_1^3 \cos^3 \beta}{\pi R_1^4} \times \dfrac{R_1 d\beta}{\cos \beta} = \dfrac{2 p_0}{\pi} \cos^2 \beta \mathrm{d}\beta$，则地基中任意点 M 处的附加应力用极坐标表示如下：

$$\sigma_z = \int_{\beta_1}^{\beta_2} \mathrm{d}\sigma_z = \frac{2 p_0}{\pi} \int_{\beta_1}^{\beta_2} \cos^2 \beta \mathrm{d}\beta = \frac{p_0}{\pi}[\sin \beta_2 \cos \beta_2 - \sin \beta_1 \cos \beta_1 + (\beta_2 - \beta_1)] \tag{2-40}$$

同理得：

$$\sigma_x = \frac{p_0}{\pi}[-\sin(\beta_2 - \beta_1)\cos(\beta_2 + \beta_1) + (\beta_2 - \beta_1)] \tag{2-41}$$

$$\tau_{zx} = \tau_{xz} = \frac{p_0}{\pi}(\sin^2\beta_2 - \sin^2\beta_1) \tag{2-42}$$

各式中当 M 点位于荷载分布宽度两端点竖直线之间时，β_1 取负值，反之取正值。

将式（2-44）、式（2-45）和式（2-46）代入材料力学主应力公式，可得 M 点的大主应力 σ_1 和小主应力 σ_3 的表达式为：

$$\begin{matrix}\sigma_1\\\sigma_3\end{matrix} = \frac{\sigma_z + \sigma_x}{2} \pm \sqrt{\left(\frac{\sigma_z - \sigma_x}{2}\right)^2 + \tau_{xz}^2} = \frac{p_0}{\pi}[(\beta_1 - \beta_2) \pm \sin(\beta_2 - \beta_1)] \tag{2-43}$$

设 β_0 为 M 点与条形荷载两端连线的夹角，且 $\beta_0 = \beta_2 - \beta_1$（当 M 点在荷载宽度范围内时 $\beta_0 = \beta_2 + \beta_1$），于是上式变为：

$$\begin{matrix}\sigma_1\\\sigma_3\end{matrix} = \frac{p_0}{\pi}[\beta_0 \pm \sin\beta_0] \tag{2-44}$$

σ_1 的作用方向与 β_0 角的平分线一致。

为了计算方便，还可以将上述 σ_z, σ_x 和 τ_{xz} 三个公式，改用直角坐标表示。此时，取条形荷载的中点为坐标原点，则 $M(x, z)$ 点的三个附加应力分量如下：

$$\sigma_z = \frac{p_0}{\pi}\left[\arctan\frac{1-2n}{2m} + \arctan\frac{1+2n}{2m} - \frac{4m(4n^2 - 4m^2 - 1)}{(4n^2 + 4m^2 - 1)^2 + 16m^2}\right] = \alpha_{sz}p_0 \tag{2-45}$$

$$\sigma_x = \frac{p_0}{\pi}\left[\arctan\frac{1-2n}{2m} + \arctan\frac{1+2n}{2m} + \frac{4m(4n^2 - 4m^2 - 1)}{(4n^2 + 4m^2 - 1)^2 + 16m^2}\right] = \alpha_{sx}p_0 \tag{2-46}$$

$$\tau_{xz} = \tau_{zx} = \frac{p_0}{\pi} \cdot \frac{32m^2 n}{(4n^2 + 4m^2 - 1)^2 + 16m^2} = \alpha_{sxz}p_0 \tag{2-47}$$

以上式中 α_{sz}，α_{sx} 和 α_{sxz} 分别为均布条形荷载下相应的三个附加应力系数，都是 $m = z/b$ 和 $n = x/b$ 的函数，可由表 2-5 查得。

表 2-5　均布条形荷载下的附加应力系数

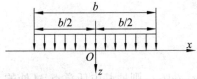

z/b	x/b																	
	0.00			0.25			0.50			1.00			1.50			2.00		
	α_{sz}	α_{sx}	α_{sxz}	α_{sz}	α_{sx}	α_{sxz}	α_{sz}	α_{sx}	α_{sxz}	α_{sz}	α_{sx}	α_{sxz}	α_{sz}	α_{sx}	α_{sxz}	α_{sz}	α_{sx}	α_{sxz}
0.00	1.00	1.00	0	1.00	1.00	0	0.50	0.50	0.32	0	0	0	0	0	0	0	0	0
0.25	0.96	0.45	0	0.90	0.39	0.13	0.50	0.35	0.30	0.02	0.17	0.05	0.00	0.07	0.01	0	0.04	0
0.50	0.82	0.18	0	0.74	0.19	0.16	0.48	0.23	0.26	0.08	0.21	0.13	0.02	0.12	0.04	0	0.07	0.02
0.75	0.67	0.08	0	0.61	0.10	0.13	0.45	0.14	0.20	0.15	0.22	0.16	0.04	0.14	0.07	0.02	0.10	0.04

z/b	x/b																	
	0.00			0.25			0.50			1.00			1.50			2.00		
	α_{sz}	α_{sx}	α_{sxz}	α_{sz}	α_{sx}	α_{sxz}	α_{sz}	α_{sx}	α_{sxz}	α_{sz}	α_{sx}	α_{sxz}	α_{sz}	α_{sx}	α_{sxz}	α_{sz}	α_{sx}	α_{sxz}
1.00	0.55	0.04	0	0.51	0.05	0.10	0.41	0.09	0.16	0.19	0.15	0.16	0.07	0.14	0.10	0.03	0.13	0.05
1.25	0.46	0.02	0	0.44	0.03	0.07	0.37	0.06	0.12	0.20	0.11	0.14	0.10	0.12	0.10	0.04	0.11	0.07
1.50	0.40	0.01	0	0.38	0.02	0.06	0.33	0.04	0.10	0.21	0.08	0.13	0.11	0.10	0.10	0.06	0.10	0.07
1.75	0.35	—	0	0.34	0.01	0.04	0.30	0.03	0.08	0.21	0.06	0.11	0.13	0.09	0.10	0.07	0.09	0.08
2.00	0.31	—	0	0.31	—	0.03	0.28	0.02	0.06	0.20	0.05	0.10	0.14	0.07	0.10	0.08	0.08	0.08
3.00	0.21	—	0	0.21	—	0.02	0.20	0.01	0.03	0.17	0.02	0.06	0.13	0.03	0.07	0.10	0.04	0.07
4.00	0.16	—	0	0.16	—	0.01	0.15	—	0.02	0.14	0.01	0.03	0.12	0.02	0.05	0.10	0.03	0.05
5.00	0.13	—	0	0.13	—		0.12	—		0.12	—		0.11	—	—	0.09	—	—
6.00	0.11	—	0	0.10	—		0.10	—		0.10	—		0.10	—		0.		

利用以上有关各式可求出 σ_x、σ_z、τ_{xz}。

等值线图是同一应力的相同数值点的连线（类似地形等高线），由图 2-23 的（a）及（b）中可见，方形荷载所引起的 σ_z，其作用影响深度要比条形荷载小得多，例如在方形荷载中心下 $z=2b$ 时，$\sigma_z=0.1p_0$，而在条形荷载下的 $\sigma_z=0.1p_0$，等值线则约在中心下 $z=6b$ 处。这是由于在 p_0 及宽度相同的条件下，均布条形荷载面积比均布方形荷载的大、在相邻荷载作用下应力产生叠加的结果。由条形荷载的 σ_x 和 τ_{xz} 的等值线图可见 σ_x 的影响范围较浅，所以，在基础下地基土的侧向变形主要发生于浅层；而 τ_{xz} 的最大值出现于荷载面积的边缘，所以位于基础边缘下的土容易发生剪切破坏。

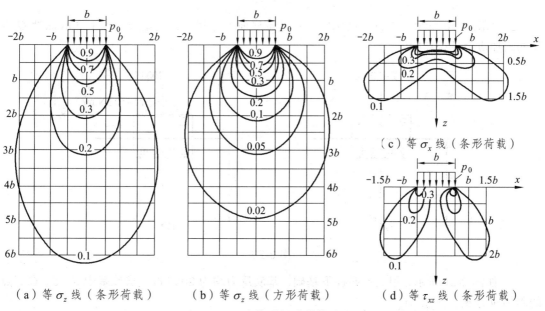

（a）等 σ_z 线（条形荷载）　（b）等 σ_z 线（方形荷载）　（c）等 σ_x 线（条形荷载）　（d）等 τ_{xz} 线（条形荷载）

图 2-23　地基附加应力等值线

思考题

1. 什么是自重应力和附加应力？

2. 地下水位升降对土中自重应力的分布有何影响？对工程实践有何影响？

3. 试述条形荷载下地基竖向附加应力分布特点？

4. 说明在偏心荷载下，基底压力分布规律。

5. 影响基底压力分布的因素有哪些？在什么情况下可将基底压力简化为直线分布？

6. 矩形基础的长宽比（l/b），深宽比（z/b）对地基中附加应力 σ_z 分布有何影响？

7. 均质地基上，当基础底面压力相等、埋深相等时，基础宽度相同的条形基础和正方形基础，哪个沉降大？为什么？

习 题

1. 如图 2-19 所示一地基剖面图。绘出土的自重应力分布图。

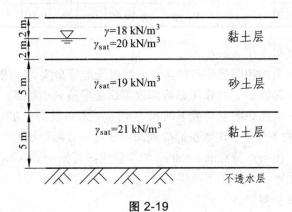

图 2-19

2. 如图 2-20 所示，正方形基础甲、乙基础底面尺寸相等，则基础中点下 3 m 深处 O 点竖向附加应力是否相同？

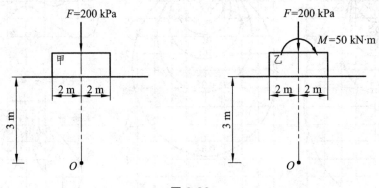

图 2-20

3. 如图 2-21 所示，甲、乙两柱下基础，基底反力均为 200 kPa。求地基中 A、B、C 三点的附加应力 σ_{zA}、σ_{zB}、σ_{zC}。

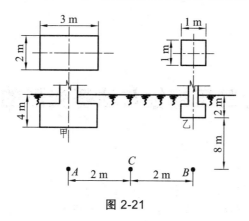

图 2-21

4. 如图 2-22 所示，基础尺寸为 4 m×5 m，求基底平均压力 P_k、基底最大压力 $p_{k, max}$、基底附加压力 p_0。

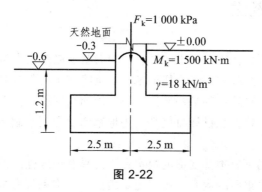

图 2-22

3　土的压缩性与地基变形的计算

【学习要点】

理解土的压缩性，掌握土的压缩性指标的应用范围，熟悉土的渗透性与渗透变形、有效应力原理，熟悉地基最终沉降量计算方法，了解应力历史对地基沉降的影响。

3.1　土的压缩性概述

在建筑物基底附加压力作用下，土中原有的应力状态必然会发生变化，从而引起地基变形，导致建筑物基础产生沉降或倾斜。如果基础的沉降或不均匀沉降过大，就会影响建筑物的正常使用，严重时造成建筑物的某些部位开裂、扭曲或倾斜，甚至倒塌毁坏。因此，对建造在可压缩地基上的建筑物，在设计时就必须将地基的变形值控制在容许范围内，否则应采取必要的措施。

在建筑物的荷载作用下，地基变形的根本原因是具有压缩性。而土压缩性的大小及其特征，是土变形性能研究中重要的内容。由于土是由土粒、水和气所组成的非连续介质，受力后的压缩性变形能比钢材、混凝土等其他建筑材料要复杂得多，不仅变形量大，在受力的不同时期其压缩性亦不相同，而且变形稳定也有一个时间过程，并随荷载大小等条件的不同，各种土所需的时间也不相同，研究地基变形与时间的关系亦是土力学的重要内容之一。

本章主要介绍土的变形性质和变形与时间关系的基本理论，以及运用这些基本理论计算基础的最终沉降量和变形随时间的发展。

3.2　土的压缩

土在压力作用下体积缩小的特性称为土的压缩性。客观地分析，地基土层承受上部建筑物荷载，必定会产生压缩变形。其内因是土本身具有压缩性，外因是建筑物荷载的作用。土是三相分散体系，地基土被压缩由三部分组成：① 固体土颗粒被压缩；② 土中水及封闭气体被压缩；③ 水和气体从孔隙中被挤出。试验研究表明：固体颗粒和水的压缩量是微不足道的，在一般压力作用下，固体颗粒和水的压缩量与土的总压缩量之比非常微小，完全可以忽略不计。所以，土的压缩可只看作土中水和气体从孔隙中被挤出。与此同时，土颗粒相应发生移动，重新排列，靠拢挤紧，从而土孔隙体积减小。对于只有两相的饱和土来说，则主要是孔隙水的挤出。

3.2.1 土的压缩特性

土的压缩变形的快慢与土的渗透性有关。在荷载作用下，透水性大的饱和无黏性土，其压缩过程所需时间短，建筑物施工完毕时，可认为其压缩变形已基本完成；而透水性小的饱和黏性土，其压缩过程所需时间长，十几年，甚至几十年压缩变形才稳定。土体在外力作用下，压缩随时间增长的过程，称为土的固结，对于饱和黏性土来说，土的固结问题非常重要。

如何计算地基土的变形或基础的沉降呢？由内、外因关系可知，土的变形取决于土中附加应力的正确计算及土体压缩性状的正确描述两方面。前者见第 2 章，后者主要由室内、外土工试验得到。研究土的压缩性大小及其特征的室内试验方法称为压缩试验，室内试验简单方便，费用较低。

3.2.2 土的压缩性试验

该试验是在压缩仪（或固结仪）中完成的，如图 3-1 所示。试验时，先用金属环刀取土，然后将土样连同环刀一起放入压缩仪内，上下各盖一块透水石，以便土样受压后能够自由排水，透水石上面再施加垂直荷载。由于土样受到环刀、压缩容器的约束，在压缩过程中只能发生竖向变形，不可能侧向变形，所以这种方法也称为侧限压缩试验。试验时，竖向压力 p_i 分级施加。在每级荷载作用下使土样变形至稳定，用百分表测出土样稳定后的变形量 s_i，即可按式（3-2）计算出各级荷载作用下的孔隙比 e_i。

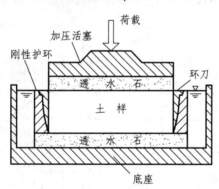

图 3-1 侧限压缩试验示意图

设土样的初始高度为 H_0，受压后土样的高度为 H_i，则 $H_i = H_0 - s_i$，s_i 为外荷载 p_i 作用下土样压缩至稳定时的变形量。根据土的孔隙比定义，可得加荷前 $V_s = \dfrac{H_0}{1+e_0}$（设土样横截面面积为 1），加荷后 $V_s = \dfrac{H_i}{1+e_i}$。而为求土样压缩稳定后孔隙比 e_i，利用受压前后土颗粒体积不变、土样横截面面积也不变这两个条件，可得（图 3-2）：

$$\frac{H_0}{1+e_0} = \frac{H_i}{1+e_i} = \frac{H_0 - s_i}{1+e_i} \tag{3-1}$$

则

$$s_i = \frac{e_0 - e_i}{1 + e_0} H_0$$

或　　　　　$$e_i = e_0 - \frac{s_i}{H_0}(1 + e_0)$$　　　　　　　　　　　　（3-2）

式中　e_0 为土的初始孔隙比，可由土的三个基本实验指标求得，即：

$$e_0 = \frac{d_s(1 + w_0)\rho_w}{\rho} - 1$$　　　　　　　　　　　　（3-3）

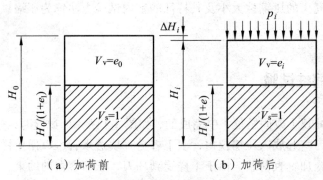

（a）加荷前　　　　　　　　（b）加荷后

图 3-2　侧限条件下土样原始孔隙比的变化

这样，只要测定了土样在各级压力 p_i 作用下的稳定变形量 s_i 后，就可按式（3-2）算出相应的孔隙比 e_i。然后以横坐标表示压力 p，纵坐标表示孔隙比 e，则可绘制出 e-p 曲线，称为压缩曲线（图 3-3）。

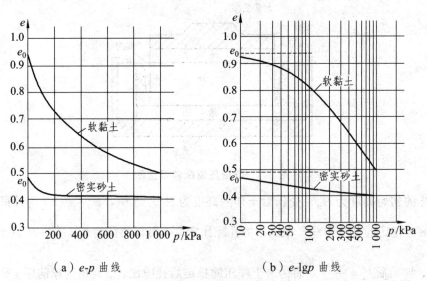

（a）e-p 曲线　　　　　　　　　（b）e-lgp 曲线

图 3-3　土的压缩曲线

压缩曲线可按两种方式绘制，一种是普通坐标绘制的 e-p 曲线[图 3-3（a）]，在常规试验中，一般按 p 等于 50、100、200、300、400（kPa）五级加荷；另一种的横坐标则按 p 的常用对数取值，即采用半对数直角坐标绘制的 e-lgp 曲线[图 3-3（b）]，试验时以较小的压力开始，采取小增量多级加荷，并加到较大的荷载（例如 1 000 kPa）为止。

3.2.3　土的压缩指标

1. 压缩系数

由图 3-3 可见，① e-p 曲线初始段较陡，土的压缩量较大，而后曲线逐渐平缓，土的压缩量也随之减小，这是因为随着孔隙比的减小，土的密实度增加一定程度后，土粒移动愈来愈困难，压缩量随之减小。② 不同的土类，压缩曲线的形态有别，且曲线形态的陡、缓，可衡量土的压缩性高低。密实砂土的 e-p 曲线比较平稳，而软黏土的 e-p 曲线较陡，因而土的压缩性很高。所以，曲线上任一点的切线斜率 a 就表示了相应于压力 p 作用下的压缩性：

$$a = -\frac{\mathrm{d}e}{\mathrm{d}p} \tag{3-4}$$

式中，负号表示随着压力 p 的增加，e 逐渐减少。实际上，当外荷载引起的压力变化范围不大时，例如图 3-4 从 p_1 到 p_2，压缩曲线上 M_1M_2 一段，可近似地用直线 M_1M_2 代替。该直线的斜率为：

$$\alpha \approx \tan\alpha = \frac{\Delta e}{\Delta p} = \frac{e_1 - e_2}{p_2 - p_1} \tag{3-5}$$

式中　α ——土的压缩系数（kPa^{-1} 或 MPa^{-1}）；
　　　p_1 ——一般指地基某深度处土中竖向自重应力（kPa）；
　　　p_2 ——地基某深度处自重应力与附加应力之和（kPa）；
　　　e_1 ——相应于 p_1 作用下压缩稳定后土的孔隙比；
　　　e_2 ——相应于 p_2 作用下压缩稳定后土的孔隙比。

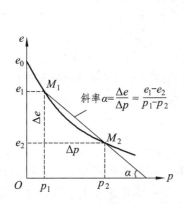

图 3-4　以 e-p 曲线确定压缩系数 a

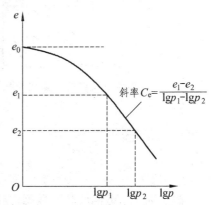

图 3-5　以 e-$\lg p$ 曲线确定压缩指数 C_c

压缩系数是评价地基土压缩性高低的重要指标之一。从图 3-4 的曲线上看，它不是一个常量，与所取的起始压力 p_1 有关，也与压力变化范围 $\Delta p = p_2 - p_1$ 有关。为了统一标准，在工程实践中，通常采用压力间隔由 $p_1 = 100$ kPa 增加到 $p_2 = 200$ kPa 时所得的压缩系数 a_{1-2} 来评定土的压缩性高低，当：

$a_{1-2} < 0.1$ MPa^{-1} 时，为低压缩性土；

0.1 MPa^{-1} < a_{1-2} < 0.5 MPa^{-1} 时，为中压缩性土；

$a_{1-2} > 0.5$ MPa^{-1} 时，为高压缩性土。

2. 压缩指数

如果采用 e-$\lg p$ 曲线，它的后段接近直线，见图 3-5，其斜率 C_c 为：

$$c_c = \frac{e_1 - e_2}{\lg p_2 - \lg p_1} = \frac{e_1 - e_2}{\lg \dfrac{p_2}{p_1}} \tag{3-6}$$

同压缩系数 a 一样，压缩指数 C_c 也能用来确定土的压缩性大小。C_c 值愈大，土的压缩性愈高。一般认为 C_c<0.2 时，属于低压缩性土；$C_c = 0.2 \sim 0.4$ 时，属于中压缩性土；C_c>0.4 时，属高压缩性土。国内外广泛采用 e-$\lg p$ 曲线来分析研究应力历史对土的压缩性的影响。

3. 压缩模量

土体在完全侧限条件下，竖向附加应力 σ_z 与相应的应变增量 ε_z 之比，称为压缩模量或侧限压缩模量，用符号 E_s 表示。可按下式计算：

$$E_s = \frac{1 + e_1}{a} \tag{3-7}$$

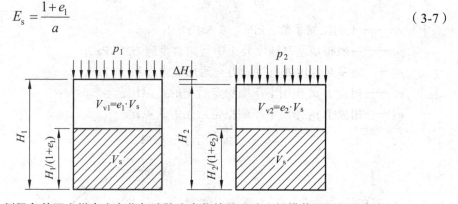

图 3-6　侧限条件下土样高度变化与孔隙比变化的关系（土样横截面面积不变）

3.2.4　回弹与室内压缩曲线

在室内压缩试验时，如果在加载后，逐级进行卸载，可得土的回弹曲线；但若卸载失败后，又重新加载，则再压缩曲线将大致循回弹曲线，直接接近初始压缩曲线，才又循其方向发展（图 3-7）。从图中可见，压缩曲线与回弹曲线并不重合，说明土在卸荷后，变形不能全部恢复，故土不是理想弹性体，其变形包括弹性变形和残余变形两部分。

另外，回弹和再压缩曲线比初始压缩曲线平缓，说明土体经过一次压缩和回弹后，压缩性已降低，故应力历史对土的压缩性能有较大影响，了解土的这种特性，可利用其对原来压缩性大的地基进行预压，以减小地基的变形量。对预估某些开挖量大，开挖时间长的基础沉降时，亦应考虑土减压回弹的影响。另外，还可以利用图 3-7 中的 e-$\lg p$ 曲线，分析应力历史对土压缩性的影响。

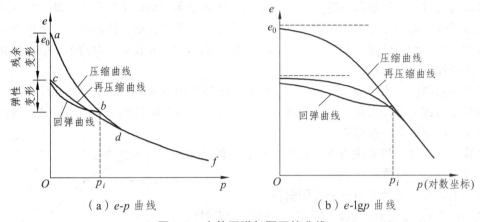

（a）e-p 曲线　　　　　　　　　（b）e-$\lg p$ 曲线

图 3-7　土的回弹与再压缩曲线

3.2.5　现场载荷试验和变形模量

1. 载荷试验

　　室内压缩试验是确定土的压缩性指标的简易可行的方法，但因所取土样尺寸小，又是侧限压缩，且取原状土样时难免扰动土的天然结构，故不能准确地反映地基的实际变形条件。为更确切地评定土在天然状态下的压缩性，可在现场进行原位载荷试验。

　　载荷试验一般在现场试坑内进行。试坑通常布置在取样土的勘察点附近，并设在所要求试验土层的标高上，同时注意保持土的原状结构和天然湿度，宜在拟压表面设不超过 20 mm 厚的粗、中砂找平。试坑的宽度一般规定不小于承压宽度或直径的三倍，以满足半空间地基表面受荷边界条件的要求。

　　试验设备由加荷稳压装置、反力装置和量测装置三部分组成。加荷稳压装置只要有刚性承压板及千斤顶等，承压板的底面积一般规定采用 0.25 ~ 0.50 m²，反力装置目前常用的有地锚和堆载两种系统（图 3-8）。量测装置包括百分表及固定支架等。

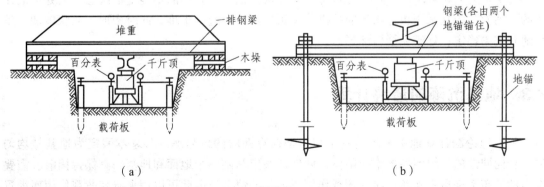

（a）　　　　　　　　　　　　　（b）

图 3-8

试验的加载方式为逐级施加，加载等级不应少于 8 级，施加的荷载总量应尽量接近地基的预估极限荷载。第一荷载（包括设备）宜接近所卸除土的自重，其相应的沉降量不计，以后每级加荷可取预估极限荷载的 1/8 ~ 1/10，较软土取低值，而硬土取高值，最大加载量不应预估极限荷载。第一级荷载（包括设备重）宜接近卸除土的自重，其相应的沉降量不计，以后每级加荷可取预估极限荷载的 1/8 ~ 1/10，较软土取低值，而较硬土取高值，最大加载量不应少于荷载设计值的两倍。

试验的量测标准为，每级加载后，按每隔 10 min、10 min、10 min、15 min、15 min，以后每隔半小时读一次沉降量，当连续两小时内，每小时的沉降量小于 0.1 mm 时，则认为变形已稳定，可施加下一级荷载。

试验终止条件：当发现有下列情况之一时，即认为地基已达极限状态，可终止加载。

（1）承压板周围的土明显地被侧向挤出。

（2）沉降 s 急骤增大，荷载-沉降（p-s）曲线出现陡降段。

（3）在每一级荷载下，24 h 内沉降不能达到稳定标准。

（4）$s/b \geq 0.06b$（b 为承压板宽度或直径）。

根据荷载试验的结果，可绘制出荷载 p 与稳定沉降量 s 的关系曲线，即 p-s 曲线（图 3-9）。

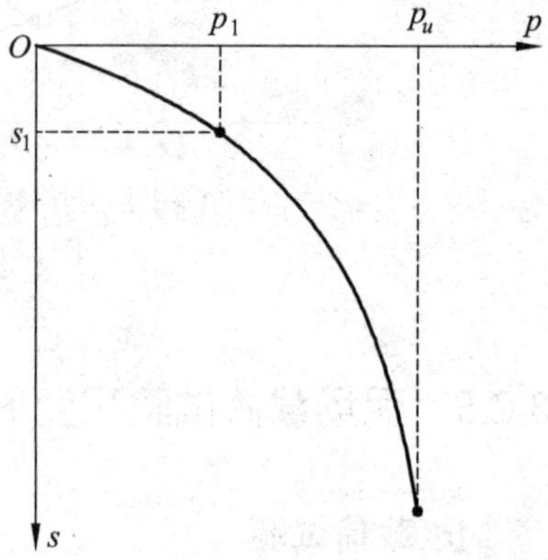

2. 地基的变形阶段

图 3-9　典型 p-s 曲线

地基在荷载作用下的变形是一个复杂的过程。从图 3-9 可见，一般情况下的 p-s 曲线有两个转折点，对应的界限荷载分别为比例界限荷载 p_1 和极限荷载 p_u。据此，可将地基的变形分为三个不同特征的变形阶段。

（1）直线变形阶段（压密阶段）：相当于图 3-9 中曲线的第一段。当荷载小于 p_1 时，p-s 曲线近似为直线，此变形阶段的实质，主要是土体的压密。

（2）局部剪切变形阶段（塑性变形阶段）：相当于图 3-9 中曲线的第二段，当荷载超过 p_1 后，p-s 曲线不再为直线关系，并且 s 对 p 增加率逐渐加大。此变形阶段的实质，是在土体压密的同时，承压板边缘的土内，开始出现局部剪切变形（又称塑性变形），随着荷载增大，塑性变形区逐渐扩大。

（3）完全破坏阶段：当荷载增加到极限荷载 p_u 后，地基中的塑性变形区已扩大并形成连续的滑动面，土从承压板边缘侧向挤出，在板周形成隆起的土堆，此时变形 s 急骤增加，整个地基丧失稳定，处于完全破坏形态。

3.3　地基沉降的最终计算

弹性理论法计算地基沉降是基于布辛奈斯克课题的位移解，其基本假定为地基是均匀的、各向同性的、线弹性的半无限体；此外还假定基础整个地面和地基一直保持接触。需要指出的是布辛奈斯克课题是研究荷载作用于地表的情形，因此可以用来研究荷载作用面埋置深度较浅的情况。当荷载作用位置埋置深度较大时，则采用明德林（Mindlin）课题的位移解进行弹性理论法沉降计算。

计算地基沉降的目的，是在建筑设计中，预知该建筑物建成后将产生的最终沉降量、沉降差、倾斜及局部倾斜，并判断这些地基变形值是否超出允许的范围，以便在建筑物设计时，为采取相应的工程措施提供科学依据，保证建筑物的安全。

计算地基最终沉降量的方法很多，本节主要介绍国内常用的两种方法：分层总和法和《建筑地基基础设计规范》推荐的方法即应力面积法。

3.3.1 分层总和法

分层总和法假定地基土为有限变形体，在外荷载作用下的变形只发生在有限厚度的范围内（即压缩层），将压缩层厚度内的地基土分为若干层，分别求出各分层地基的应力，然后用土的应力-应变关系式求出各分层的变形量，总和起来就是地基的最终沉降量。

为了应用第 2 章附加应力计算公式和室内侧限压缩试验指标，分层总和法特作如下假设：
① 地基土是均质、各向同性的半无限弹性体。
② 地基土在外荷载作用下，只产生竖向变形，侧向不发生膨胀变形。
③ 采用基底中心点下的附加应力计算地基变形量。

1. 计算原理

分层总和法是先将地基土分为若干水平土层（图 3-10），若以基底中心下截面面积为 A、高度为 h_i 的第 i 层小土柱为例[图 3-10（b）]，此时土柱上作用有自重应力和附加应力。但这时（实际情况）的 e_{1i} 应是自重应力 p_{1i} 作用下相应的孔隙比；e_{2i} 应是压力从 p_{1i} 增大到 p_{2i}（相当于自重应力与附加应力之和）时，压缩稳定后的孔隙比。这样按式（3-1）可求得该土层的压缩变形量 Δs_i 为：

$$\Delta s_i = \frac{e_{1i} - e_{2i}}{1 + e_{2i}} h_i$$

求得各分土层的变形后，再累计起来即得地基最终沉降量：

$$s = \sum_{i=1}^{n} \Delta s_i = \sum_{i=1}^{n} \frac{e_{1i} - e_{2i}}{1 + e_{1i}} h_i \qquad (3\text{-}16)$$

2. 计算步骤

分层总和法物理概念清楚，计算方法简单，但计算过程烦琐，一般按以下步骤进行：
（1）分层：
从基础底面开始将地基土分为若干薄层，分层原则：① 厚度 $h_i \leqslant 0.4b$（b 为基础宽度）；② 天然土层分界处；③ 地下水位处。
（2）计算基底压力 p 及基底附加压力 p_0：

中心荷载　　　　$p = \dfrac{F + G}{A}$

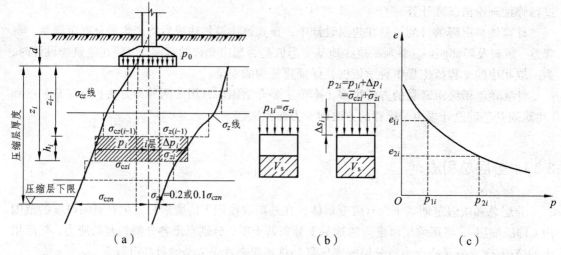

图 3-10　地基最终沉陷量计算的分层总和法

偏心荷载　　　$p_{min}^{max} = \dfrac{F+G}{A}\left(1\pm\dfrac{6e}{l}\right)$

$$p_0 = p - \gamma_0 d$$

（3）计算各分层面上土的自重应力 σ_{czi} 和附加应力 σ_{zi}，并绘制分布曲线。

（4）确定沉降计算深度 z_n。按"应力比"法确定，即：

一般土　　　　$\sigma_{zn}/\sigma_{czn} \leqslant 0.2$

软土　　　　　$\sigma_{zn}/\sigma_{czn} \leqslant 0.1$

（5）计算各分层土的平均自重应力 $\bar{\sigma}_{czi} = \dfrac{\sigma_{cz(i-1)}+\sigma_{czi}}{2}$ 和平均附加应力 $\bar{\sigma}_{czi} = \dfrac{\sigma_{z(i-1)}+\sigma_{zi}}{2}$，并设 $p_{1i} = \bar{\sigma}_{czi}$，$p_{2i} = \bar{\sigma}_{czi} + \bar{\sigma}_{zi}$。

（6）按下列任一公式计算每一分层土的变形量 Δs_i：

$$\Delta s_i = \left(\frac{e_{1i}-e_{2i}}{1+e_{2i}}\right)h_i \tag{3-17}$$

据压缩系数 a 的定义及 $E_s = \dfrac{1+e_1}{a}$ 关系还有：

$$\Delta s_i = \frac{a_i}{1+e_{1i}}(p_{2i}-p_{1i})h_i \tag{3-18}$$

$$\Delta s_i = \frac{\bar{\sigma}_{zi}}{E_{si}}h_i \tag{3-19}$$

式中　　a_i——第 i 层土的压缩系数（MPa^{-1}）；

　　　　E_{si}——第 i 层土的侧限压缩模量（MPa）；

　　　　e_{1i}——第 i 层土压缩前（自重应力 p_{1i} 作用下）的孔隙比，从该土层的压缩曲线由 p_{1i}
　　　　　　　　查取，见图 3-10（c）；

e_{2i}——第 i 层土压缩终止后（即自重应力与附加应力之和 p_{2i} 作用下）的孔隙比，由 p_{2i} 从该土层的压缩曲线中查取；

h_i——第 i 层土的厚度（m）。

（7）计算地基最终沉降量 s。

将沉降计算深度 z_n 范围内各土层（n 层）压缩变形量 Δs_i 相加，可得：

$$s = \Delta s_1 + \Delta s_2 + \cdots + \Delta s_n = \sum_{i=1}^{n} \Delta s_i \qquad (3\text{-}20)$$

【例 3-1】 柱荷载 $F = 851.2$ kN，基础埋深 $d = 0.8$ m，基础底面尺寸 $l \times b = 8\ \text{m} \times 2\ \text{m} = 16\ \text{m}^2$；地基土层如图 3-11 及表 3-1 所示，试用分层总和法计算基础沉降量。

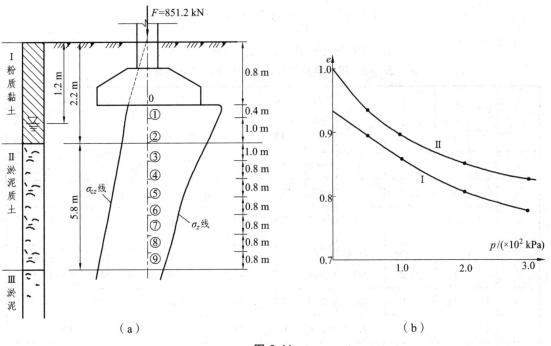

（a）   （b）

图 3-11

表 3-1

土层	指 标							不同压力下的孔隙比			
	土层厚 $/$m	重度 γ $/(\text{kN/m}^3)$	土粒相对密度 d	含水量 w $/\%$	孔隙比 $/e$	塑性指数 I_p	压缩系数 $\alpha_{1\text{-}2}$ $(\approx 10^{-2}\ \text{kPa})$	压力 p（$\approx 10^2$ kPa）			
								0.5	1.0	2.0	3.0
褐黄色粉质黏土	2.20	18.3	2.73	33.0	0.942	16.2	0.048	0.889	0.855	0.807	0.773
灰色淤泥质土	5.80	17.9	2.72	37.6	1.045	10.5	0.043	0.925	0.891	0.848	0.823
灰色淤泥	未钻穿	17.6	2.74	42.1	1.175	19.3	0.082	—	—	—	—

【解】

（1）地基分层。

每层厚度按 $h_i \leqslant 0.4b = 0.8$ m，但地下水位处、土层分界面处单独划分，分层进入到第②土层时，若第③分层取 $h_3 = 1$ m，则此层底面距基底的距离恰好等于 2.4 m，为基础宽度 b 的 1.2 倍，这样可以在计算附加应力时减少做查表内插的工作。从第④分层开始便可按 $h_i = 0.4b = 0.8$ m 继续划分下去，至第②土层（淤泥质土）之底面为止（图 3-11），并作表 3-2。

（2）地基竖向自重应力 σ_{czi} 的计算：

如 0 点（基底处）	$\sigma_{cz0} = 18.3 \times 0.8 = 14.6$ kPa
①点	$\sigma_{cz1} = 14.6 + 18.3 \times 0.4 = 22.0$ kPa
②点	$\sigma_{cz2} = 22.0 + 8.5 \times 1 = 30.5$ kPa

其他各点见表 3-2。

表 3-2 用分层总和法计算地基最终沉降量表

分层点编号	深度 z/m	分层厚度 h_i/m	自重应力 σ_{czi}/kPa	深度比 $=l/b$	应力系数 α_i	附加应力 σ_{zi}/kPa	平均自重应力 $\bar{\sigma}_{czi}$/kPa	平均附加应力 $\bar{\sigma}_{zi}$/kPa	$\bar{\sigma}_{czi} + \bar{\sigma}_{zi}$	孔隙比 e_{1i}	孔隙比 e_{2i}	分层沉降量 Δs_i/cm
0	0		14.6	0	1.000	54.6						
①	0.4	0.4	22.0	0.4	0.976	53.3	18.3	53.8	72.1	0.923	0.873	1.15
②	1.4	1.0	30.5	1.4	0.692	37.8	26.3	45.6	71.9	0.913	0.874	2.04
③	2.4	1.0	38.7	2.4	0.462	25.1	34.6	31.5	66.1	0.960	0.913	2.40
④	3.2	0.8	45.2	3.2	0.348	18.9	42.0	22.0	64.0	0.942	0.915	1.12
⑤	4.0	0.8	51.7	4.0	0.270	14.7	48.5	16.8	65.3	0.926	0.914	0.54
⑥	4.8	0.8	58.2	4.8	0.216	11.7	54.9	13.2	68.1	0.921	0.912	0.38
⑦	5.6	0.8	64.6	5.6	0.173	9.4	61.4	10.6	72.0	0.916	0.909	0.29
⑧	6.4	0.8	71.1	6.4	0.142	7.7	67.9	8.6	76.5	0.912	0.906	0.25
⑨	7.2		77.9	7.2	0.117	6.4	74.5	7.05	81.5	0.907	0.902	0.21

（3）地基竖向附加应力 σ_{zi} 的计算。

先求：基底平均压力：

$$p = \frac{F+G}{A} = \frac{851.2 + 2 \times 8 \times 0.8 \times 20}{2 \times 8} = 69.2 \text{ kPa}$$

基底附加压力：

$$p_0 = p - \sigma_c = p - \gamma d = 69.2 - 18.3 \times 0.8 = 54.6 \text{ kPa}$$

按第 2 章所述，根据 l/b 和 z/b 查表 2-4 求取 α 值，则附加应力 $\sigma_z = \alpha \rho_0$，注意角点法的应用。

如①点：$z = 0.4\ \text{m}$，$z/\dfrac{b}{2} = 0.4$，$l/b = 4$；查表得 $\alpha_1 = 0.244, \alpha = 4\alpha_1 = 0.976$

$$\sigma_{z2} = 0.976 \times 54.6 = 53.3\ \text{kPa}$$

②点：$z = 1.4\ \text{m}$，$z/\dfrac{b}{2} = 1.4$，$l/b = 4$；查表得 $\alpha_1 = 0.173, \alpha = 4\alpha_1 = 0.692$

$$\sigma_{z2} = 0.692 \times 54.6 = 37.8\ \text{kPa}$$

其余分层计算类同，见表 3.2。

（4）地基分层自重膨力平均值和附加应力平均值的计算。

如第②分层的平均附加应力：

$$\bar{\sigma}_{z2} = (\sigma_{z1} + \sigma_{z2})/2 = (53.3 + 37.8)/2 = 45.6\ \text{kPa}$$

其余分层的计算列于表 3.2。

（5）地基沉降计算深度 z_n 的确定。

若按 $\sigma_{zn} \approx 0.1\sigma_{czn}$ 计算时，可以估计出压缩层下限深度将往第⑨分层中，即 $z_n = 7.2\ \text{m}$，则在第②土层即淤泥质土层的底面处，此时有下面的不等式：

$$6.4\ \text{kPa} < 0.1 \times 77.9 = 7.79\ \text{kPa}$$

若按 $\sigma_{zn} \approx 0.2\sigma_{czn}$ 时，可以估计压缩层深度下限将在第⑥分层处，若取 $z_n = 4.8\ \text{m}$，此时得下列关系

$$11.77\ \text{kPa} \approx 0.2 \times 58.2 = 11.64\ \text{kPa}$$

此处为淤泥质土，取 $z_n = 7.2\ \text{m}$。

（6）地基各分层沉降量的计算。

先从对应土层的压缩曲线上查出相应于某一分层 i 的平均自重应为 $(\bar{\sigma}_{czi} = p_{1i})$ 以及平均附加应力与平均自重应力之和 $(\bar{\sigma}_{czi} + \bar{\sigma}_{zi} = p_{2i})$ 的孔隙比 e_{1i} 和 e_{2i}，代入式（3-17）计算该分层 i 的变形量 Δs_i：

$$\Delta s_i = \frac{e_{1i} - e_{2i}}{1 + e_{1i}} h_i$$

例如第②分层（即 $i = 2$），$h_{(2)} = 100\ \text{cm}$。

$\bar{\sigma}_{cz2} = 26.3\ \text{kPa}$，从压缩曲线（Ⅰ）上查得 $e_{1(2)} = 0.913$；

$\bar{\sigma}_{cz2} + \bar{\sigma}_{z2} = 71.9\ \text{kPa}$，从同一压缩曲线上查得 $e_{2(2)} = 0.874$，则

$$\Delta s_2 = \frac{0.931 - 0.874}{1 + 0.913} \times 100 = 2.04\ \text{cm}$$

其余计算结果见表 3-2。

还可用式（3-18）的关系式计算 Δs_i，例如，对于上述第②分层数据可得：

$$a_i = a_2 = \frac{e_{1(2)} - e_{2(2)}}{\sigma_{z2}} = \frac{0.913 - 0.874}{45.6} = 0.084 \times 10^{-2}\, \text{kPa}^{-1}$$

$$\Delta s_2 = \frac{a_i}{1 + e_{1i}} \sigma_{zi} h_i = \frac{0.084 \times 10^{-2} \times 45.6 \times 100}{1 + 0.913} = 2.04\, \text{cm}$$

若用 a_{12} 计算时，根据表 3-2 得：

$$\Delta s_2 = \frac{0.048 \times 10^{-2} \times 45.6 \times 100}{1 + 0.855} = 1.20\, \text{cm}$$

可见，用不同条件下得到的压缩系数作参数代入计算 Δs_i 时，计算结果差别很大，所以要按实际应力取值。

（7）计算基础中点总沉降量 s。

将压缩层范围内各分层土的变形量 Δs_i 加总起来，便得基础的总的最终沉降量 s。

在本例中，以 $z_n = 7.2$ m 考虑，共有分层数 $n = 9$，所以从表 3-2 数据可得：

$$s = \sum_{i=1}^{9} \Delta s_i = 1.15 + 2.04 + 2.40 + 1.12 + 0.54 + 0.38 + 0.29 + 0.25 + 0.21 = 8.38\, \text{cm}$$

若 $z_n = 4.8$ m，$n = 6$，则得：

$$s = \sum_{i=1}^{6} \Delta s_i = 7.63\, \text{cm}$$

3.3.2 《建筑地基基础设计规范》方法

《建筑地基基础设计规范》（GB 50007—2001）提出的地基沉降计算方法，是一种简化并经修正了的分层总和法，其关键在于引入了平均附加应力系数的概念，并在总结大量实践经验的基础上，重新规定了地基沉降计算深度的标准及地基沉降计算经验系数。这样既对分层总和法进行了简化，又比较符合实际工程情况。

1. 计算原理

设地基土层均匀、压缩模量 E_s 不随深度变化，根据式（3-19）有：

$$s' = \sum_{n=1}^{n} \frac{\bar{\sigma}_{zi} h_i}{E_{si}} \tag{3-21}$$

由图 3-12 可见，上式分子 $\bar{\sigma}_{zi} h_i$ 等于第 i 层土附加应力曲线所包围的面积（图中阴影部分），用符号 A_{3456} 表示，而且有：

$$A_{3456} = A_{1234} - A_{1256}$$

而应力面积：

$$A = \int_0^z \sigma_z \mathrm{d}z = p_0 \int_0^z \alpha \mathrm{d}z$$

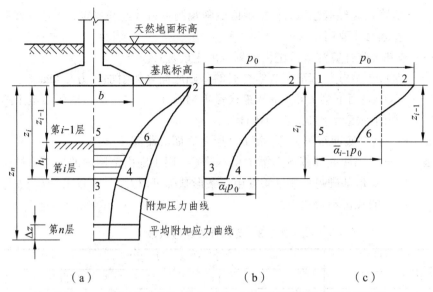

图 3-12 采用平均附加应力系数 $\bar{\alpha}_i$ 计算沉降量的分层示意图

为计算方便，规范法按等面积化为相同深度范围内矩形分布时应力的大小[见图 3-12（b）、（c）]，而引入平均附加应力系数 $\bar{\alpha}$ 即：

$$A_{1234} = \bar{\alpha}_i p_0 z_i$$

则

$$\bar{\alpha}_i = \frac{A_{1234}}{p_0 z_i} = \frac{\int_0^{z_i} \sigma_z \mathrm{d}z}{p_0 z_i} = \frac{p_0 \int_0^{z_i} \alpha \mathrm{d}z}{p_0 z_i} = \frac{\int_0^{z_i} \alpha \mathrm{d}z}{z_i}$$

同理

$$A_{1256} = \bar{\alpha}_{i-1} p_0 z_{i-1}$$

则

$$\bar{\alpha}_{i-1} = \frac{A_{1256}}{p_0 z_{i-1}} = \frac{\int_0^{z_{i-1}} \alpha \mathrm{d}z}{z_{i-1}}$$

$$s' = \sum_{i=1}^{n} \frac{A_{1234} - A_{1256}}{E_{si}} = \sum_{i=1}^{n} \frac{p_0}{E_{si}} (\bar{\alpha}_i z_i - \bar{\alpha}_{i-1} z_{i-1}) \tag{3-22}$$

式中　$p_0 z \bar{\alpha}$ ——深度 z 范围内竖向附加应力面积 A 的等代值；

　　　$\bar{\alpha}$ ——深度 z 范围内平均附加应力系数。

故规范法也亦称为应力面积法。

2. 沉降计算经验系数和沉降计算

由于 s' 推导时作了近似假定和近似处理，而且对某些复杂因素也难以综合反映，因此将其计算结果与大量沉降观测资料结果进行比较后发现：低压缩性的地基土，s' 计算值偏大；反之，高压缩性地基土，s' 计算值偏小。为此，规范法引入经验系数 ψ，对式（3-22）进行修正，即：

$$s = \psi_s s' = \psi_s \sum_{i=1}^{n} \frac{p_0}{E_{si}} (\bar{\alpha}_i z_i - \bar{\alpha}_{i-1} z_{i-1}) \tag{3-23}$$

式中　s ——地基最终沉降量（mm）；

ψ_s ——沉降计算经验系数，根据地区沉降观测资料及经验确定，无地区经验时，也可
　　　　按表 3-3 取用；

n ——地基沉降计算深度范围内所划分的土层数；

p_0 ——对应于荷载效应准永久组合时的基础底面处的附加压力（ kPa ）；

E_{si} ——基础底面下第 i 层土的压缩模量（ MPa ），应取土的自重压力至土的自重压力
　　　　与附加压力之和的压力段计算；

z_i, z_{i-1} ——基础底面至第 i 层、第 $i-1$ 层土底面的距离（ m ）；

$\bar{\alpha}_i, \bar{\alpha}_{i-1}$ ——基础底面计算点至第 i 层、第 $i-1$ 层土底面范围内的平均附加应力系数，
　　　　矩形基础可按表 3-4 查用，条形基础可取 $l/b = 10$ 查用，l 与 b 分别为基础
　　　　的长边和短边。

表 3-3　沉降计算经验系数

基底附加应力	E_s /MPa				
	2.5	4.0	7.0	15.0	20.0
$P_0 \geqslant f_{ak}$	1.4	1.3	1.0	0.4	0.2
$P_0 \leqslant 0.75 f_{ak}$	1.1	1.0	0.7	0.4	0.2

注：① f_{ak} 系地基承载力特征值；

② E_s 系沉降计算深度范围内压缩模量的当量值，按 $E_s = \dfrac{\sum A_i}{\sum \dfrac{A_i}{E_{si}}}$ 计算，其中 $A_i = p_0(z_i\bar{\alpha}_i - z_{i-1}\bar{\alpha}_{i-1})$ 。

表 3-4　矩形面积上均布荷载下角点的平均竖向附加应力系数

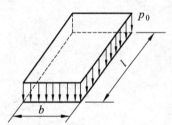

z/b	l/b												
	1.0	1.2	1.4	1.6	1.8	2.0	2.4	2.8	3.2	3.6	4.0	5.0	10.0
0.0	0.250 0	0.250 0	0.250 0	0.250 0	0.250 0	0.250 0	0.250 0	0.250 0	0.250 0	0.250 0	0.250 0	0.250 0	0.250 0
0.2	0.249 6	0.249 7	0.249 7	0.249 8	0.249 8	0.249 8	0.249 8	0.249 8	0.249 8	0.249 8	0.249 8	0.249 8	0.249 8
0.4	0.247 4	0.247 9	0.248 1	0.248 3	0.248 3	0.248 4	0.248 5	0.248 5	0.248 5	0.248 5	0.248 5	0.248 5	0.248 5
0.6	0.242 3	0.243 7	0.244 4	0.244 8	0.245 1	0.245 2	0.245 4	0.245 5	0.245 5	0.245 5	0.245 5	0.245 5	0.245 6
0.8	0.234 6	0.237 2	0.238 7	0.239 5	0.240 0	0.240 3	0.240 7	0.240 8	0.240 9	0.240 9	0.241 0	0.241 0	0.241 0
1.0	0.225 2	0.229 1	0.231 3	0.232 6	0.233 5	0.234 0	0.234 6	0.234 9	0.235 1	0.235 2	0.235 2	0.235 3	0.235 3
1.2	0.214 9	0.219 9	0.222 9	0.224 8	0.226 0	0.226 8	0.227 8	0.228 2	0.228 5	0.228 6	0.228 7	0.228 8	0.228 9
1.4	0.204 3	0.210 2	0.214 0	0.216 4	0.219 0	0.219 1	0.220 4	0.221 1	0.221 5	0.221 7	0.221 8	0.222 0	0.222 1
1.6	0.193 9	0.200 6	0.204 9	0.207 9	0.209 9	0.211 3	0.213 0	0.213 8	0.214 3	0.214 6	0.214 8	0.215 0	0.215 2
1.8	0.184 0	0.191 2	0.196 0	0.199 4	0.201 8	0.203 4	0.205 5	0.206 6	0.207 3	0.207 7	0.207 9	0.208 2	0.208 4
2.0	0.174 6	0.182 2	0.187 5	0.191 2	0.193 8	0.195 8	0.198 2	0.199 6	0.200 4	0.200 9	0.201 2	0.201 5	0.201 8
2.2	0.165 9	0.173 7	0.179 3	0.183 3	0.186 2	0.188 3	0.191 1	0.192 7	0.193 7	0.194 3	0.194 7	0.195 2	0.195 5

续表

z/b	l/b												
	1.0	1.2	1.4	1.6	1.8	2.0	2.4	2.8	3.2	3.6	4.0	5.0	10.0
2.4	0.1578	0.1657	0.1715	0.1757	0.1789	0.1812	0.1843	0.1862	0.1873	0.1880	0.1885	0.1890	0.1895
2.6	0.1503	0.1583	0.1642	0.1686	0.1719	0.1745	0.1779	0.1799	0.1812	0.1820	0.1825	0.1832	0.1838
2.8	0.1433	0.1514	0.1574	0.1619	0.1654	0.1680	0.1717	0.1739	0.1753	0.1763	0.1769	0.1777	0.1784
3.0	0.1369	0.1449	0.1510	0.1556	0.1592	0.1619	0.1658	0.1682	0.1698	0.1708	0.1715	0.1725	0.1733
3.2	0.1310	0.1390	0.1450	0.1497	0.1533	0.1562	0.1602	0.1628	0.1645	0.1657	0.1664	0.1675	0.1685
3.4	0.1256	0.1334	0.1394	0.1441	0.1478	0.1508	0.1500	0.1577	0.1595	0.1607	0.1616	0.1628	0.1639
3.6	0.1205	0.1282	0.1342	0.1389	0.1427	0.1456	0.1500	0.1528	0.1548	0.1561	0.1570	0.1583	0.1595
3.8	0.1158	0.1234	0.1293	0.1340	0.1378	0.1408	0.1452	0.1482	0.1502	0.1516	0.1526	0.1541	0.1554
4.0	0.1114	0.1189	0.1248	0.1294	0.1332	0.1362	0.1408	0.1438	0.1459	0.1474	0.1485	0.1500	0.1516
4.2	0.1073	0.1147	0.1205	0.1251	0.1289	0.1319	0.1365	0.1396	0.1418	0.1434	0.1445	0.1462	0.1479
4.4	0.1035	0.1107	0.1164	0.1210	0.1248	0.1279	0.1325	0.1357	0.1379	0.1396	0.1407	0.1425	0.1444
4.6	0.1000	0.1070	0.1127	0.1172	0.1209	0.1240	0.1287	0.1319	0.1342	0.1359	0.1371	0.1390	0.1410
4.8	0.0967	0.1036	0.1091	0.1136	0.1173	0.1204	0.1250	0.1283	0.1307	0.1324	0.1337	0.1307	0.1377
5.0	0.0935	0.1003	0.1057	0.1102	0.1139	0.1169	0.1216	0.1249	0.1273	0.1291	0.1304	0.1325	0.1348
5.2	0.0906	0.0972	0.1026	0.1070	0.1106	0.1136	0.1183	0.1217	0.1241	0.1259	0.1273	0.1295	0.1320
5.4	0.0878	0.0943	0.0996	0.1039	0.1075	0.1105	0.1152	0.1186	0.1211	0.1229	0.1243	0.1265	0.1292
5.6	0.0852	0.0916	0.0968	0.1010	0.1046	0.1076	0.1122	0.1156	0.1181	0.1200	0.1215	0.1238	0.1266
5.8	0.0828	0.0890	0.0941	0.0983	0.1018	0.1047	0.1094	0.1128	0.1153	0.1172	0.1187	0.1211	0.1240
6.0	0.0805	0.0866	0.0916	0.0957	0.0991	0.1021	0.1067	0.1101	0.1126	0.1146	0.1161	0.1185	0.1216
6.2	0.0783	0.0842	0.0891	0.0932	0.0966	0.0995	0.1041	0.1075	0.1101	0.1120	0.1136	0.1161	0.1193
6.4	0.0762	0.0820	0.0869	0.0909	0.0942	0.0971	0.1016	0.1050	0.1076	0.1096	0.1111	0.1137	0.1171
6.6	0.0742	0.0799	0.0847	0.0886	0.0919	0.0948	0.0993	0.1027	0.1053	0.7073	0.1088	0.1114	0.1149
6.8	0.0723	0.0779	0.0826	0.0865	0.0898	0.0926	0.0970	0.1004	0.1030	0.1050	0.1066	0.1092	0.1129
7.0	0.0705	0.0761	0.0806	0.0844	0.0877	0.0904	0.0949	0.0982	0.1008	0.1028	0.1044	0.1071	0.1109
7.2	0.0688	0.0742	0.0787	0.0825	0.0857	0.0884	0.0928	0.0962	0.0987	0.1008	0.1023	0.1051	0.1090
7.4	0.0672	0.0725	0.0769	0.0806	0.0838	0.0865	0.0908	0.0942	0.0967	0.0988	0.1004	0.1031	0.1071
7.6	0.0656	0.0709	0.0752	0.0789	0.0820	0.0846	0.0889	0.0922	0.0948	0.0968	0.0984	0.1012	0.1054
7.8	0.0642	0.0693	0.0736	0.071	0.0802	0.0828	0.0871	0.0904	0.0929	0.0950	0.0966	0.0994	0.103 6
8.0	0.0627	0.0678	0.0720	0.0755	0.0785	0.0811	0.0853	0.0886	0.0912	0.0932	0.0948	0.0977	0.1020
8.2	0.0614	0.0663	0.0705	0.0739	0.0769	0.0795	0.0837	0.0869	0.0894	0.0914	0.0931	0.0959	0.1004
8.4	0.0601	0.0649	0.0690	0.0724	0.0754	0.0779	0.0820	0.0852	0.0878	0.0898	0.0914	0.0943	0.0988
8.6	0.0588	0.0636	0.0676	0.0710	0.0739	0.0764	0.0805	0.0836	0.0862	0.0882	0.0898	0.0927	0.0973
8.8	0.0576	0.0623	0.0663	0.0696	0.0724	0.0749	0.0790	0.0821	0.0846	0.0866	0.0882	0.0912	0.0959
9.2	0.0554	0.0599	0.0637	0.0670	0.0697	0.0721	0.0761	0.0792	0.0817	0.0837	0.0853	0.0882	0.0931
9.6	0.0533	0.0577	0.0614	0.0645	0.0672	0.0696	0.0734	0.0765	0.0789	0.0809	0.0825	0.0855	0.0905
10.0	0.0514	0.0556	0.0592	0.0622	0.0649	0.0672	0.0710	0.0739	0.0763	0.0783	0.0799	0.0828	0.0880
10.4	0.0496	0.0537	0.0572	0.0601	0.0627	0.0649	0.0686	0.0716	0.0739	0.0759	0.0775	0.0804	0.0857
10.8	0.0479	0.0519	0.0553	0.0581	0.0606	0.0628	0.0664	0.0693	0.0717	0.0736	0.0751	0.0781	0.0834
11.2	0.0463	0.0502	0.0535	0.0563	0.0587	0.0609	0.0644	0.0672	0.0695	0.0714	0.0730	0.0759	0.0813
11.6	0.0448	0.0486	0.0518	0.0545	0.0569	0.0590	0.0625	0.0652	0.0675	0.0694	0.0709	0.0738	0.0793
12.0	0.0435	0.0471	0.0502	0.0529	0.0552	0.0573	0.0606	0.0634	0.0656	0.0674	0.0690	0.0719	0.0774
12.8	0.0409	0.0444	0.0474	0.0499	0.0521	0.0541	0.0573	0.0599	0.0621	0.0639	0.0654	0.0682	0.0739
13.6	0.0387	0.0420	0.0448	0.0472	0.0493	0.0512	0.0543	0.0568	0.0589	0.0607	0.0621	0.0649	0.0704
14.4	0.0367	0.0398	0.0425	0.0448	0.0468	0.0486	0.0516	0.0540	0.0561	0.0577	0.0592	0.0619	0.0677
15.2	0.0349	0.0379	0.0404	0.0426	0.0446	0.0463	0.0492	0.0515	0.0535	0.0551	0.0565	0.0592	0.0650
16.0	0.0332	0.0361	0.0385	0.0407	0.0425	0.0442	0.0469	0.0492	0.0511	0.0527	0.0540	0.0567	0.0625
18.0	0.0297	0.0323	0.0345	0.0364	0.0381	0.0396	0.0422	0.0442	0.0460	0.0475	0.0487	0.0512	0.0570
20.0	0.0269	0.0292	0.0312	0.0330	0.0345	0.0359	0.0383	0.0402	0.0418	0.0432	0.0444	0.0468	0.0524

  尚须注意，表 3-4 给出的是均布矩形荷载角点下的平均竖向附加应力系数，须采用角点法计算，其方法同土中应力计算。另外，有相邻荷载时应考虑其影响。因为地基中附加应力的扩散现象，相邻荷载将引起地基产生附加沉降。这部分变形值可按应力叠加原理，也采用

角点法计算。当建筑物地下室基础埋置较深时，需要考虑开挖基坑地基土的回弹，该部分回弹变形量的具体计算参见《建筑地基基础设计规范》。

3. 地基沉降计算深度 z_n

地基沉降计算深度 z_n，规范法通过"变形比"试算确定，即要求满足：

$$\Delta s'_n \leqslant 0.025 \sum_{i=1}^{n} \Delta s'_i \qquad (3\text{-}24)$$

式中　$\Delta s'_i$ ——在计算深度 z_n 范围内，第 i 层土的计算沉降值（mm）；

$\Delta s'_n$ ——在计算深度 z_n 处向上取厚度为 Δz（图 3-12）土层的计算沉降值（mm），Δz 按表 3-5 确定。

若按上式计算确定的 z_n 下仍有软弱土层时，在相同压力条件下，变形会增大，故尚应继续往下计算至软弱土层中所取规定厚度 Δz 的计算沉降量满足上式为止。

表 3-5　计算厚度 Δz 表

基础宽度 b/m	$\leqslant 2$	$2<b\leqslant 4$	$4<b\leqslant 8$	>8
Δz /m	0.3	0.6	0.8	1.0

当无相邻荷载影响，基础宽度在 $1\sim30$ m 内时，基础中点的地基沉降计算深度 z_n 也可按下列公式计算：

$$z_n = b(2.5 - 0.41\ln b) \qquad (3\text{-}25)$$

式中　b ——基础宽度（m），$\ln b$ 为 b 的自然对数。

此外，当沉降计算深度范围内存在基岩时，z_n 可取至基岩表面。当存在较厚的坚硬黏性土层，其孔隙比小于 0.5、压缩模量大于 50 MPa，或存在较厚的密实砂卵石层，其压缩模量大于 80 MPa 时，可取至该层土表面。

【例 3-2】　柱荷载 $F=1\,190$ kN，基础埋探 $d=1.5$ m，基础底面尺寸 4 m×2 m，地基土层如图 3-13，试用规范方法求该基础的最终沉降量。

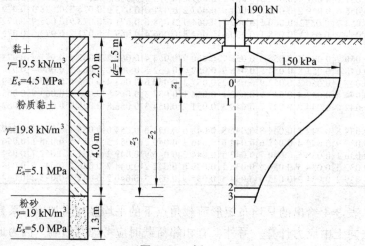

图 3-13　例 3-2

【解】 （1）求基底压力和基底附加压力：

$$p = \frac{F+G}{A} = \frac{1\,190 + 20 \times 4 \times 2 \times 1.5}{4 \times 2} = 178.75 \text{ kPa} \approx 179 \text{ kPa}$$

基础底面处土的自重应力

$$\sigma_{cz} = \gamma \times d = 19.5 \times 1.5 = 29.25 \text{ kPa} \approx 29 \text{ kPa}$$

则基底附加压力

$$p_0 = p - \sigma_{cz} = 179 - 29 = 150 \text{ kPa} = 0.15 \text{ MPa}$$

（2）确定沉降计算深度 z_n。

因为不存在相邻荷载的影响，故可按式（3-25）估算

$$z_n = b(2.5 - 0.4\ln b) = 2 \times (2.5 - 0.4\ln 2) = 4.445 \text{ m} \approx 4.5 \text{ m}$$

按该深度，沉降量应计算至粉质黏土层底面。

（3）沉降计算，见表3-6。

表 3-6　用规范方法计算基础最终沉降量

点号	z_i/m	l/b	z/b $\left(b = \frac{2.0}{2}\right)$	$\bar{\alpha}_i$	$z_i\bar{\alpha}_i$ /mm	$z_i\bar{\alpha}_i - z_{i-1}\bar{\alpha}_{i-1}$ /mm	$\frac{p_0}{E_{si}} = \frac{0.15}{E_{si}}$	Δs_i /mm	$\sum \Delta s_i$ /mm	$\frac{\Delta s_n}{\sum \Delta s_i}$ $\leqslant 0.025$
0	0		0	$4 \times 0.250\,0$ $= 1.000$	0					
1	0.5	$\dfrac{4.0}{2} \Big/ \dfrac{2.0}{2}$ $= 2.0$	0.50	$4 \times 0.246\,8$ $= 0.987\,2$	493.60	493.60	0.033	16.29		
2	4.20		4.2	$4 \times 0.131\,9$ $= 0.527\,6$	2 215.92	1 722.32	0.029	49.95		
3	4.50		4.5	$4 \times 0.126\,0$ $= 0.504\,0$	2 268.00	52.08	0.029	1.51	67.75	0.022 3

① 求 $\bar{\alpha}$。

使用表3-4时，因为它是角点下平均附加应力系数，而所须计算的则为基础中点下的沉降量，因此查表时要应用"角点法"，即将基础分为4块相同的小面积，查表时按 $\dfrac{l/2}{b/2} = l/b, \dfrac{z}{b/2}$ 查，查得的平均附加应力系数应乘以4。

② z_n 校核。

根据规范规定，先由表3-5定下 $\Delta z = 0.3 \text{ m}$，计算出 $\Delta s_n = 1.51 \text{ mm}$，并除以 $\sum \Delta s_i (67.75 \text{ mm})$，得 $0.022\,3 \leqslant 0.025$，表明所取 $z_n = 4.5 \text{ m}$ 符合要求。

（4）确定沉降经验系数 ψ_s。

① 计算 $\bar{E}_s$ 值。

$$\bar{E}_s = \frac{\sum A_i}{\sum (A_i / E_{si})} = \frac{p_0 \sum (z_i\bar{\alpha}_i - z_{i-1}\bar{\alpha}_{i-1})}{p_0 \sum [(z_i\bar{\alpha}_i - z_{i-1}\bar{\alpha}_{i-1})/E_{si}]} = \frac{493.60 + 1\,722.32 + 52.08}{\dfrac{493.60}{4.5} + \dfrac{1\,722.32}{5.1} + \dfrac{52.08}{5.0}} = 4.92 \text{ MPa}$$

② ψ_s 值确定。

假设 $p_0 = f_{nk}$ ，按表 3-3 插值求得 $\psi_s = 1.2$ 。

③ 基础最终沉降量。

$$s = \psi_s \sum \Delta s_i = 1.2 \times 67.75 = 81.30 \text{ mm}$$

3.4 地基变形与时间的关系

地基土的变形通常需要持续一段时间才能完成，变形稳定所需的时间与地基土的性质、排水条件等有关。碎石土和沙土地基，因透水性大，压缩性小，变形所需要的时间很短，可以认为在施工完毕时已经固结稳定；而黏性土地基，因透水性小，压缩性大，完成固结所需要的时间较长，尤其是饱和的软黏土，往往需要几年甚至几十年才能固结稳定。因此，在工程设计中，对于黏性土和粉土地基，不但需要知道基础的最终沉降量，还需要知道沉降与时间的关系，以便组织施工顺序、控制施工速度以及确定采取必要的建筑安全措施（如考虑建筑物有关部分的预留净空或连接方法）。关于沉降与时间的关系，目前均以饱和土体单向固结理论为基础，下面介绍这一理论及其应用。

3.4.1 饱和黏性土的渗透固结

饱和黏性土在压力作用下，只有排出孔隙中的自由水，才能使其体积减小，产生压缩变形，这一过程称为饱和土的渗透固结。下面我们以土的固结模型来说明土固结的力学机理。

饱和土的单向固结模型为图 3-14 所示的带弹簧活塞的冲水容器。整个模型表示饱和土，弹簧模拟土的骨架，活塞上的小孔模拟排水条件，则容器中的水相当于孔隙中的自由水，以 u 表示外荷 p 在土孔隙水中引起的超静水压力；以 σ' 表示土骨架中产生的应力，称为有效应力。现在来分析模型受压力 p 作用时，其内部的应力变化和弹簧的压缩过程，即土的固结过程。当活塞骤然施加压力 p 时（相当于加荷历时 $t = 0$），瞬间（图 3-14（a））容器中水来不及排出，此时弹簧尚未受力，压力全部由水承担。即 $t = 0$ 时，$u = p$，$\sigma' = 0$；其后，$t > 0$（图 3-14（b））时，水在 u 的作用下开始从活塞的小孔中排出，活塞下降，活塞受到压缩，随着

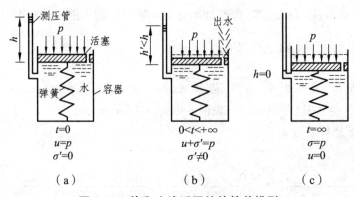

图 3-14 饱和土渗透固结的简单模型

水的不断排出，σ' 逐渐增加，u 逐渐减小。即：$0 < t < \infty$ 时，$p = \sigma' + u$ 最后（图 3-14（c））当 $u \to 0$，水停止排出，活塞不再下降，此时（理论上 t 趋于 ∞），压力全部由弹簧承担。即：$t < \infty$ 时，$\sigma' = p$，$u = 0$。

由此可见，饱和土的渗透固结是孔隙水压力消散、逐渐转移为有效应力的过程，只有孔隙水压力 $u = 0$ 时，土的固结变形才能完全稳定。

3.4.2　单向固结理论

单向固结理论是以土体受到单向加荷的渗透固结压缩这一基本力学模型为基础的。固结理论的目的在于求解土体中某点的孔隙水压力随时间和深度变化的规律，即：$u = \psi(z, t)$。

1．基本规定

太沙基提出固结理论时，作出如下规定：

（1）土是均质、各向同性的饱和体。

（2）土颗粒和水都是不可压缩的。

（3）土的压缩和水的渗透只沿竖直方向发生。

（4）土中水的运动服从达西定理。

（5）在渗透固结过程中，土的渗透系数 k 和压缩系数 a 均为常数。

（6）荷载是瞬时一次施加的。

2．单向固结微分方程及其解答

1）微分方程的建立

考虑图 3-15（a）所示最简单的情况。有一饱和土层，厚为 H，表面有透水层，底面为不透水及不可压缩的层。设该土层在自重应力下固结已完成，现该土层表面骤然施加连续均布荷载 p_0，则在土中引起的附加应力 $\sigma_z = (p_0)$ 沿深度均布分布，即：$ab = ce = \sigma_z = p_0$。由于水只能向上渗流从表面排出，当排水固结开始后，表面的孔隙水压力立即降到零，而底面的孔隙水压力则降低得很少，其任意深度处的孔隙水压力随 z 不同而变化，如 ad 表示某一时刻 t 时，土中有效应力 σ' 与孔隙水压力 u 沿深度的变化曲线。随时间的增长，曲线逐渐发生变化，如图 3-15 中虚线。由此可见，有效应力 σ' 和孔隙水压力 u 是时间 t 和深度 z 的函数。

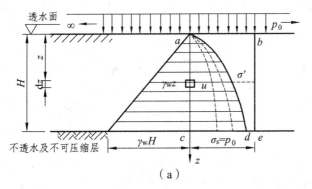

图 3-15　饱和黏性土层的固结

设 $\sigma' = f(z,t)$，$u = \psi(z,u)$，显然当 $t = 0$ 时，$\sigma' = f(z,0) = 0$，ad 与 be 重合 $u = \psi(z,0) = \sigma_z$，即 σ_z 全部由 u 承担；当 $t = \infty$ 时，$u = \psi(z,\infty) = 0$，ad 与 bc 重合 $\sigma' = f(z,\infty) = \sigma_c$，即 σ_z 全部由土粒骨架承担。在地基中任一深度 z 处取一微元体 $\mathrm{d}x\mathrm{d}y\mathrm{d}z$（图 3-15（b）），已知其空隙比为 e 时，微元体中土粒体积 $V_s = \dfrac{1}{1+e}\mathrm{d}x\mathrm{d}y\mathrm{d}z$，孔隙体积 $V_v = \dfrac{e}{1+e}\mathrm{d}x\mathrm{d}y\mathrm{d}z$。由于水只能自下而上排出，故在单位时间 $\mathrm{d}t$ 内，以该微分体的水量变化为：

$$\left[q - \left(q + \frac{\partial q}{\partial z}\mathrm{d}z\right)\right]\mathrm{d}x\mathrm{d}y\mathrm{d}z = -\frac{\partial q}{\partial z}\mathrm{d}x\mathrm{d}y\mathrm{d}z\mathrm{d}t \tag{a}$$

同时，由于土颗粒不能压缩，故在单位时间内 $\mathrm{d}t$ 内，微元体体积的变化等于孔隙体积的变化：

$$\frac{\partial V}{\partial t}\mathrm{d}t = \frac{\partial}{\partial t}\left(\frac{e}{1+e}\mathrm{d}x\mathrm{d}y\mathrm{d}z\right)\mathrm{d}t = \frac{1}{1+e}\frac{\partial e}{\partial t}\mathrm{d}x\mathrm{d}y\mathrm{d}z\mathrm{d}t \tag{b}$$

因在相同时间内，流经微元体的水量变化等于微元体体积的变化，即式（a）=（b），有：

$$\frac{\partial q}{\partial z} = \frac{1}{1+e}\cdot\frac{\partial e}{\partial t} \tag{3-26}$$

式（3-26）为饱和土体单向渗透固结的基本关系式。根据达西定理可知：

令

$$q = ki = -k\frac{\partial h}{\partial z} = -\frac{k}{\gamma_w}\cdot\frac{\partial u}{\partial z}$$

$$\frac{\partial q}{\partial z} = -\frac{k}{\gamma_w}\cdot\frac{\partial^2 u}{\partial z^2} \tag{c}$$

则根据土的压密定律知：

令

$$\mathrm{d}e = -a\mathrm{d}p = -a\mathrm{d}\sigma' = a\mathrm{d}u = a\frac{\partial u}{\partial t}\mathrm{d}t = \frac{\partial e}{\partial t}\mathrm{d}t$$

则

$$\frac{\partial e}{\partial t} = a\frac{\partial u}{\partial t} \tag{d}$$

将式（c）及式（d）代入（3-26）得 $\dfrac{k}{\gamma_w}\cdot\dfrac{\partial^2 u}{\partial z^2} = \dfrac{a}{1+e}\cdot\dfrac{\partial q}{\partial t}$

令

$$C_v = \frac{k(1+e)}{\gamma_w a}$$

则

$$C_v = \frac{\partial^2 u}{\partial z^2} = \frac{\partial u}{\partial t} \tag{3-27}$$

式中 k ——土的渗透系数（cm/s）；

      e ——土固结前的初始孔隙比；

      a ——土的压缩系数（MPa^{-1}）；

γ_{w}——水的重度，取 10 kN/m³；

C_{v}——土的竖向固结系数。

式（3-27）即为饱和土的单向固结微分方程，根据不同的初始条件和边界条件，可用分离变量法求解。

2）微分方程的解

现以图 3-15（a）为例来说明式（3-27）的一个特解。

初始及边界条件为：

当 $t = 0$ 和 $0 \leqslant z \leqslant H$ 时，（加荷瞬间）$u = \sigma_z$；

$0 < t < \infty$ 和 $z = 0$ 时，（固结时土表面）$u = 0$；

$0 < t < \infty$ 和 $z = H$ 时，（不透水底面）$\dfrac{\partial u}{\partial z} = 0$；

$t = \infty$ 时 $0 \leqslant z \leqslant H$ 时，（完成固结）$u = 0$。

根据上述条件，可得式（3-27）以傅里叶级数表示解为

$$u_{z,t} = \frac{4}{\pi} \sigma_z \sum_{m=1}^{\infty} \frac{1}{m} \sin\left(\frac{m\pi z}{2H}\right) \exp\left(-\frac{m^2\pi^2}{4} T_{\mathrm{v}}\right) \tag{3-28}$$

其中　m——正整奇数；

e——自然对数的底；

H——最大排水距离，当土层为单面排水时，H 为土层的厚度，双面排水时，水由土层中心向下同时排出，则 H 取土层厚度之半。

T_{v}——竖向固结时间因数（无因次），

$$T_{\mathrm{v}} = \frac{C_{\mathrm{v}} t}{H^2} \tag{3-29}$$

3.4.3　固结度

地基在固结过程中任一时刻 t 的沉降量 S_t 与其最终固结沉降量 S 之比值 U 称为固结度，表示地基在 t 时所完成的固结程度。

$$U = \frac{s_t}{s} \tag{3-30}$$

地基的变形沉降量等于有效附加应力面积除以压缩模量。则：

$$U = \frac{s_t}{s} = \frac{\int_0^H \sigma_z \mathrm{d}z - \int_0^H u_{z,t} \mathrm{d}z}{\int_0^H \sigma_z \mathrm{d}z} = 1 - \frac{\int_0^H u_{z,t} \mathrm{d}z}{\int_0^H \sigma_z \mathrm{d}z} \tag{3-31}$$

式中的孔隙水压力 $u_{z,t}$，视地基中的应力分布和排水条件不同而异，因而 $U\text{-}t$ 关系亦不同，可根据不同情况下的初始及边界条件，对上式求解。现仍以图 3-15a 为例，将其解式（3-28）带入式得

$$u = 1 - \frac{8}{1-\pi^2}\left[\exp\left(-\frac{\pi^2}{4}T_v\right) + \frac{1}{9}\exp\left(-\frac{9\pi^2}{4}T_v\right) + \cdots\right]$$

上式括号内的级数收敛很快，当 $U > 30\%$ 时，可近似取其中一项：

$$u = 1 - \frac{8}{\pi^2}\exp\left(-\frac{\pi^2}{4}T_v\right) \qquad\qquad (3\text{-}32)$$

思考题

1. 何谓土的压缩性？为什么可以说土的压缩变形实际上是土的孔隙体积减小？

2. 试述土的各压缩性指标的意义和确定方法。

3. 压缩系数和压缩模量之间有何关系？如何利用这两个指标来评价土的压缩性高低？

4. 压缩模量和变形模量之间有何关系？它们分别在何种情况下使用？

5. 根据载荷实验的结果，地基的变形一般可分为哪几个阶段？其变形特征如何？

6. 试述前期固结压力的意义。

7 按前期固结压力可将土的固结状态分为哪几种类型？土的应力历史对土的压缩性有何影响？

8. 地基最终沉降量由哪几部分组成？其中占主要部分的是什么沉降？

9. 分层总和法的基本原理是什么？有哪几种表达式？

10. 试说明饱和土在单向固结过程中，土的有效应力和孔隙水压力是如何变化的？

11. 试说明固结度的物理意义。

习　题

1. 某土样进行室内压缩试验，土样 $d_s = 2.7$，$\gamma = 19 \text{ kN/m}^3$，$w = 22\%$，环刀高为 2 cm。当 $p_1 = 100 \text{ kPa}$ 时，稳定压缩量 $s_1 = 0.8 \text{ mm}$，$p_2 = 20 \text{ kPa}$ 时，$S_2 = 1 \text{ mm}$。求：

（1）土样的初始孔隙比 e_0 和 p_1、p_2 对应的孔隙比 e_1、e_2。

（2）压缩系数 a_{1-2} 和压缩模量 E_{s1-2}，评价土的压缩性。

2. 如图 3-16 所示，某黏土地基上作用大面积荷载 $p_0 = 100 \text{ kPa}$，黏土层压缩系数 $a_{1-2} = 0.5 \text{ MPa}^{-1}$，泊松比 $\upsilon = 0.4$，初始孔隙比 $e_1 = 0.7$。求黏土层的压缩模量 E_s、变形模量 E_0、最终沉降量。

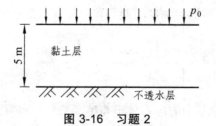

图 3-16　习题 2

3. 某土样高 10 cm，底面积 50 cm²。在侧限条件下垂直应力 $\sigma_z = 100 \text{ kPa}$ 时，

$\sigma_x = \sigma_y = 50$ kPa 。已知 $E_0 = 15$ MPa 。求：

（1）土的压缩模量。

（2）压力从 100 kPa 增至 200 kPa 时，土样的垂直变形？

4. 如图 3-17 所示，地下水位从离地面 1 m 处下降了 2 m。求：

（1）地表面下沉量。

（2）第 Ⅰ 层土压缩量。

（3）第 Ⅲ 层土表面下沉量。

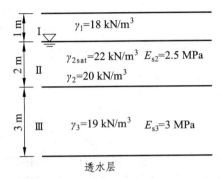

图 3-17 习题 4

4 土的抗剪强度与地基承载力

【学习要点】

掌握土的抗剪强度、地基承载力的概念，掌握库仑定律、极限平衡理论，熟悉土的剪切特性及工程上强度指标的选用，了解各种剪切试验方法。

4.1 土的抗剪强度

在各类建筑物地基设计中，为保证建筑物的安全，必须同时满足下列两个技术条件：

① 地基变形条件：包括沉降量、沉降差、倾斜、局部倾斜都不超过地基的容许变形值。

② 地基的强度条件：保证地基的稳定性，不发生剪切或滑动破坏。

关于地基变形已在第 2、3 章中介绍过，本章先研究土的抗剪强度基本知识与地基承载力，在第 5 章中分别利用强度知识解决土压力、土坡的稳定性等问题。

在外荷和自重作用下，建筑物地基内将产生剪应力和相应的变形。同时也将引起抵抗这种剪切变形的阻力。当地基保持稳定时，土体内的剪应力和剪阻力将处于平衡状态。如果剪应力增加，剪阻力亦相应增大。当剪阻力增大到一定的限度时，土体就要发生破坏，这个限度就是土的抗剪强度，所以土的抗剪强度就是指土体抵抗剪切破坏的能力。如果土体中某一部分的剪应力达到了土的抗剪强度时，就要在该部分土体中出现剪切破坏，可能导致一部分土体沿某个面相对于另一部分土体产生滑动。如果剪应力进一步增大，各部分土体滑动面会彼此连通而形成连续滑动面，最终土体因变形过大而失去承载能力，土体发生剪切破坏。

在建筑工程中，由于地基失稳所引起的事故，其后果常很严重。有时甚至是灾难性的破坏。因此，对地基的强度问题要引起足够的重视，特别是在土的承载力不变而加荷速度较快，或有较大集中荷载作用，或地基位于斜坡地段时，更应引起注意。

4.1.1 库仑公式

1776 年，库仑通过一系列土的抗剪强度试验，总结出如下规律：

砂土： $\tau_f = \sigma \tan \varphi$ (4-1)

黏性土： $\tau_f = c + \sigma \tan \varphi$ (4-2)

式中 τ_f——土的抗剪强度（kPa）；

σ——作用在剪切面上的法向应力（kPa）；

c —— 土的黏聚力（kPa）；

φ —— 土的内摩擦角（°）。

式（4-1）与式（4-2）统称为库仑公式，可分别用图 4-1（a）、（b）表示，图中直线也称为抗剪强度包线。其中，c、φ 称为土的抗剪强度指标，它们能反映土的抗剪强度的大小，是土的力学性质的两个重要指标。

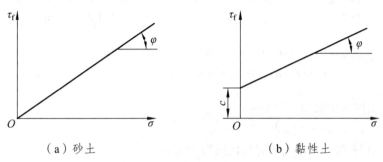

（a）砂土　　　　　　　　　　　（b）黏性土

图 4-1 抗剪强度与法向应力之间的关系

由库仑公式及图 4-1 可知，土的抗剪强度与剪切面法向应力之间呈直线关系，实际上，很多土类的抗剪强度包线并非直线，而是随应力水平有所变化。当剪切面法向应力逐渐增大时，土的 c、φ 值并不是恒定值，这种情况下就不能用库仑公式来概括土的抗剪强度特性。

无黏性土的抗剪强度来源于土粒之间的摩擦力（因为摩擦力存在于土体内部，故称为内摩擦力），内摩擦力包括两部分：

① 由于土颗粒表面粗糙产生的表面摩擦力；

② 由颗粒间相互咬合所提供的附加阻力。

显然，密砂的咬合作用大于粉砂。黏性土的抗剪强度除存在内摩擦力外，还有黏聚力。黏聚力主要来源于：土颗粒间的各种物理-化学键力和土中天然胶结物质（如硅质、铁质、碳酸盐等）对土粒的胶结作用。

土与连续材料不同，抗剪强度不是一个定值，而受很多因素的影响，不同区域、不同成因、不同类型的土往往有很大差别。即使同一种土，随着密度、含水量、实验方法等的变化，其抗剪强度数值都不相等。

根据库仑定律，土的抗剪强度 τ_f 与法向应力 σ、土的 c 和 φ 值三者有关。影响土抗剪强度的因素可归纳为两类：

1. 土的物理化学性质的影响

（1）土粒的矿物成分、颗粒形状与级配的影响：颗粒越粗，表面越粗糙，棱角状土，φ 越大；黏土矿物成分不同，土粒表面薄膜水和电分子不同，c 也不一样，胶结物质也可使 c 增大；级配良好的土，由于颗粒间接触面增大，故抗剪强度高。

（2）原始密度：原始密度越大，土粒间表面摩擦力和咬合力越大，即 φ 也大。同时，密度越大，土的孔隙小，接触紧密，c 越大。

（3）含水量：当含水量增大时，水分在土粒表面形成润滑剂，使 φ 减小。对黏性土，含水量增大，使薄膜水变厚，甚至增加自由水，则颗粒间电分子力减弱，c 减小。

（4）结构性、应力状态及应力历史等因素也会对土的抗剪强度产生影响。

2. 孔隙水压力的影响

根据有效应力原理，作用在土样剪切面上的有效应力 σ' 为主应力 σ 与孔隙水应力 u 之差。在外荷载作用下，随着时间的增长，孔隙水压力逐渐消散，有效应力不断增长。孔隙水压力作用在土中自由水上，不会产生土粒之间的内摩擦力，只有作用在土骨架上的有效应力，才产生土的内摩擦强度。所以，土的抗剪强度并不简单取决于剪切面上的总应力，而取决于该面上的有效法向应力。对应于库仑公式，土的有效应力强度表达式可写为：

$$\left.\begin{array}{l} \tau_f = (\sigma - u)\tan\varphi' = \sigma'\tan\varphi' \\ \tau_f = c' + (\sigma - u)\tan\varphi' = c' + \sigma'\tan\varphi' \end{array}\right\} \tag{4-3}$$

式中　　c'——土的有效黏聚力（kPa）；

　　　　φ'——土的有效内摩擦角（°）。

　　　　σ'——作用在剪切面上的有效法向应力（kPa）；

　　　　u——孔隙水压力（kPa）。

按是否考虑孔隙水压力的影响，土工问题的分析方法可分为总应力法和有效应力法两种。总应力法是用剪切面上的总应力和相应的抗剪强度指标来表示土的抗剪强度，有效应力法是用剪切面上的有效应力和相应的抗剪强度指标来表示土的抗剪强度。

饱和土的抗剪强度与土受剪时在法向应力作用下的固结度有关，土的固结过程实际上是孔隙水压力消散和有效应力增长的转移过程，其抗剪强度随着它的固结度提高而不断增长。如果土的抗剪强度指标是固定的，则其抗剪强度主要取决于有效应力大小，故土的抗剪强度用有效应力 σ' 来衡量更为合适。

用总应力法分析时，优点是土的抗剪强度指标测定简单，运用方便；缺点是不能反映地基土在实际固结情况下的抗剪强度。用有效应力法分析时，优点是理论上比较严格，能较好地反映抗剪强度的实质，能检验土体处于不同固结情况下的稳定性；缺点是实际应用中孔隙水压力的正确测定比较困难。

4.1.2　土的极限平衡条件

莫尔-库仑强度理论：以库仑公式计算土的剪切面抗剪强度 τ_f，按莫尔应力圆法计算该剪切面上的剪应力 τ，根据剪应力是否达到抗剪强度（ $\tau = \tau_f$ ）作为破坏标准的理论，称为莫尔-库仑强度理论。

当土体中某点任意平面上的剪应力等于土的抗剪强度时，将该点濒于破坏的临界状态称为极限平衡状态。表征该状态下各种应力之间的关系称为极限平衡条件。

1. 单元体上的应力和莫尔应力圆

以平面应变为例，考察土中某点在大主应力 σ_1 和小主应力 σ_3 作用下是否产生破坏。该点的应力状态如图 4-2 单元体所示，根据静力平衡条件，可求得任一斜截面 $m—n$ 上的法向应力 σ 和剪应力 τ 为：

$$\left.\begin{array}{l} \sigma = \dfrac{1}{2}(\sigma_1 + \sigma_3) + \dfrac{1}{2}(\sigma_1 - \sigma_3)\cos 2\alpha \\[2mm] \tau = \dfrac{1}{2}(\sigma_1 - \sigma_3)\sin 2\alpha \end{array}\right\} \tag{4-4}$$

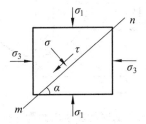

图 4-2　单元体上的应力

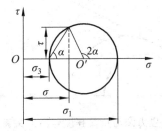

图 4-3　应力圆（莫尔圆）

上述应力间的关系也可用莫尔应力圆表示，将上两式变为：

$$\begin{cases} \sigma - \dfrac{1}{2}(\sigma_1 + \sigma_3) = \dfrac{1}{2}(\sigma_1 - \sigma_3)\cos 2\alpha \\[2mm] \tau = \dfrac{1}{2}(\sigma_1 - \sigma_3)\sin 2\alpha \end{cases}$$

等式两边同时平方并相加，即得莫尔应力圆的公式：

$$\left(\sigma - \dfrac{\sigma_1 - \sigma_2}{2}\right)^2 + \tau^2 = \left(\dfrac{\sigma_1 - \sigma_3}{2}\right)^2 \tag{4-5}$$

表示纵、横坐标分别为 τ 及 σ 的圆，圆心为 $\left(\dfrac{\sigma_1 + \sigma_3}{2}, 0\right)$，圆半径等于 $\dfrac{\sigma_1 - \sigma_3}{2}$，如图 4-3 所示。

2．极限平衡条件

为判别土中某点是否破坏，可将该点的莫尔应力圆和土的抗剪强度包线绘在同一坐标系内并比较两者的相对位置。如图 4-4 所示，有以下三种情况：

（1）莫尔应力圆与抗剪强度包线相离（圆Ⅰ），表明该点任何剪切面上的剪应力均小于土的抗剪强度（$\tau < \tau_f$），因而，该点未破坏。

（2）莫尔应力圆与抗剪强度包线相切（圆Ⅱ），表明切点所代表的剪切面上，剪应力恰好等于土的抗剪强度（$\tau = \tau_f$），该点处于极限平衡状态，莫尔应力圆亦称为极限应力圆，如图 4-5 所示。

（3）应力圆与抗剪强度包线相割（圆Ⅲ），这种情况是不可能出现的，因为当剪切面上的剪应力超过土的抗剪强度时（$\tau > \tau_f$），该点已经破坏，应力已超出弹性范畴，相应的应力状态或莫尔应力圆也就不可能存在。

注意，在图 4-4、图 4-5 中，只画出了莫尔应力圆的上半部分，下半部分无非是剪切面上的剪应力反向，其分析方法与上半部分完全类似。

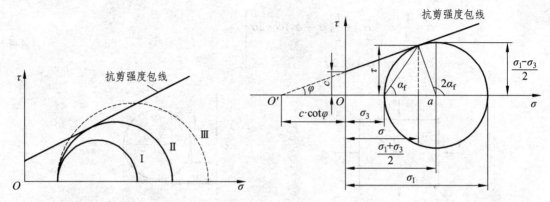

图 4-4 莫尔应力圆与抗剪强度包线的关系　图 4-5 极限平衡时的莫尔应力圆与抗剪强度包线

如图 4-5 所示，从莫尔应力圆的几何条件可知，在直角三角形 $O'ab$ 中：

$$\sin \varphi = \frac{ab}{O'a} = \frac{ab}{O'O + oa} = \frac{\sigma_1 - \sigma_3}{\sigma_1 + \sigma_3 + 2c \cdot \cot \varphi} \qquad (4\text{-}6)$$

化简后可得：

$$\sigma_1 = \sigma_3 \frac{1 + \sin \varphi}{1 - \sin \varphi} + 2c \frac{\cos \varphi}{1 - \sin \varphi} \qquad (4\text{-}7)$$

或

$$\sigma_3 = \sigma_1 \frac{1 - \sin \varphi}{1 + \sin \varphi} - 2c \frac{\cos \varphi}{1 + \sin \varphi} \qquad (4\text{-}8)$$

经三角函数关系换算后还可写成

$$\sigma_1 = \sigma_3 \tan^2 \left(45° + \frac{\varphi}{2} \right) + 2c \cdot \tan \left(45° + \frac{\varphi}{2} \right) \qquad (4\text{-}9)$$

或

$$\sigma_3 = \sigma_1 \tan^2 \left(45° - \frac{\varphi}{2} \right) - 2c \cdot \tan \left(45° - \frac{\varphi}{2} \right) \qquad (4\text{-}10)$$

对无黏性土，因为 $c = 0$，由式（4-9）、（4-10）可知，其极限平衡条件为：

$$\sigma_1 = \sigma_3 \tan^2 \left(45° + \frac{\varphi}{2} \right) \qquad (4\text{-}11)$$

或

$$\sigma_3 = \sigma_1 \tan^2 \left(45° - \frac{\varphi}{2} \right) \qquad (4\text{-}12)$$

由图 4-5 可知，由三角形的内外角关系，可得破坏面与大主应力作用面间的夹角 α_f 为：

$$\alpha_f = \frac{1}{2}(90° + \varphi) = 45° + \frac{\varphi}{2} \qquad (4\text{-}13)$$

注：（1）由实最小主应力 σ_3 及公式 $\sigma_1 = \sigma_3 \tan^2 \left(45° + \dfrac{\varphi}{2} \right) + 2c \cdot \tan \left(45° + \dfrac{\varphi}{2} \right)$ 可推求土体处

于极限状态时，所能承受的最大主应力 σ_{1f}（若实测最大主应力为 σ_1）。

（2）同理，由实测 σ_1 及公式 $\sigma_3 = \sigma_1 \tan^2\left(45° - \dfrac{\varphi}{2}\right) - 2c \cdot \tan\left(45° - \dfrac{\varphi}{2}\right)$ 可推求土体处于极限

平衡状态时所能承受的最小主应力 σ_{3f}（若实测最小主应力为 σ_3）。

（3）判断。

当 $\sigma_{1f} > \sigma_1$ 或 $\sigma_{3f} < \sigma_3$ 时，土体处于稳定状态；

当 $\sigma_{1f} = \sigma_1$ 或 $\sigma_{3f} = \sigma_3$ 时，土体处于极限平衡；

当 $\sigma_{1f} < \sigma_1$ 或 $\sigma_{3f} > \sigma_3$ 时，土体处于破坏状态。

4.1.3　抗剪强度指标的测定

土的强度试验的目的是要确定其抗剪强度及其相应的强度指标 c 和 φ。强度指标 c 和 φ 是土的重要力学性质指标，在计算地基承载力、评价地基的稳定性、边坡稳定性分析以及计算支护结构的土压力时均要用到这两个指标。

目前已有多种用来测定土的抗剪强度指标的仪器和方法，每一种仪器都有一定的适用条件，而试验方法及成果整理亦有所不同。按采用的试验仪器分，有直接剪切试验、三轴压缩试验、无侧限抗压试验、十字板剪切试验等。其中，除十字板剪切试验是在现场原位进行外，其他三种试验均需从现场取土，并通常在室内进行。

1. 直接剪切试验

直接剪切实验使用的仪器称为直接剪切仪（简称直剪仪），分为应变控制式直剪仪和应力控制式直剪仪两种，我国普遍采用应变控制式直剪仪，其构造简图如图 4-6 所示。

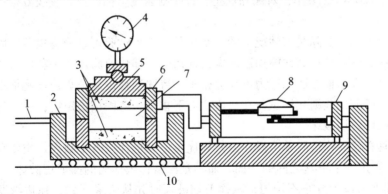

图 4-6　应变控制式直剪仪

1—轮轴；2—底座；3—透水石；4—测微表；5—活塞；6—上盒；
7—土样；8—测微表；9—量力环；10—下盒

剪切盒由上下两个可以相互错动的金属盒组成。上盒固定不动，下盒可以自由移动。试验时，将试样装在盒内上下透水石之间，通过承压板对试样施加竖向荷载 P；推动下盒施加剪切力，此时，土样在上、下盒之间固定的水平面受剪，直至破坏。剪应力大小由量力环上的测微表测得的变形值经换算确定。若试样的横截面面积为 A，则土样破坏时，剪切面上的

法向应力为：

$$\sigma = \frac{P}{A} \qquad (4\text{-}14)$$

直剪仪在等速剪切过程中，可按固定时间间隔测读试样剪应力大小，就能绘制在一定的法向应力 σ 作用下，试样剪切位移 Δ（即上、下盒水平相对位移）与剪应力 τ 的对应关系，如图 4-7（a）所示。曲线峰值点纵坐标即为试样在对应法向应力 σ 作用下的抗剪强度 τ_f。对没有明显峰值点的土，应按某一剪切位移值作为控制破坏的标准，如一般可取 4mm 剪切位移量对应的剪应力作为土的抗剪强度 τ_f。

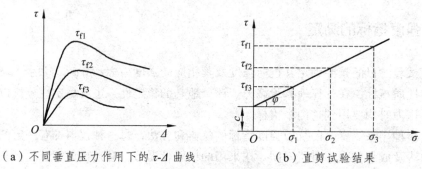

（a）不同垂直压力作用下的 τ-Δ 曲线　　　（b）直剪试验结果

图 4-7　直接剪切试验

对同一种土取至少 3 个相同试样，分别在不同的法向应力 σ 下剪切破坏，一般可取法向应力为 100 kPa、200 kPa、300 kPa、400 kPa…，按一定的比例尺将试验结果绘制成图 4-7（b）所示的抗剪强度 τ_f 与法向应力 σ 之间的关系。试验结果表明，黏性土的 τ_f-σ 基本上为直线关系，该直线与横坐标轴的夹角为土的内摩擦角 φ，在纵坐标轴上的截距为黏聚力 c，直线方程可用库仑公式（4-2）表示。对无黏性土，直线则通过坐标原点，直线方程可用库仑公式（4-1）表示。

为了近似模拟土在实际受剪情况下的排水条件，直剪试验可以分为快剪、固结快剪和慢剪三种方法。快剪试验是在试样施加法向应力 σ 后，立即快速施加水平剪应力使试样剪切破坏。固结快剪是允许试样在法向应力下充分排水，待固结稳定后，再快速施加水平剪应力使试样剪切破坏。慢剪试验则允许试样在法向应力下排水，待固结稳定后，以缓慢的速率施加水平剪应力使试样剪切破坏。

直剪试验具有仪器构造简单、操作方便等优点，但也存在若干缺点，主要有：

① 剪切面限定在上下盒之间的平面，而不是沿试样最薄弱的面剪切破坏。

② 剪切面上剪应力分布不均匀，试样剪切破坏时先从边缘开始，在边缘发生应力集中现象。

③ 在剪切过程中，试样剪切面逐渐缩小，而在计算抗剪强度时却是按试样的原截面面积计算。

④ 试验时不能严格控制排水条件，不能量测孔隙水压力，在进行不排水剪切时，试样仍有可能排水，特别是对饱和黏性土，由于它的抗剪强度受排水条件的影响显著，故试样结果不够理想。尽管存在诸多不足，但由于该试样方法具有前面所说的优点，故仍为一般工程广泛采用。对一些重大工程，应采用更为完善的三轴压缩试验。

2. 三轴压缩试验

三轴压缩试验是测定土抗剪强度的一种较为完善的方法。三轴压缩仪也分应变控制式和应力控制式两种。应变控制式三轴压缩仪由压力室、轴向加载系统、周围压力加载系统、孔隙水压力量测系统等组成，如图4-8所示。

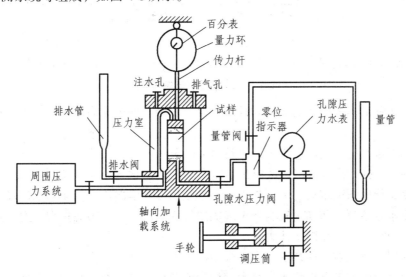

图 4-8 应变控制式三轴压缩仪

压力室是三轴压缩仪的主要组成部分，它是一个由金属上盖、底座和透明有机玻璃圆筒组成的密闭容器。常规试验方法如下：

将土切成圆柱体套在橡胶膜内，放入密封的压力室底座上，然后向压力室压入水，使试样在各向受到周围压力 σ_3 作用，并使水压力在整个试验过程中保持不变，这时试样在各向的三个主应力都相等，因此不产生剪应力，如图4-9（a）所示。然后再通过传力杆对试样施加轴向压力，这样竖向主应力就大于水平主应力。当水平主应力保持不变，竖向主应力逐渐增大时，试样最终会受剪破坏，如图4-9（b）所示。设剪切破坏时由传力杆施加在试样上的竖向压应力为 $\Delta\sigma_1$，则试样上的大主应力为 $\sigma_1=\sigma_3+\Delta\sigma_1$，小主应力为 σ_3。以试样破坏时的主应力差（$\sigma_1-\sigma_3$）为直径、圆心为 $\left(\dfrac{\sigma_1+\sigma_3}{2},0\right)$ 画一个极限应力圆，如图5.9（c）中的圆 Ⅰ，用同一种土的若干试样（至少三个）按以上所述方法分别进行试验，每个试样施加不同的周围压力 σ_3，可分别得出试样破坏时的大主应力 σ_1。将这些试验结果绘制成一组极限应力圆，如图4-9（c）中的圆 Ⅰ、Ⅱ、Ⅲ。由于这些试样都已剪切破坏，根据莫尔-库仑强度理论，作一组极限应力圆的公切线，即为土的抗剪强度包线[图 4-9（c）]，通常可近似取为一条直线，该直线与横坐标轴的夹角即为土的内摩擦角 φ，直线在纵坐标轴上的截距即为土的黏聚力 c。

如果量测试验过程中的孔隙水压力，可以打开孔隙水压力阀，在试样上施加压力以后，由于土中孔隙水压力增加迫使零位指示器的水银面下降，为量测孔隙水压力，可用调压筒调整零位指示器的水银面始终保持原来的位置，这样，孔隙水压力表的读数就是孔隙水压力值。如果要量测试验过程中的排水量，可以打开排水阀门，让试样中的水排入量水管内，根据量水管中的水位变化可以算出在试验过程中试样的排水量。

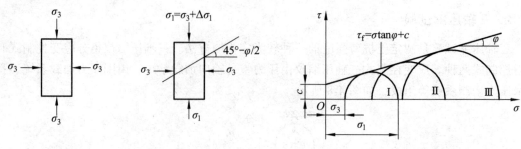

（a）试样受周围压力　（b）破坏时试样上的主应力　　　（c）莫尔破坏包线

图 4-9　三轴剪切试验原理

为了模拟实际工程中土体的固结和排水情况，三轴压缩试验通常采用如下三种不同的标准试验方法：

（1）固结不排水剪（或固结快剪，以符号 CU 表示）。

开始试验时，打开排水阀门，试样在施加周围压力 σ_3 时排水固结（$u_1 = 0$），试样的含水量将发生改变，待固结稳定后，关闭排水阀门。然后施加竖向压力直至剪切破坏的整个过程中保持试样含水量不变，剪切过程自始至终关闭排水阀门。由于剪切过程不允许排水，剪切破坏时，试样中将会产生孔隙水压力 $u_f = u_2$。

（2）不固结不排水剪（或快剪，以符号 UU 表示）。

整个试验过程中都不允许排水，排水阀门始终关闭，试样含水量保持不变。故试样在剪切前和剪切过程中，试样会分别产生孔隙水压力 u_1、u_2，剪切破坏时孔隙水压力 $u_f = u_1 + u_2$。

（3）固结排水剪（或慢剪，以符号 CD 表示）。

整个试验过程中始终打开排水阀门，不但要使试样在周围压力 σ_3 作用下充分排水固结，而且在剪切过程中也要让试样充分排水固结，因而，剪切速率应尽可能缓慢，直至试样剪切破坏。

以上三种三轴试验方法所测得的抗剪强度指标可以应用于不同的土工问题分析方法中，具体如表 4-1 所示。

表 4-1　三种试验方法的抗剪强度指标

试验方法	分析方法	应力圆		抗剪强度指标
		圆心坐标	半径	
不固结不排水剪 （UU 试验）	总应力法	$\left(\dfrac{\sigma_{1f} + \sigma_{3f}}{2}, 0\right)$	$\dfrac{1}{2}(\sigma_{1f} - \sigma_{3f})$	c_u、φ_u
固结不排水剪 （CU 试验）	总应力法	$\left(\dfrac{\sigma_{1f} + \sigma_{3f}}{2}, 0\right)$	$\dfrac{1}{2}(\sigma_{1f} - \sigma_{3f})$	c_{cu}、φ_{cu}
	有效应力法	$\left(\dfrac{\sigma'_{1f} + \sigma'_{3f}}{2}, 0\right)$	$\dfrac{1}{2}(\sigma_{1f} - \sigma_{3f})$	c'、φ'
固结排水剪 （CD 试验）	有效应力法 $u = 0, \sigma = \sigma'$	$\left(\dfrac{\sigma_{1f} + \sigma_{3f}}{2}, 0\right)$	$\dfrac{1}{2}(\sigma_{1f} - \sigma_{3f})$	c_d、φ_d

注：带下标 f 的应力表示剪切破坏的应力。

三轴压缩试仪的突出优点是能严格控制试样排水条件并能测定孔隙水压力的变化，此外，土样中的应力状态也比较明显，破裂面是抗剪强度最薄弱的面，而且还能测定土的其他力学性质指标，因此，它是土工试验不可缺少的设备。三轴压缩试验的缺点是只能考虑 $\sigma_2=\sigma_3$ 的轴对称情况，这与实际情况尚不能完全吻合。已经问世并逐渐投入使用的真三轴仪则能较好地克服这一缺点，是一种较为"完美"的土工试验仪器。

3. 无侧限抗压强度试验

无侧限抗压强度试验相当于周围压力 $\sigma_3=0$ 的三轴压缩试验，设备简图如图 4-10（a）所示。试验时，将圆柱形试样放在底座上，在不施加任何周围压力的情况下直接施加竖向压力，直至试样剪切破坏，剪切破坏时试样所能承受的最大最大竖向压力 q_u 称为土的无侧限抗压强度。

根据试验结果只能作一个极限应力圆（ $\sigma_1=q_u$，$\sigma_3=0$ ），因此对一般黏性土很难作出抗剪强度包线。而对饱和黏性土，根据在三轴不固结不排水试验的结果，其破坏包线近似于一条水平线，如图 4-10（b）所示，即 $\varphi_u=0$。这样，如果仅为了测定饱和黏性土的不排水抗剪强度，就可以利用构造比较简单的无侧限抗压强度仪代替三轴仪。此时，取 $\varphi_u=0$，则由无侧限抗压强度试验所得的极限应力圆的水平切线就是破坏包线。由图 4-10（b）得：

$$\tau_f = c_u = \frac{q_u}{2} \tag{4-15}$$

式中　c_u ——土的不排水抗剪强度（kPa）；
　　　q_u ——无侧限抗压强度（kPa）。

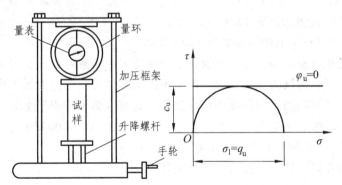

（a）无侧限抗压强度试验仪　　（b）无侧限抗压强度试验结果

图 4-10　无侧限抗压强度试验

无侧限抗压强度试验还可以用来测定土的灵敏度 S_t。其方法是将同一种土的原状和重塑试验分别进行无侧限抗压强度试验，灵敏度 S_t 为原状土与重塑土无侧限抗压强度的比值。

4. 十字板剪切试验

十字板剪切试验是在现场进行的一种原位测试试验，通常可用于测定饱和黏性土的原位不排水强度。试验所用仪器称为十字板剪切仪，如图 4-11 所示。它主要由十字板头、加载装置和测量装置组成。试验时，先在现场要测试的位置钻孔，并将套管下到测试深度，清除管内的土，然后在地面上以一定的转速对它施加力矩，使板内的土体与其周围的土体发生剪切，直至土剪切破坏为止。破坏体为十字板旋转所形成的圆柱体。

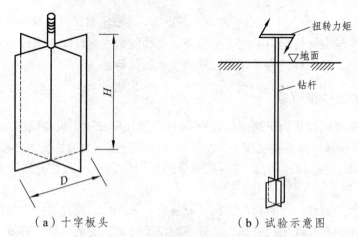

（a）十字板头　　　　　　　　（b）试验示意图

图 4-11　十字板剪切仪及试验示意图

若剪切破坏时所施加的力矩为 M，则它应该与圆柱面（包括侧面和上下面）上土的抗剪强度所产生的抵抗力矩相等。根据这一关系，可得土的抗剪强度 τ_f（假定侧面和上下面的抗剪强度相等）：

$$\tau_f = \frac{2M}{\pi D^2 \left(H + \dfrac{D}{3} \right)} \tag{4-16}$$

式中　　τ_f——土的抗剪强度（kPa）；

　　　　M——剪切时施加的力矩（kN·m）；

　　　　H，D——十字板头的高度和宽度（m）。

十字板剪切试验设备简单、操作方便、土样扰动少。其缺点是，土中应力分布复杂，且假定圆柱侧面与上下面的抗剪强度相等，这于土的实际情况不符，因为天然土的力学性质往往是各向异性的，各方向的抗剪强度不一定相等。其测试结果相当于土的不排水抗剪强度。

【例 4-1】 设黏性土地基中某点的主应力 $\sigma_1 = 300 \text{ kPa}$，$\sigma_3 = 100 \text{ kPa}$，土的抗剪强度指标 $c = 20 \text{ kPa}$，$\varphi = 26°$，试问该点处于什么状态？

【解】 假设该点处于极限平衡状态，则由式：

$$\sigma_3 = \sigma_1 \tan^2 \left(45° - \frac{\varphi}{2} \right) - 2c \tan \left(45° - \frac{\varphi}{2} \right)$$

可得该点的最小主应力为：

$$\sigma_{3f} = \sigma_1 \tan^2 \left(45° - \frac{\varphi}{2} \right) - 2c \tan \left(45° - \frac{\varphi}{2} \right) = 92 \text{ kPa}$$

而该点实际的最小主应力为 $\sigma_3 = 100 \text{ kPa} > \sigma_{3f}$

故该点处于稳定状态。

或由　$\sigma_1 = \sigma_3 \tan^2 \left(45° + \dfrac{\varphi}{2} \right) + 2c \tan \left(45° + \dfrac{\varphi}{2} \right)$ 得 $\sigma_{1f} = 320 \text{ kPa}$

而 $\sigma_{1f} > \sigma_1 = 300 \text{ kPa}$

也可判断该点处于稳定状态。

【例 4-2】 某组土样的三轴固结不排水剪切试验数据如表 4-2 所示，求土样的有效抗剪

强度指标 c'、φ'。

表 4-2 某组土样的三轴固结不排水剪切试验数据

周围压力 σ_{3f}/kPa	压力差 $(\sigma_1-\sigma_3)_f$/kPa	孔隙水压力 u_f/kPa
100	57.1	49.0
200	110.1	94.5
300	193.8	128.2

【解】 周围压力 σ_3=100 kPa 时，根据有效应力原理，剪切破坏时的有效竖向压力：

$$\sigma'_{1f} = \sigma_{1f} - u_f = \sigma_{3f} + (\sigma_1-\sigma_3)_f - u_f = 100+57.1-49 = 108.1 \text{ kPa}$$

有效周围压力：$\sigma'_{3f} = \sigma_{3f} - u_f = 100-49 = 51 \text{ kPa}$

同理可得，周围压力：σ_{3f}=200 kPa 时，$\sigma'_{1f} = 215.6 \text{ kPa}$，$\sigma'_{3f} = 105.5 \text{ kPa}$

周围压力：σ_3=300 kPa 时，σ'_{1f}=365.6 kPa，σ'_{3f}=171.8 kPa

根据以上三组有效应力，按一定比例尺可以绘制出三个极限应力图（在此省略），作三个极限应力圆的公切线，从图上可以直接求得有效抗剪强度指标：$c' = 0$，$\varphi' = 21°$。

【例 4-3】 对饱和正常固结黏土进行固结不排水三轴压缩试验，当周围压力 σ_3=200 kPa 时，破坏时的应力差 $\sigma_1-\sigma_3 = 350 \text{ kPa}$、孔隙水压力 $u = 220 \text{ kPa}$，剪切破坏面的方向和水平面夹角为 60°。求剪切破坏面上的总法向应力 σ 和剪应力 τ、有效法向应力 σ'、最大剪应力 τ_{max} 及其方向。

【解】 已知剪切破坏时，周围压力 σ_3=200 kPa，应力差 $\sigma_1-\sigma_3 = 350 \text{ kPa}$，可得：

$$\sigma_1 = \Delta\sigma + \sigma_3 = (\sigma_1-\sigma_3)+\sigma_3 = 350+200 = 550 \text{ kPa}$$

又剪切破坏面夹角 $\alpha = 60°$，故破坏面的总法向应力和剪应力为：

$$\sigma = \frac{\sigma_1+\sigma_3}{2} + \frac{\sigma_1-\sigma_3}{2}\cos 2\alpha = \frac{550+200}{2} + \frac{550-200}{2}\cos 120° = 287.5 \text{ kPa}$$

$$\tau = \frac{\sigma_1-\sigma_3}{2}\sin 2\alpha = \frac{550-200}{2}\sin 120° = 151.6 \text{ kPa}$$

破坏面上的有效法向应力应力：$\sigma' = \sigma - u = 287.5-220 = 67.5 \text{ kPa}$

当破坏面与水平面夹角 α=45° 时，破坏面上的剪应力最大，故最大剪应力为：

$$\tau_{max} = \frac{\sigma_1-\sigma_3}{2}\sin(2\times 45°) = \frac{\sigma_1-\sigma_3}{2} = \frac{550-200}{2} = 175 \text{ kPa}$$

从这个例题可以看出，土体受剪时，并不一定是沿剪应力最大的面发生破坏。

4.2 地基承载力

4.2.1 地基承载力概述

地基受建筑物荷载的作用后，内部应力发生变化，地基土的性状表现在两个方面：一是由于地基土在建筑物荷载作用下产生压缩变形，引起基础过大的沉降量或沉降差，使上部结构倾斜或沉降；二是由于建筑物的荷载过大，超过了基础下持力层土所能承受荷载的能力而使地基沿某一滑动面产生滑动，造成地基失稳。

因此在设计建筑物基础时，必须满足下列条件：

（1）变形要求：建筑物基础的沉降或沉降差必须在该建筑物所允许的范围之内。

（2）稳定性要求：建筑物的基底压力应该在地基允许的承载力之内。

（3）载荷试验曲线（p-s 曲线）。

地基稳定性与地基承载力密切相关。本节将重点阐述地基的破坏形式、地基临塑荷载、地基极限荷载、地基允许承载力的确定方法及地基承载力特征值等问题。

4.2.2 地基承载力的确定

1. 地基变形

地基从开始变形到破坏的整个过程可以用第 3 章所述的现场载荷试验来进行研究，试验结果绘制成如图 4-12 所示的 p-s 曲线。从曲线上可以看出，地基变形经历了三个阶段：

① 压密阶段（或线弹性变形阶段），相当于 p-s 曲线上的 Oa 段。在这一阶段，p-s 曲线接近于直线，土中各点的剪应力均小于土的抗剪强度，土体处于弹性平衡状态。土的变形主要由土的压密变形产生。

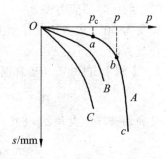

图 4-12

② 剪切变形阶段（或弹塑性变形阶段），相当于 p-s 曲线的 ab 段，这一阶段的变形曲线不再保持线性关系，表面地基局部范围的土中剪应力已达到土的抗剪强度，土体发生剪切破坏，破坏区域也称为塑性区。塑性区首先从基础边缘开始出现，随后向地基深处和基础宽度方向发展，直至在地基中出现连续滑动面。

③ 破坏阶段，相当于 p-s 曲线的 bc 段，此时塑性区也在土中连通，形成连续的滑动面，即使很小的荷载增量，也会引起地基土的较大变形，同时，基础周围地面出现隆起现象，地基完全丧失稳定，发生整体剪切破坏。

相应于地基变形的三个阶段，在 p-s 曲线上两个转折点，分别对应如下两个荷载：

临塑荷载 p_{cr}：即将出现而尚未未出现塑性区时对应的竖向压力，相当于 p-s 曲线上线弹性变形段的末端（即图 4-12 曲线上的 a 点）对应的竖向荷载。

极限荷载 p_u：地基发生剪切破坏时所能承受的最大竖向压力，相当于 p-s 曲线上 b 点对应的竖向荷载。

工程上，为了保证建筑物的安全可靠，在基础设计时，必须把基底压力限制在某一允许承载力之内，称为地基允许承载力，用 p_a 表示，可由地基极限承载力 p_u 除以安全系数 K 确定，即 $p_a = p_u/K$，是具有一定安全储备的地基承载力。

2. 地基的破坏形式

试验研究表明，在荷载作用下，建筑物地基的破坏通常是由于承载力不足而引起的剪切破坏，其形式可分为整体剪切破坏、局部剪切破坏和冲剪破坏（或刺入破坏）三种，如图 4-13 所示。

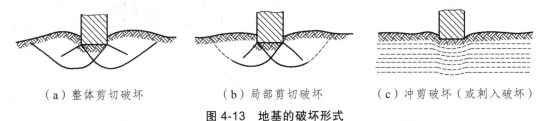

（a）整体剪切破坏　　　　　　（b）局部剪切破坏　　　　　（c）冲剪破坏（或刺入破坏）

图 4-13　地基的破坏形式

整体剪切破坏的特征是，当基底荷载较小时，基底压力与沉降基本上呈直线关系，属于线性变形阶段。当荷载增加到某一数值时，基础边缘处的土开始发生剪切破坏，随着荷载的增加，剪切破坏区逐渐扩大，此时压力与沉降之间呈曲线关系，如图 4-12 曲线 A，属于弹塑性变形阶段。如果基础上的荷载继续增加，剪切破坏区不断扩展，最终，在地基中形成连续的滑动面，地基发生整体剪切破坏。此时，基础急剧下沉或向一侧倾倒，基础周围的地面同时产生隆起，如图 4-13（a）所示。

局部剪切破坏的特征是，介于整体剪切破坏与冲剪破坏之间的一种破坏形式，剪切破坏也从基础边缘开始，但滑动面不发展到地面，而是限制在地基内部某一区域，基础周围地面也有隆起现象，但不会有明显的倾斜和倒塌，如图 4-13（b）所示。压力和沉降关系曲线从一开始就呈现非线性关系，如图 4-12 曲线 B。

冲剪破坏先是由于基础下软弱土的压缩变形使基础连续下沉，如果荷载继续增加到某一数值时，基础可能向下"刺入"土中，基础侧面附近的土体应垂直剪切而破坏，如图 4-13（c）所示。冲剪破坏时，地基中没有出现明显的连续滑动面，基础周围的地面不隆起，基础没有很大的倾斜，压力沉降关系曲线与局部剪切破坏的情况类似，不出现明显的转折现象，如图 4-12 曲线 C。

地基究竟发生哪种形式的破坏，与地基土的压缩性有关。一般对于密实砂土和坚硬黏土，将发生整体剪切破坏；而对于压缩性较大的松砂和软黏土，则常常发生局部剪切破坏。此外，破坏形式还与基础埋置深度、加荷速率等因素有关，当基础埋置深度较浅、荷载为缓慢施加时，将趋向于发生整体剪切破坏；如果基础埋置深度较大、荷载是快速施加或是冲击荷载，则趋向于发生局部剪切破坏或冲剪破坏。

3. 浅基础地基的临塑荷载

设在地表作用一均布的条形荷载 p_0，如图 4-14（a）所示，它在地表下任一点 M 处产生的大、小主应力可按下式计算（见第 2 章）：

$$\left.\begin{aligned}
\sigma_1 &= \frac{p_0}{\pi}(\beta_0 + \sin\beta_0) \\
\sigma_3 &= \frac{p_0}{\pi}(\beta_0 - \sin\beta_0)
\end{aligned}\right\} \tag{4-17}$$

式中　p_0——条形均布荷载（kPa）；
　　　β_0——任意点 M 与均布荷载两端点的夹角（弧度）。

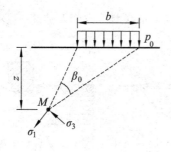
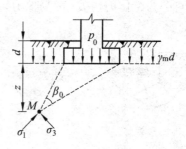

（a）无埋置深度　　　　　　　（b）有埋置深度

图 4-14　均布条形荷载下地基中的主应力

实际上一般基础都有一定埋置深度 d，如图 4-14（b）所示。此时地基中任一点的应力除了由基底附加应力 $p_0 = p - \gamma_m d$ 产生以外，还有土自重应力（$\gamma_m d + \gamma z$）。由于 M 点处的自重应力在各向是不等的，因此严格讲，以上两项在 M 点处的应力在数值上不能叠加。但在推导临塑荷载公式中，认为土处于极限平衡状态土固体处于塑性状态一样，即假设各向的土自重应力相等。因此，地基中任意一点的 σ_1、σ_3 可以写成如下形式：

$$\left.\begin{array}{l} \sigma_1 = \dfrac{p - \gamma_m d}{\pi}(\beta_0 + \sin\beta_0) + \gamma_m d + \gamma z \\[3mm] \sigma_3 = \dfrac{p - \gamma_m d}{\pi}(\beta_0 - \sin\beta_0) + \gamma_m d + \gamma z \end{array}\right\} \tag{4-18}$$

当 M 点达到极限平衡状态时，该点的大、小主应力应满足极限平衡条件[式（4-6）]：

$$\sin\varphi = \frac{\sigma_1 - \sigma_3}{\sigma_1 + \sigma_3 + 2c \cdot \cot\varphi}$$

将式（4-18）代入上式整理后得：

$$z = \frac{p - \gamma_m d}{\gamma\pi}\left(\frac{\sin\beta_0}{\sin\varphi} - \beta_0\right) - \frac{c}{\gamma\tan\varphi} - \frac{\gamma_m}{\gamma}d \tag{4-19}$$

上式为塑性区的边界方程，它表示塑性区边界上任意点的 z 和 β_0 之间的关系。如果基础的埋置深度 d、荷载 p 以及土的 γ、c、φ 已知，则根据上式可绘出塑性区的边界线，如图 4-15 所示。塑性区的最大深度 z_{max}，可由 $\dfrac{\mathrm{d}z}{\mathrm{d}\beta_0} = 0$ 的条件求得，即：

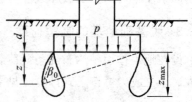

$\dfrac{\mathrm{d}z}{\mathrm{d}\beta_0} = 0$，得：$\beta_0 = \dfrac{\pi}{2} - \varphi$，代入式（4-19），得 z_{max} 的表达式为：

图 4-15　条形基础底面边缘的塑性区

$$z_{max} = \frac{p - \gamma_m d}{\gamma\pi}\left[\cot\varphi - \left(\frac{\pi}{2} - \varphi\right)\right] - \frac{c}{\gamma\tan\varphi} - \frac{\gamma_m}{\gamma}d \tag{4-20}$$

当荷载增大时，塑性区就开始发展，该区的最大深度也随之增大；若 $z_{max} = 0$，表示地基中将要出现但尚未出现塑性区，相应的荷载 p 即为临塑荷载 p_{cr}。在式（4-20）中令 $z_{max} = 0$，得临塑荷载的表达式为：

$$p_{cr} = \frac{\pi(\gamma_m d + c\cot\varphi)}{\cot\varphi + \varphi - \dfrac{\pi}{2}} + \gamma_m d \tag{4-21}$$

式中　d ——基础埋置深度（m）；

　　　γ_m ——基础底面以上土的加权平均重度（kN/m³）；

　　　γ ——地基土的重度，地下水位以下用有效重度（kN/m³）；

　　　c ——地基土的黏聚力（kPa）；

　　　φ ——地基土的内摩擦角（弧度）。

经验表明，即使地基发生局部剪切破坏，地基中的塑性区有所发展，只要塑性区的范围不超出某一限度，就不致影响建筑物的安全和使用。因此，如果用 p_{cr} 作为浅基础地基承载力就过于保守，很不经济。一般认为，在中心荷载作用下，塑性区的最大发展深度 z_{max} 可控制在基础宽度的 1/4，相应的荷载用 $p_{1/4}$ 表示。因此，在式（4-20）中，令 $z_{max} = b/4$，可得 $p_{1/4}$ 的计算公式：

$$p_{1/4} = \frac{\pi(\gamma_m d + c\cot\varphi + \gamma b/4)}{\cot\varphi + \varphi - \pi/2} + \gamma_m d \tag{4-22}$$

而对于偏心荷载作用的基础，一般可取 $z_{max} = b/3$，相应的荷载 $p_{1/3}$ 作为地基承载力，即：

$$p_{1/3} = \frac{\pi(\gamma_m d + c\cot\varphi + \gamma b/3)}{\cot\varphi + \varphi - \pi/2} + \gamma_m d \tag{4-23}$$

尚需指出，上述公式是在条形均布荷载作用下导出的，对于矩形和圆形基础，其结果偏于安全。此外，在公式的推导过程中采用了弹性力学的解答，对已出现塑性区的塑性变形阶段，其推导是不够严谨的。

【例 4-4】某条形基础宽 5 m，基底埋深 1.2 m，地基土 $\gamma = 18$ kN/m³，$\varphi = 22°$，$c = 15.0$ kPa，试计算该地基土的临塑荷载 p_{cr} 及 $p_{1/4}$。

【解】　由式（4-21）可得临塑荷载 p_{cr}：

$$p_{cr} = \frac{\pi(18.0 \times 1.2 + 15.0 \times \cot 22°)}{\cot 22° + 22° \times \pi/180° - \pi/2} + 18.0 \times 1.2 = 164.8 \text{ kPa}$$

由式（4-22）可得临塑荷载 $p_{1/4}$：

$$p_{1/4} = \frac{\pi(18.0 \times 1.2 + 15.0 \times \cot 22° + 18.0 \times 5/4)}{\cot 22° + 22° \times \pi/180° - \pi/2} + 18.0 \times 1.2 = 219.7 \text{ kPa}$$

4. 地基的极限承载力

目前地基极限承载力 p_u 的计算仅限于整体剪切破坏形式，对于局部剪切破坏和冲剪破坏，尚无可靠的计算方法，通常是先按整体剪切破坏形式计算，再作某种修正。极限承载力的计算方法一般有两种：

① 根据土的极限平衡理论和已知边界条件，计算出土中各点达到极限平衡时的应力及滑动方向，求得地基极限承载力。

② 通过基础模型试验，研究地基的滑动面形状并进行简化，根据滑动土体的静力平衡条件求得极限承载力。下面介绍几种有代表性的极限承载力计算公式。

（1）普朗德尔极限承载力理论。

1920 年，L. 普朗德尔（Prandtl）根据塑性理论，研究了刚性冲模压入无质量的半无限刚塑性介质后，介质达到破坏时的滑动面形状和极限压应力公式，人们把他的解应用到地基极限承载力的课题。

根据土体极限平衡理论，对于一无限长的、底面光滑的条形荷载板置于无质量的土（ $\gamma=0$ ）的表面上，当荷载板下的土体处于极限平衡状态时，塑流边界为图 4-16（a）所示。由于基底光滑，Ⅰ区大主应力 σ_1 为垂直向，破裂面与水平面夹角为 $45°+\dfrac{\varphi}{2}$ ，即主动朗肯区；Ⅲ区大主应力 σ_1 为水平向，破裂面与水平面夹角为 $45°-\dfrac{\varphi}{2}$ ，即被动朗肯区；Ⅱ区的滑动线由对数螺旋线 bc 及辐射线 ab 和 ac 组成，且 $ab=r_0$ ， $ac=r_1$ ， bc 的方程为 $r=r_0\exp(\theta\tan\varphi)$ 。取脱离体 $obce$ ，根据作用在脱离体上力的平衡条件，不计基底以下地基土的重度（ $\gamma=0$ ），可求得极限承载力为：

$$p_u = cN_c \tag{4-24}$$

式中

$$N_c = \cot\varphi\left[\tan^2\left(45°+\frac{\varphi}{2}\right)\exp(\pi\tan\varphi)-1\right] \tag{4-25}$$

N_c 称为承载力因数，是仅与 φ 有关的无量纲系数， c 为土的黏聚力。

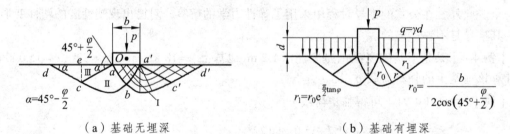

（a）基础无埋深　　　　　　　　　（b）基础有埋深

图 4-16　普朗德尔假设的滑动面

如果考虑到基础有一定的埋深 d ，如图 4-16（b）所示。将基底以上土重用均布 $q(=\gamma d)$ 代替，赖斯纳（Reissner，1924 年）提出了计入基础埋深后的极限承载力为：

$$p_u = cN_c + qN_q \tag{4-26}$$

式中：

$$N_q = \tan^2\left(45°+\frac{\varphi}{2}\right)\exp(\pi\tan\varphi) \tag{4-27}$$

$$N_c = (N_q-1)\cot\varphi \tag{4-28}$$

N_q 也是仅与 φ 有关的另一承载力因数。

显然，普朗德尔的极限承载力公式与基础宽度无关，这是由于公式推导过程中不计入地基土的重度所致，此外，基底与土之间尚存在一定的摩擦力，因此，普朗德尔公式只是一个近似公式。在普朗德尔和赖斯纳之后，不少学者在这方面继续进行了许多研究工作，如太沙基（Terzaghi，1943 年）、泰勒（Taylor，1948 年）、梅耶霍夫（Meyerhof，1951 年）、汉森（Hansen，1961 年）以及魏西克（Vesic，1973 年）等。下面仅对太沙基公式和汉森公式作简要介绍。

（2）太沙基极限承载力公式。

太沙基假设基础底面是粗糙的，基底与土之间的摩阻力阻止了基底处剪切位移的发生。因此，直接在基底以下的土不发生剪切破坏而处于弹性平衡状态。根据 I 区土楔体的静力平衡条件可导得太沙基极限承载力的计算公式：

$$p_u = cN_c + qN_q + \frac{1}{2}\gamma bN_\gamma \tag{4-29}$$

式中 q ——基底水平面以上基础两侧的超载，$q = \gamma d$（kPa）；

b，d ——基础宽度和埋深（m）；

N_c，N_q，N_γ ——无量纲承载力因数，仅与土的内摩擦角有关，可按图 4-17 中的实线查取，N_c、N_q 也可按式（4-27）和（4-28）计算求得。

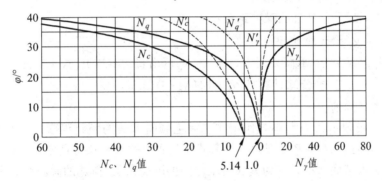

图 4-17 太沙基承载力因数

对于基底完全粗糙的情况，N_γ 亦可按下列半经验公式（太沙基和派克，1967 年）计算：

$$N_\gamma = 1.8(N_q - 1)\tan\varphi \tag{4-30}$$

式（4-29）适用于条形荷载下的整体剪切破坏情况。对于局部剪切破坏，太沙基建议采用经验方法调整抗剪强度指标 c 和 φ，即以 $c' = 2c/3$、$\varphi' = \arctan(2/3\tan\varphi)$ 代替式（4-29）中的 c 和 φ。此时，式（4-29）变为：

$$p_u = \frac{2}{3}cN_c' + qN_q' + \frac{1}{2}\gamma bN_\gamma' \tag{4-31}$$

式中：N_c'，N_q'，N_γ' 为相应于局部剪切破坏的承载力因数，可由图 4-17 中的虚线查取，其余符号意义同前。

方形和圆形基础属于三维问题，因数学上的困难，至今尚未能推导得其分析解，太沙基根据试验资料建议按以下公式计算：

宽度为 b 的方形基础：

$$p_u = 1.2cN_c + \gamma_m dN_q + 0.4\gamma bN_\gamma \tag{4-32a}$$

直径为 b 的圆形基础：

$$p_u = 1.2cN_c + \gamma_m dN_q + 0.6\gamma bN_\gamma \tag{4-32b}$$

对于矩形基础（ $b \times l$ ），可按 b/l 值在条形基础（ $b/l = 0$ ）与方形基础（ $b/l = 1$ ）之间以插值法求得。若地基为软黏土或松砂，将发生局部剪切破坏，此时，式（4-32a）、（4-32b）中的承载力因数均应改为 N_c'、N_q' 和 N_γ' 值。

（3）汉森公式。

汉森公式属于半经验公式，其应用范围较广，北欧国家应用较多，我国《港口工程技术规范》亦推荐使用该公式。对于均质地基，基础底面完全光滑，在中心倾斜荷载作用下，汉森建议按下式计算竖向地基极限承载力：

$$p_u = cN_cS_cd_ci_cg_cb_c + qN_qS_qd_qi_qg_qb_q + \frac{1}{2}\gamma bN_\gamma S_\gamma d_\gamma i_\gamma g_\gamma b_\gamma \tag{4-33}$$

式中　　S_c，S_q，S_γ ——基础的形状系数；

　　　　i_c，i_q，i_γ ——荷载倾斜系数；

　　　　d_c，d_q，d_γ ——基础的深度系数：

　　　　g_c，g_q，g_γ ——地面倾斜系数；

　　　　N_c，N_q，N_γ ——承载力因素，N_c、N_q 可由式（4-27）、式（4-28）计算，N_γ 可由公式计算：$N_\gamma = 1.5(N_q - 1)\tan\varphi$。

其余符号意义同前。

汉森认为，极限承载力大小与作用在基底上倾斜荷载的倾斜程度及大小有关。当满足 $H \leqslant C_aA + P\tan\delta$ 时（ H 和 P 分别为倾斜荷载在基底上的水平及垂直分力； C_a 为基底与土之间的附着力； A 为基底面积； δ 为基底与土之间的摩擦角），荷载的倾斜系数可按下式确定：

$$i_c = \begin{cases} 0.5 - 0.5\sqrt{1 - \dfrac{H}{cA}}, & \varphi = 0 \\[2mm] i_q - \dfrac{1 - i_q}{cN_c}, & \varphi > 0 \end{cases} \tag{4-34}$$

$$i_q = \left(1 - \frac{0.5H}{P + cA\cot\varphi}\right)^5 > 0 \tag{4-35}$$

$$i_\gamma = \left(1 - \frac{0.5H - \dfrac{\eta}{450°}}{P + cA\cot\varphi}\right)^5 > 0 \tag{4-36}$$

式中　　η ——倾斜基底与水平面的夹角（ ° ）。

基础的形状系数可由下式确定：

$$S_c = 1 + \frac{0.2i_cb}{l} \tag{4-37}$$

$$S_q = 1 + \frac{i_q b}{l \sin \varphi} \tag{4-38}$$

$$S_\gamma = 1 - \frac{0.4 i_\gamma b}{l} \geqslant 0.6 \tag{4-39}$$

当计入基础两侧土的相互作用及基底以上土的抗剪强度等因素时，可用下列深度系数近似加以修正：

$$d_c = \begin{cases} 1 + 0.35 \dfrac{d}{b} & (d \leqslant b) \\ 1 + 0.4 \arctan\left(\dfrac{d}{b}\right) & (d > b) \end{cases} \tag{4-40}$$

$$d_q = \begin{cases} 1 + 2 \tan \varphi (1 - \sin \varphi)^2 \dfrac{d}{b} & (d \leqslant b) \\ 1 + 2 \tan \varphi (1 - \sin \varphi)^2 \arctan\left(\dfrac{d}{b}\right) & (d > b) \end{cases} \tag{4-41}$$

$$d_\gamma = 1 \tag{4-42}$$

地面或基础底面本身倾斜，均对承载力产生影响。当地面与水平面的倾角 $\beta(°)$ 以及基底与水平面的倾角 $\eta(°)$ 为正值，且满足 $\eta + \beta \leqslant 90°$ 时，两者的影响可按下列公式近似确定：

地面倾斜系数：

$$g_c = 1 - \frac{\beta}{147°} \tag{4-43}$$

$$g_q = g_\gamma = (1 - 0.5 \tan \beta)^5 \tag{4-44}$$

基底倾斜系数：

$$b_c = 1 - \frac{\beta}{147°} \tag{4-45}$$

$$b_q = \exp(-2\eta \tan \varphi) \tag{4-46}$$

$$b_\gamma = \exp(-2.7\eta \tan \varphi) \tag{4-47}$$

5. 地基承载力的安全度

浅基础的地基允许承载力应当以一定的安全度将极限荷载加以折减，安全系数 K 的取值是个复杂的问题，与上部结构类型、荷载性质、土的类别等因素有关，目前还没有一致的看法，一般可取 $2 \sim 3$。

6. 地基允许承载力和地基承载力特征值

所有建筑物和土工建筑物的地基基础设计时，均应满足地基承载力和变形的要求，对经常承受水平荷载作用的高层建筑物、高耸结构、高路堤和挡土墙以及建造在斜坡上边坡附近的建筑物，尚应验算地基稳定性。通常地基计算时，首先应使基底压力小于等于基础深宽修正后的地基允许承载力或地基承载力特征值，以便确定基础的埋深或底面尺寸，然后验算地基变形，必要时验算地基稳定性。

地基允许承载力是指地基稳定性有足够安全度的承载力，它相当于地基极限承载力除以一个安全系数 K ，此即定值法确定的地基承载力，同时必须验算地基变形不超过允许变形值。因此，地基允许承载力也可定义为在保证地基稳定性的条件下，建筑物基础沉降量不超过允许值的地基承载力。由于地基承载力受很多因素影响，严格来说，它是一个随机变量，应以概率论为基础，以分项系数表达式的实用极限状态设计法确定其值。按《建筑地基基础设计规范》（GB 5007—2011），地基承载力特征值定义为由载荷试验测定的地基土压力-变形曲线线性变形段内规定的变形所对应的压力值，其最大值为比例界限值。

如前所述，地基临塑荷载 p_{cr} 和临界荷载 $p_{1/4}$ 、 $p_{1/3}$ 以及地基极限承载力 p_u 的理论公式，都属于地基承载力的表达方式，均为基底接触面的地基抗力。地基承载力是土的抗剪强度指标 c 和 φ 、重度 γ 、基础埋深 d 和基础宽度 b 的函数。其中土的抗剪强度指标 c 和 φ 值可以根据实际工程情况采用不同的仪器和方法测定，测量结果应按数理统计方法进行数据统计，确定出具有一定置信度的设计值；承载力概率极限状态法应取特征值。

按照承载力定值法计算时，基底压力 p 不得超过修正后的地基允许承载力 p_a ；按照承载力概率极限状态法计算时，地基荷载效应 p_k 不得超过修正后的地基承载力特征值 f_a 。所谓修正后的地基允许承载力和承载力特征值均指所确定的承载力包含了基础埋深和基础宽度两个因素。如定值法直接得出修正后的地基允许承载力 p_a 或修正后的地基承载力特征值 f_a ；而原位试验法和规范表格法确定的地基承载力均未包含基础埋深和宽度两个因素，先求得地基允许承载力基本值 p_{a0} ，再经过深宽修正，得出修正后的地基允许承载力 p_a ；或先求得地基承载力特征值 f_{ak} ，再经过深宽修正，得出修正后的地基承载力特征值 f_a 。

理论公式法确定地基承载力特征值，在《建筑地基基础设计规范》（GB 50007—2011）中采用地基临界荷载 $p_{1/4}$ 的修正公式：

$$f_a = M_b \gamma b + M_d \gamma_m d + M_c c_k \tag{4-48}$$

式中　f_a ——由土的抗剪强度指标确定的修正后的地基承载力（kPa）；

　　　γ ——地基土的重度，地下水位以下取浮重度（kN/m³）；

　　　b ——基础宽度，大于 6 m 时，按 6 m 考虑；对于砂土，小于 3 m 时，按 3 m 考虑；

　　　γ_m ——基底以上土的加权平均重度，地下水位以下取浮重度（kN/m³）；

　　　d ——基础埋深（m）；

　　　c_k ——基底下一倍基础宽的度深度范围内土的黏聚力标准值（kPa）。

M_c ， M_d ， M_b ——承载力系数，按表 4-2 查取。

表 4-2　承载力系数 M_c 、 M_d 、 M_b

土的内摩擦角标准值 φ_k (°)	M_b	M_d	M_c
0	0	1.00	3.14
2	0.03	1.12	3.32
4	0.06	1.25	3.51
6	0.10	1.39	3.73
8	0.14	1.55	3.93

土的内摩擦角标准值 $\varphi_k(°)$	M_b	M_d	M_c
10	0.18	1.73	4.17
12	0.23	1.94	4.42
14	0.29	2.17	4.69
16	0.36	2.43	5.00
18	0.43	2.72	5.31
20	0.51	3.06	5.66
22	0.61	3.44	6.04
24	0.80	3.87	6.45
26	1.10	4.37	6.90
28	1.40	4.93	7.40
30	1.90	5.59	7.95
32	2.60	6.35	8.55
34	3.40	7.21	9.22
36	4.20	8.25	9.97
38	5.00	9.44	10.80
40	5.80	10.84	11.73

浅层平板载荷试验确定地基允许承载力，通常 p_a 取 p-s 曲线上的比例界限荷载值或极限荷载值的一半。浅层平板载荷试验确定地基承载力特征值，《建筑地基基础设计规范》（GB 5007—2011）规定如下：

（1）当 p-s 曲线上有比例界限时，取该比例界限所对应的荷载值。

（2）当满足终止加载条件之一时，其对应的前一级荷载定位极限荷载，当该值小于对应比例界限的荷载值的 2 倍时，取极限荷载值的一半。

（3）不能按上两点要求确定时，当压板面积为 0.25～0.5 m^2 时，可取 $s/b = 0.010$～0.015 所对应的荷载，但其值不应大于最大加载量的一半。

（4）同一土层参加统计的试验点不应少于三点，各试验实测值的极差不得超过其平均值的 30%，取平均值作为土层的地基承载力特征值 f_{ak}。再经过深宽修正，得出修正后的地基承载力特征值 f_a。

思考题

1. 什么是土的抗剪强度？什么是土的抗剪强度指标？试说明土的抗剪强度的来源。对一定的土类，其抗剪强度指标是否为一定值？为什么？哪些因素会对土的抗剪强度指标产生影响？

2. 什么是土的极限平衡状态和极限平衡条件？试用莫尔-库仑强度理论推求土体极限平

衡条件的表达式。

3. 土体中首先发生剪切破坏的平面是否就是剪应力最大的平面？为什么？在何种情况下，剪切破坏面与最大剪应力面一致？在通常情况下，剪切破坏面与大主应力作用面的夹角是多少？

4. 分别简述直剪试验和三轴压缩试验的原理。比较二者之间的优缺点和适用范围。

5. 什么是土的无侧限抗压强度？它与土的不排水强度之间有何关系？如何用无侧限抗压强度试验来测定黏性土的灵敏度？

6. 地基的剪切破坏有哪些形式？发生整体剪切破坏时 $p\text{-}s$ 曲线的特征如何？

7. 什么是塑性变形区？地基的 p_{cr} 和 $p_{1/4}$ 的物理概念是什么？在工程中有何实际意义？

8. 什么是地基的极限荷载 p_u，它与哪些因素有关？

9. 分别阐述地基承载力基本值、地基允许承载力、地基承载力特征值、地基承载力标准值的概念。

习　题

1. 某砂土试样在法向应力 $\sigma = 100$ kPa 作用下进行直剪试验，测得其抗剪强度 $\tau_f = 60$ kPa。求：（1）用作图法确定该土样的抗剪强度指标 φ 值。（2）如果试样的法向应力增至 $\sigma = 200$ kPa，则土样的抗剪强度是多少？

2. 对某饱和黏性土试样进行无侧限抗压强度试验，测得其无侧限抗压强度 $q_u = 120$ kPa。求：（1）该土样的不排水抗剪强度；（2）与水平面成 60°夹角的平面上法向应力 σ 与剪应力 τ。

3. 对两个相同的重塑饱和黏性土试样，分别进行两种固结不排水三轴压缩试验。一个试样先在 $\sigma_3 = 170$ kPa 的周围压力下固结，试样破坏时的轴向偏应力 $(\sigma_1 - \sigma_3)_f = 124$ kPa。另一个试样施加的周围压力 $\sigma_3 = 427$ kPa，破坏时的孔隙水压力 $u_f = 270$ kPa。求该土样的 φ_{cu} 和 φ' 值。（提示：重塑饱和黏土的 $c_{cu} = c' = 0$）

4. 对内摩擦角 $\varphi = 30°$ 的饱和砂土试样进行三轴压缩试验。首先施加 $\sigma_3 = 200$ kPa 的周围压力，然后使最大主应力 σ_1 与最小主应力 σ_3 同时增加，且使 σ_1 的增量 $\Delta\sigma_1$ 始终为 σ_3 的增量 $\Delta\sigma_3$ 的 4 倍，试验在排水条件下进行。试求该土样破坏时的 σ_1。

5. 某条形基础 $b = 3$ m，$d = 1.2$ m，地基土为均质黏性土，土层的 $\gamma = 18.5$ kN/m³，$c = 15$ kPa，$\varphi = 20°$，试分别计算地基的 p_{cr} 和 $p_{1/4}$。

6. 条形基础宽度 $b = 2.0$ m，$d = 1.0$ m，建造在均质粉质黏土地基上，地基土的 $\gamma = 18.0$ kN/m³，$\gamma_{sat} = 20.0$ kN/m³，$c = 10$ kPa，$\varphi = 15°$，地下水位于基底处，求：地基土的 p_{cr}、$p_{1/4}$，并用太沙基公式计算地基土的极限承载力 p_u 和地基的允许承载力 p_a（安全系数 $K = 3$）。

5 土压力与土坡稳定

【学习要点】

掌握土压力的基本概念，熟悉朗肯土压力、库仑土压力的基本理论和计算方法，熟悉特殊土情况下土压力的计算方法。掌握挡土墙的类型及重力式挡土墙的构造，了解土坡稳定分析。

5.1 土压力概述

在建筑、水利、道路、桥梁工程中，为了防止土体滑坡或坍塌，经常需要修建各种各样的挡土结构，如挡土墙、桥台、地下室侧壁和储藏粒状材料的挡墙等，如图 5-1 所示。这些挡土结构物承受土体侧压力的作用，土压力就是这种侧压力的总称。

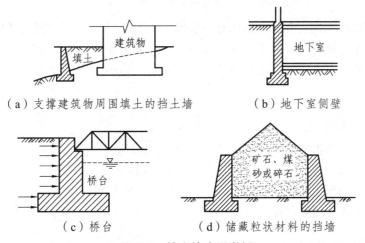

（a）支撑建筑物周围填土的挡土墙　　　　（b）地下室侧壁

（c）桥台　　　　　　　（d）储藏粒状材料的挡墙

图 5-1　挡土墙应用举例

由于土压力是挡土墙的主要外荷载，因此，设计挡土墙首先要确定土压力的性质、大小、方向和作用点。土压力计算是个比较复杂的问题，它随挡土墙可能位移的方向分为主动土压力、被动土压力和静止土压力。土压力的大小还与墙后填土的性质、墙背倾斜方向等因素有关。

土坡可分为天然土坡和人工土坡，由于某些外界不利因素，土坡可能发生局部土体滑动而失去稳定性，土坡的坍塌常造成严重的工程事故，并危及人身安全。因此，应验算边坡的稳定性及采取适当的工程措施。

本章将分别讨论土压力、挡土墙设计和土坡稳定分析等问题。

5.2 挡土墙上的土压力

影响挡土墙土压力大小及其分布规律的因素很多，挡土墙的位移方向和位移量是最主要的因素。根据挡土墙位移情况和墙后土体所处的应力状态，可将土压力分为以下三种：

（1）主动土压力：当挡土墙向离开土体方向位移至墙后土体达到极限平衡状态时[图 5-2（a）]，作用在挡土墙上的土压力称为主动土压力，用 E_a 表示。

（2）被动土压力：当挡土墙在外力作用下，向土体方向位移至墙后土体达到极限平衡状态时[图 5-2（b）]，作用在墙背上的土压力称为被动土压力，用 E_p 表示。

（3）静止土压力：当挡土墙静止不动，墙后土体处于弹性平衡状态时[图 5-2（c）]，作用在墙背上的土压力称为静止土压力，用 E_0 表示。

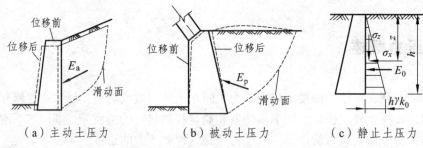

（a）主动土压力 （b）被动土压力 （c）静止土压力

图 5-2 挡土墙上的三种土压力

土压力的计算理论主要有古典的朗肯（Rankine，1857 年）理论和库仑（Coulomb，1773年）理论。自从库仑理论发表以来，人们先后进行过多次多种的挡土墙模型试验、原型观测和理论研究。试验研究表明，在相同条件下，主动土压力小于静止土压力，而静止土压力又小于被动土压力，即：

$$E_a < E_0 < E_p$$

而且产生被动土压力所需的位移量 δ_p 远大于产生主动土压力所需的为量 δ_a（图 5-3）。

静止土压力犹如半空间弹性变形体在土的自重作用下无侧向变形时的水平侧压力[图 5-2（c）]，故填土表面以下任意深度 z 处的静止土压力强度可按下式计算：

$$\sigma_0 = \sigma_x = k_0 \gamma z \qquad (5-1)$$

式中　　k_0 ——土的侧压力系数或静止土压力系数；

　　　　γ ——墙后填土的重度（ kN/m^3 ）。

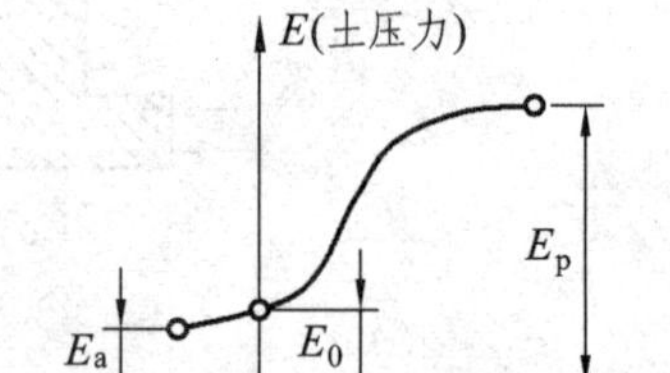

静止土压力系数 k_0 与土的性质、密实程度等因素有关，一般砂土可取 0.35 ~ 0.50；黏性土可取 0.50 ~ 0.70。对正常固结土，也可近似按下列半经验公式计算：

$$k_0 = 1 - \sin \varphi' \qquad (5-2)$$

式中　　φ' ——土的有效内摩擦角（°）。

图 5-3 土压力与墙身位移的关系图

由式（5-1）可知，静止土压力沿墙高呈三角形分布[图 5-2（c）]，如果取单位墙长，则作用在墙上的静止土压力为

$$E_0 = \frac{1}{2}\gamma h^2 k_0 \qquad\qquad (5\text{-}3)$$

式中　h——挡土墙墙高（m）。

E_0 的作用点在距墙底 $h/3$ 处，方向指向墙背，且始终与墙背面垂直。

5.3　朗肯土压力理论

5.3.1　基本概念

朗肯土压力理论是通过研究弹性半空间体内的应力状态，根据土的极限平衡条件而得出的土压力计算方法。

考虑挡土墙后土体表面下深度 z 处的微单元体的应力状态[图 5-4（a）]，显然，单元体上的竖向应力（即该深度处土的自重应力）为 $\sigma_z = \gamma z$。当挡土墙在土压力作用下离开墙后填土位移时，作用在单元体上的竖向应力 σ_z 保持不变，而水平应力 σ_x 逐渐减小（相当于水平卸载），直至墙后填土达到极限平衡状态，此时，水平应力 σ_x 减小到最小值（即主动朗肯状态）。假设墙后填土沿墙后方向延伸很远，则土中任意竖直面均为对称面，因此竖直截面和水平截面上的剪应力均为零，因而相应截面上的法向应力 σ_z 和 σ_x 都是主应力。墙后填土处于极限平衡状态时，大主应力 $\sigma_1 = \sigma_z = \gamma z$，而小主应力 $\sigma_3 = \sigma_x$ 即为主动土压力强度 σ_a。

同理，当挡土墙在外力作用下向墙后填土方向位移时，挡土墙挤压墙后土体，σ_z 仍保持不变，而水平应力 σ_x 则逐渐增大（相当于水平加载），直至墙后填土达到极限平衡状态，此时，水平应力 σ_x 增大到最大值（即被动朗肯状态）。当 σ_x 超过 σ_z 时，σ_z 成为小主应力，而 σ_x 则成为大主应力，即 $\sigma_3 = \sigma_z = \gamma z$，$\sigma_1 = \sigma_x$，大主应力即为被动土压力强度 σ_p。

应用朗肯土压力理论计算挡土墙上的土压力时，假设以墙背直立、光滑、填土面水平的挡土墙代替半空间左侧的土，则墙背与土的接触面上满足剪应力为零的边界条件以及产生主动或被动朗肯状态的变形边界条件，由此导出主动、被动土压力计算的理论公式。

5.3.2　主动土压力

由第 4 章土的抗剪强度理论可知，当土中某点达到极限平衡状态时，大小主应力 σ_1、σ_3 之间应满足以下关系：

无黏性土：$\sigma_3 = \sigma_1 \tan^2\left(45° - \dfrac{\varphi}{2}\right)$

黏性土：$\sigma_3 = \sigma_1 \tan^2\left(45° - \dfrac{\varphi}{2}\right) - 2c \cdot \tan\left(45° - \dfrac{\varphi}{2}\right)$

设墙背竖直光滑，填土面水平[图 5-4（a）]，当挡土墙离开填土位移时，墙背土体中离地表任意深度 z 处竖向应力 σ_z 为大主应力 σ_1，σ_x 为小主应力 σ_3，故可得朗肯主动土压力强度 σ_a 为：

无黏性土：

$$\sigma_a = \sigma_x = \gamma z \tan^2\left(45° - \frac{\varphi}{2}\right) = \gamma z k_a \tag{5-4}$$

黏性土：

$$\sigma_a = \gamma z \tan^2\left(45° - \frac{\varphi}{2}\right) - 2c \tan\left(45° - \frac{\varphi}{2}\right) = \gamma z k_a - 2c\sqrt{k_a} \tag{5-5}$$

式中　k_a ——主动土压力系数，$k_a = \tan^2\left(45° - \frac{\varphi}{2}\right)$。

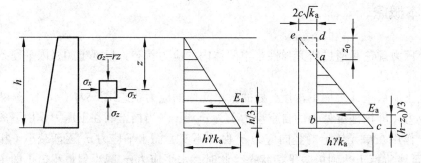

（a）主动土压力图示　（b）无黏性土土压力分布　（c）黏性土土压力分布

图 5-4　朗肯主动土压力分析

由式（5-4）可知，无黏性土的主动土压力强度与 z 成正比，沿墙高的压力呈三角形分布，如图 5-4（b）所示，若取单位墙长计算，则主动土压力为

$$E_a = \frac{1}{2}\gamma h^2 k_a \tag{5-6}$$

且 E_a 通过三角形形心，即作用在离墙底 $h/3$ 处。

黏性土的主动土压力强度由两部分组成：一部分是由土自重引起的土压力 $\gamma z k_a$；另一部分是由土的黏聚力 c 引起的负侧压力 $2c\sqrt{k_a}$。这两部分土压力叠加的结果如图 5-4（c）所示，图中 ade 部分为负值，对墙背是拉力，但实际上墙与土体在很小的拉力作用下就会分离，因此在计算土压力时，该部分应略去不计，黏性土的土压力强度分布实际上是 abc 部分。

a 点至填土面的深度 z_0 称为临界深度，当填土面无荷载时，可令式（5-5）为零求得，即：

$$\sigma_a = \gamma z_0 k_a - 2c\sqrt{k_a} = 0$$

故临界深度：

$$z_0 = \frac{2c}{\gamma\sqrt{k_a}} \tag{5-7}$$

若取单位墙长计算，则主动土压力为：

$$E_a = \frac{1}{2}(h - z_0)(\gamma h k_a - 2c\sqrt{k_a}) = \frac{1}{2}\gamma h^2 k_a - 2hc\sqrt{k_a} + \frac{2c^2}{\gamma} \tag{5-8}$$

主动土压力 E_a 通过三角形压力分布图 abc 的形心，即作用在离墙底 $(h-z_0)/3$ 处。

还应注意，当填土面有超载时，不能直接套用式（5-7）计算临界深度，此时应按 z_0 处侧压力 $\sigma_{az}=0$ 求解方程而得。

5.3.3 被动土压力

如前所述，当挡土墙在外力作用下挤压土体出现被动朗肯状态时，墙背填土中任意深度 z 处的竖向应力 σ_z 变为小主应力 σ_3，而水平应力 σ_x 变为大主应力 σ_1，如图 5-5（a）所示。当墙后填土处于极限平衡状态时，由第 4 章土的抗剪强度理论可知，大、小主应力应满足如下关系：

无黏性土： $\sigma_1 = \sigma_3 \tan^2\left(45° + \dfrac{\varphi}{2}\right)$

黏性土： $\sigma_1 = \sigma_3 \tan^2\left(45° + \dfrac{\varphi}{2}\right) + 2c \cdot \tan\left(45° + \dfrac{\varphi}{2}\right)$

将 $\sigma_3 = \sigma_z = \gamma z$ 代入上两式，即可导得朗肯被动土压力强度 σ_p 为：

无黏性土： $\sigma_p = \gamma z k_p$ （5-9）

黏性土： $\sigma_p = \gamma z k_p + 2c\sqrt{k_p}$ （5-10）

式中 k_p——被动土压力系数，$k_p = \tan^2\left(45° + \dfrac{\varphi}{2}\right)$。

被动土压力分布图如图 5-5 所示，若取单位墙长计算，则总被动土压力为：

无黏性土： $E_p = \dfrac{1}{2}\gamma h^2 k_p$ （5-11）

黏性土： $E_p = \dfrac{1}{2}\gamma h^2 k_p + 2hc\sqrt{k_p}$ （5-12）

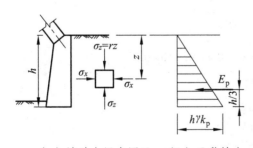 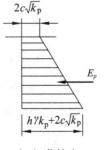

（a）被动土压力图示　　（b）无黏性土　　（c）黏性土

图 5-5　朗肯被动土压力分析

被动土压力 E_p 通过被动土压力强度 σ_p 分布图的形心。

【例 5-1】 已知某挡土墙高 $h=6$ m，墙背垂直、光滑，墙后填土为黏性土，填土面水平，土的物理性质指标为：$c=10$ kPa，$\varphi=20°$，$\gamma=18$ kN/m³。求主动土压力及其作用点，并绘出主动土压力分布图。

【解】 墙背垂直、光滑，填土面水平，满足朗肯土压力条件，可按式（5-5）计算沿墙高的土压力强度。计算主动土压力系数：

$$k_a = \tan^2\left(45° - \frac{20°}{2}\right) = 0.49 , \quad \sqrt{k_a} = 0.70$$

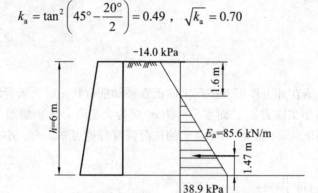

图 5-6　例 5-1 主动土压力分布图

故地面处（$z = 0$）：
$$\sigma_a = \gamma z k_a - 2c\sqrt{k_a}$$
$$= 0 - 2\times10\times0.70$$
$$= -14.0 \text{ kPa}$$

墙底处（$z = 6 \text{ m}$）：
$$\sigma_a = \gamma z k_a - 2c\sqrt{k_a}$$
$$= 18\times6\times0.49 - 2\times10\times0.70$$
$$= 38.9 \text{ kPa}$$

因为填土是黏性土，故需计算临界深度 z_0，由式（5-7）得：

$$z_0 = \frac{2c}{\gamma\sqrt{k_a}} = \frac{2\times10}{18\times0.70} = 1.6 \text{ m}$$

可绘出土压力强度沿墙高的分布图，如图 5-6 所示。总主动土压力为：

$$E_a = \frac{1}{2}(h - z_0)(\gamma h k_a - 2c\sqrt{k_a})$$
$$= \frac{1}{2}(6 - 1.6)\times(18\times6\times0.49 - 2\times10\times0.70)$$
$$= 85.6 \text{ kN/m}$$

主动土压力 E_a 的作用点距墙底为：

$$\frac{h - z_0}{3} = \frac{6 - 1.6}{3} = 1.47 \text{ m}$$

5.3.4　其他几种情况下的土压力

1. 填土表面有连续均布荷载

当挡土墙后填土表面有连续均布荷载 q 时，一般可将均布荷载换算成位于填土表面以上的当量土中，即用假想的土重代替均布荷载。当填土面水平时，当量土层厚度 h' 为：

$$h' = \frac{q}{\gamma} \tag{5-13}$$

如图 5-7 所示，再以 $h+h'$ 为墙高，按填土面无荷载情况计算土压力。如果填土为无黏性土，墙顶 a 点的土压力强度为：

$$\sigma_{aa} = \gamma h' k_a = q k_a$$

墙底 b 点的土压力强度为：

$$\sigma_{ab} = \gamma(h+h') k_a = (q + \gamma h) k_a$$

压力分布图如图 5-7 所示，实际的土压力分布为梯形 $abcd$ 部分，土压力作用点在梯形的重心。

因此，当填土面有均布荷载时，其土压力强度只是比在无荷载时增加一项 $q k_a$ 即可。对黏性填土也是一样。

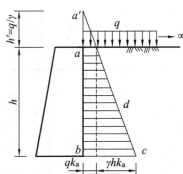

图 5-7 填土面有连续均布荷载

2. 成层填土

如图 5-8 所示，当墙后填土有几种不同种类的水平土层时，第一层土压力按均质土计算。计算第二层土压力时，将上层土按重度换算成与第二层土相同的当量土层计算，当量土层厚度 $h_1' = h_1 \gamma_1 / \gamma_2$，以下各层亦同样计算。由于土的性质不同，各层土的土压力系数也不同。现以黏性土主动土压力为例：

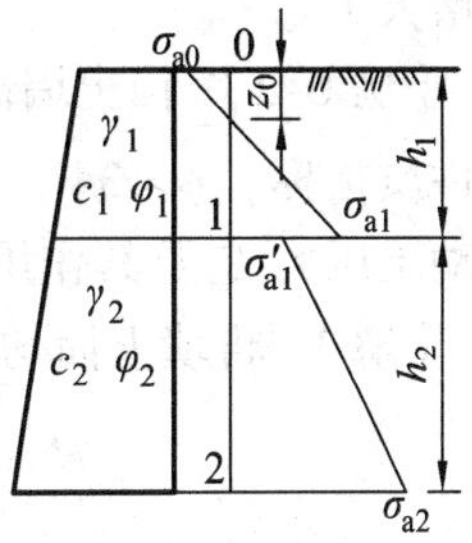

第一层填土的土压力强度：

$$\sigma_{a0} = -2c_1\sqrt{k_{a1}}$$

$$\sigma_{a1} = \gamma_1 h_1 k_{a1} - 2c_1\sqrt{k_{a1}}$$

第二层填土的土压力强度：

图 5-8 墙后成层填土

$$\sigma_{a1}' = \gamma_2 \frac{\gamma_1 h_1}{\gamma_2} k_{a2} - 2c_2\sqrt{k_{a2}} = \gamma_1 h_1 k_{a2} - 2c_2\sqrt{k_{a2}}$$

$$\sigma_{a2} = \gamma_2 \left(\frac{\gamma_1 h_1}{\gamma_2} + h_2 \right) k_{a2} - 2c_2\sqrt{k_{a2}} = (\gamma_1 h_1 + \gamma_2 h_2) k_{a2} - 2c_2\sqrt{k_{a2}}$$

计算出各土层分界面上的土压力强度后，按一定的比例定出各土压力强度值，将同一土层顶面和底面的土压力强度值点用直线连接起来，即得土压力分布图，然后求分布图的面积，即可求得总主动土压力，土压力作用点位于分布图的重心。

对无黏性土，只需令上述各式中 $c_1 = c_2 = 0$ 即可。此外，尚需注意，在土层交界面处因各土层物理性质指标不同，其土压力强度大小也不同，故此时土压力强度在交界面处将发生突变。

3. 墙后填土有地下水

墙后填土常会部分或全部位于地下水位以下，由于渗水或排水不畅会导致墙后填土含水量增加。工程上一般可忽略对砂土抗剪强度指标的影响，但对黏性土，随着含水量的增加，抗剪强度指标明显降低，导致墙背土压力增大。因此，挡土墙应具有良好的排水措施，对于重要工程，计算时还应考虑适当降低抗剪强度指标 c 和 φ 值。此外，地下水位以下土的重度应取浮重度，并计入地下水对挡土墙产生的静水压力 $\gamma_w h_w$（图 5-9）影响。因此，作用在墙背上的总侧压力为土压力与水压力之和。总水压力可按下式计算：

$$E_w = \frac{1}{2}\gamma_w h_w^2 \qquad (5\text{-}14)$$

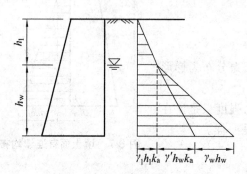

图 5-9　墙后填土有地下水

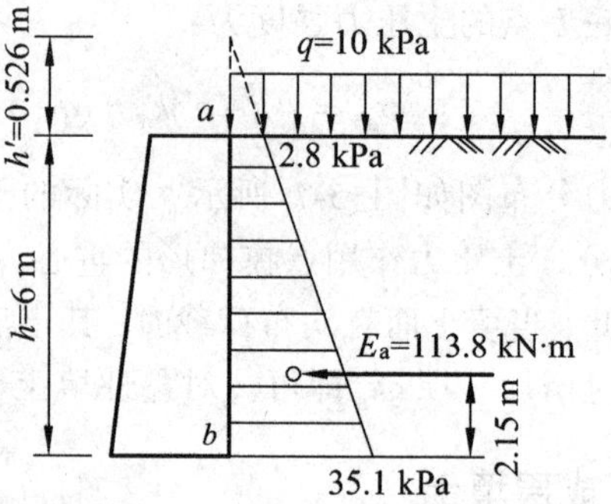

图 5-10　例 5-2

从图 5-9 可以看出，填土中有地下水时，由于增加了静水压力，故作用在墙背的总侧压力增大了。

【例 5-2】挡土墙高 6 m，填土面有均布荷载 $q = 10$ kPa，如图 5-10 所示，填土的物理力学性质指标：$\varphi = 34°$，$c = 0$，$\gamma = 19$ kN/m³，墙背直立、光滑，填土面水平，试求挡土墙的主动土压力 E_a 及其作用点位置，并绘制土压力分布图。

【解】将填土面均布荷载换算成填土的当量土层厚度为：

$$h' = q/\gamma = 10/19 = 0.526 \text{ m}$$

墙顶的土压力强度为：

$$\sigma_{aa} = \gamma h' k_a = q k_a = 10 \times \tan^2\left(45° - \frac{34°}{2}\right) = 2.8 \text{ kPa}$$

墙底的土压力强度为：

$$\sigma_{ab} = \gamma(h + h')k_a = (q + \gamma h)k_a$$
$$= (10 + 19 \times 6) \times \tan^2\left(45° - \frac{34°}{2}\right) = 35.1 \text{ kPa}$$

主动土压力为：

$$E_a = (\sigma_{aa} + \sigma_{ab}) \times h/2 = (2.8 + 35.1) \times 6/2 = 113.8 \text{ kN/m}$$

土压力作用点位置离墙底距离为：

$$\frac{h}{3} \cdot \frac{2\sigma_{aa} + \sigma_{ab}}{\sigma_{aa} + \sigma_{ab}} = \frac{6}{3} \cdot \frac{2 \times 2.8 + 35.1}{2.8 + 35.1} = 2.15 \text{ m}$$

主动土压力分布图如图 5-10 所示。

【例 5-3】 挡土墙高 5 m，墙背直立、光滑，墙后填土面水平，共分两层。各层土的物理力学性质指标如图 5-11 所示，试求主动土压力 E_a，并绘出土压力的分布图。

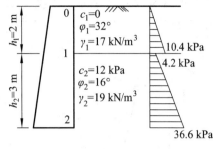

图 5-11 例 5-3 图

【解】 计算第一层填土土压力强度：

层顶和层底处分别为：

$$\sigma_{a0} = \gamma_1 z k_{a1} = 17 \times 0 \times \tan^2\left(45° - \frac{32°}{2}\right) = 0$$

$$\sigma_{a1} = \gamma_1 h_1 k_{a1} = 17 \times 2 \times \tan^2\left(45° - \frac{32°}{2}\right) = 10.4 \text{ kPa}$$

计算第二层填土层顶和层底的土压力强度：

$$\sigma_{a1} = \gamma_1 h_1 k_{a2} - 2c_2\sqrt{k_{a2}}$$
$$= 17 \times 2 \times \tan^2\left(45° - \frac{16°}{2}\right) - 2 \times 10 \times \tan\left(45° - \frac{16°}{2}\right)$$
$$= 4.2 \text{ kPa}$$

$$\sigma_{a2} = (\gamma_1 h_1 + \gamma_2 h_2) k_{a2} - 2c_2\sqrt{k_{a2}}$$
$$= (17 \times 2 + 19 \times 3)\tan^2\left(45° - \frac{16°}{2}\right) - 2 \times 10 \times \tan\left(45° - \frac{16°}{2}\right)$$
$$= 36.6 \text{ kPa}$$

主动土压力 E_a 为：

$$E_a = 10.4 \times 2/2 + (4.2 + 36.6) \times 3/2 = 71.6 \text{ kN/m}$$

主动土压力分布图如图 5-11 所示。

5.4 库仑土压力理论

5.4.1 基本假设

库仑土压力理论是根据墙后土体处于极限平衡状态并形成一滑动楔体时，从楔体的静力平衡条件得出的土压力计算理论。其基本假设为：

① 墙后填土是理想的散粒体（黏聚力 $c = 0$）。

② 滑动破裂面为通过墙踵的平面。

③ 滑动楔体视为刚体。

库仑土压力理论适用于砂土或碎石填料的挡土墙计算，可考虑墙背倾斜、填土面倾斜以及填土间的摩擦等多种因素。分析时，一般沿墙长方向取 1 m 考虑。

5.4.2　主动土压力

如图 5-12（a）所示，当楔体 ABC 向下滑动，处于极限平衡状态时，作用在楔体 ABC 上的力有：

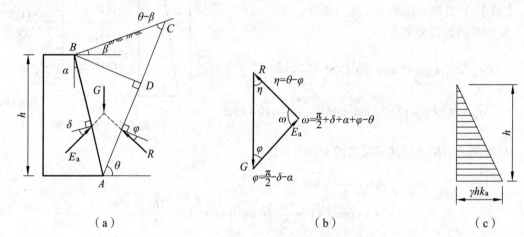

图 5-12　库仑主动土压力计算简图

（1）楔体自重 G 。由楔体 ABC 引起，根据几何关系可得：

$$G = S_{\triangle ABC} \cdot \gamma = \frac{1}{2} AC \cdot BD \cdot \gamma$$

在 $\triangle ABC$ 中，利用正弦定理可得：

$$AC = AB \cdot \frac{\sin(90° - \alpha + \beta)}{\sin(\theta - \beta)}$$

又因为：

$$AB = \frac{h}{\cos \alpha}, \quad BC = AB \cdot \cos(\theta - \alpha) = h \cdot \frac{\cos(\theta - \alpha)}{\cos \alpha}$$

故　　　　　　$$G = \frac{1}{2} AC \cdot BD \cdot \gamma = \frac{\gamma h^2}{2} \cdot \frac{\cos(\alpha - \beta)\cos(\theta - \alpha)}{\cos^2 \alpha \cdot \sin(\theta - \beta)}$$

（2）土的支承反力 R 。为破裂面 AC 上土楔体重力的法向分力与该面土体间的摩擦力的合力，它作用于 AC 面上，与 AC 面法线的夹角等于土的内摩擦角 φ 。当楔体下滑时，位于法线的下侧。

（3）墙背反力 E 。它与墙背 AB 法线的夹角等于土与墙体材料之间的外摩擦角 δ ，该力与作用在墙背上的土压力大小相等，方向相反。当楔体下滑时，该力位于法线下侧。

土楔体 ABC 在上述三力作用下处于平衡状态，因此构成一闭合的力矢三角形[图 5-12（b）]。现已知三力的方向及 G 的大小，故可由正弦定理得：

$$E = G \frac{\sin(\theta - \varphi)}{\sin \omega} = \frac{\gamma h^2}{2 \cos^2 \alpha} \cdot \frac{\cos(\alpha - \beta)\cos(\theta - \alpha)\sin(\theta - \varphi)}{\sin(\theta - \beta)\sin \omega} \qquad (5-15)$$

式中：$\omega = \dfrac{\pi}{2} + \delta + \alpha + \varphi - \theta$。

上式中，γ、h、α、β、φ 及 δ 都是已知的，而滑动面 AC 与水平面的夹角 θ 则是任意假定的。因此，选定不同的 θ 角，可得到一系列相应的土压力 E 值，即 E 是 θ 的函数。E 的最大值 E_{max} 即为墙背的主动土压力，其对应的滑动面即是土楔体的最危险滑动面。可用微分学中求极值的方法求得 E 的极大值，即：

$$\frac{\mathrm{d}E}{\mathrm{d}\theta} = 0$$

可解得使 E 为极大值时填土的破坏角 θ_{cr}，将 θ_{cr} 代入式（5-15），经整理后可得库仑主动土压力的一般表达式为：

$$E_a = \frac{1}{2}\gamma h^2 k_a \tag{5-16}$$

其中：

$$k_a = \frac{\cos^2(\varphi - \alpha)}{\cos^2\alpha\cos(\alpha + \delta)\left[1 + \sqrt{\dfrac{\sin(\varphi + \delta)\sin(\varphi - \beta)}{\cos(\alpha + \delta)\cos(\alpha - \beta)}}\right]^2} \tag{5-17}$$

式中　α ——墙背与竖直线的夹角（°），俯斜时取正号，仰斜时取负号；

　　　β ——墙后填土面与水平面的夹角（°）；

　　　δ ——土与墙体材料间的外摩擦角（°）；

　　　k_a ——库仑主动土压力系数。

当墙背竖直（$\alpha = 0$）、光滑（$\delta = 0$）、填土面水平（$\beta = 0$）时，式（5-17）变为：

$$k_a = \tan^2\left(45° - \frac{\varphi}{2}\right)$$

可见，在此条件下，库仑公式和朗肯公式完全相同。因此，朗肯理论是库仑理论的特殊情况。

沿墙高的土压力分布强度 σ_a，可通过 E_a 对 z 求导数得到，将式（5-16）中的 h 改为 z，则：

$$\sigma_a = \frac{\mathrm{d}E_a}{\mathrm{d}z} = \frac{\mathrm{d}}{\mathrm{d}z}\left(\frac{1}{2}\gamma z^2 k_a\right) = \gamma z k_a \tag{5-18}$$

由式（5-18）可见，主动土压力分布强度沿墙高呈三角形线性分布[图 5-12（c）]，土压力合力作用点离墙底 $h/3$，方向与墙背的法线成 δ 角。应该注意，图 5-12（c）中土压力分布图只表示其数值大小，而不代表其作用方向。

5.4.3　被动土压力

当挡土墙在外力作用下挤压土体 [图 5-13（a）]，楔体沿破裂面向上隆起而处于极限平衡状态时，同理可得作用在楔体上的力三角形[图 5-13（b）]。此时由于楔体向上隆起，E 和

R 均位于法线的上侧。按求主动土压力相同的方法可求得被动土压力 E_p 的库仑公式为：

$$E_p = \frac{1}{2}\gamma h^2 k_p \qquad (5\text{-}19)$$

其中：

$$k_p = \frac{\cos^2(\varphi + \alpha)}{\cos^2\alpha\cos(\alpha - \delta)\left[1 - \sqrt{\dfrac{\sin(\delta + \varphi)\sin(\beta + \varphi)}{\cos(\alpha - \delta)\cos(\alpha - \beta)}}\right]^2} \qquad (5\text{-}20)$$

式中　　k_p ——库仑被动土压力系数。

当墙背竖直（$\alpha = 0$）、光滑（$\delta = 0$）、填土面水平（$\beta = 0$）时，式（5-20）变为：

$$k_p = \tan^2\left(45° + \frac{\varphi}{2}\right)$$

与无黏性土的朗肯公式完全相同。被动土压力强度可按下式计算：

$$\sigma_a = \frac{\mathrm{d}E_p}{\mathrm{d}z} = \frac{\mathrm{d}}{\mathrm{d}z}\left(\frac{1}{2}\gamma z^2 k_p\right) = \gamma z k_p \qquad (5\text{-}21)$$

被动土压力强度沿墙高呈三角形分布[图 5-13（c）]，土压力作用线方向在墙背法线上侧，并与墙背法线成 δ 角。作用点离墙底 $h/3$。

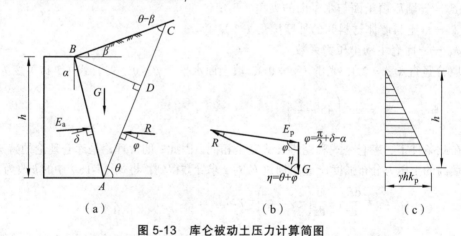

图 5-13　库仑被动土压力计算简图

5.4.4　黏性土的库仑土压力理论

为了拓宽库仑土压力理论的应用范围，近年来很多学者在库仑理论的基础上，计入了墙后填土面有超载、填土黏聚力、填土与墙背间的黏结力以及填土表面附近的裂缝深度等因素，提出了所谓的"广义库仑理论"，以使其适用于黏性填土的土压力计算问题。该理论已在工程实践中得到验证，并为我国《建筑地基基础设计规范》（GB 50007—2011）推荐应用，具体内容不再详述。

5.4.5 土压力计算的几个问题

（1）朗肯理论与库仑理论比较。朗肯土压力理论概念明确，公式简单，便于记忆，可用于黏性填土和无黏性填土，在工程中应用广泛。但必须假定墙背直立、光滑，填土面水平，使计算条件和适用范围受到限制，且由于该理论忽略了墙背与土体间的摩擦影响，使计算的主动土压力值偏大，被动土压力值偏小，结果偏于安全，可能会对工程经济性产生影响。

库仑土压力理论假设墙后填土破坏时破裂面为平面，而实际为曲面。实践证明，只有当墙背倾角 α 及墙背与土体间的外摩擦角 δ 较小时，主动土压力的破裂面才接近于平面，因此，计算结果存在一定的偏差。工程实践表明，库仑理论计算的主动土压力值与实际土压力观测值之间存在 2%～10% 的偏差，基本上能满足工程精度要求；但在计算被动土压力时，计算值与实际观测值之间的误差为 2～3 倍甚至更大。

（2）挡土墙位移大小与方式。实际工程中，挡土墙位移的大小和方式影响着墙背土压力的大小与分布。挡土墙的位移方式有三种：① 墙下端不动，上端外移；② 墙上端不动，下端外移；③ 墙上、下端均外移。位移方式不同，墙背土压力的分布或为直线或为曲线，土压力作用点也将发生变化；若位移量超过某一限值，则填土发生主动破坏，压力为直线分布，总土压力作用点才位于距墙底 1/3 高度处。此外，挡土墙自身变形（除非将挡土墙视为刚体）也会影响土压力的大小，具体内容可参考有关文献。

（3）土的抗剪强度指标。填土抗剪强度指标的确定极为复杂，必须考虑挡土墙在长期工作下墙后填土状态的变化及长期强度的下降因素，方能保证挡土墙安全。我国相关规范对抗剪强度指标的确定和选取都做了明确的规定。

（4）墙背与填土之间的外摩擦角 δ。δ 的取值大小对计算结果影响较大。其值取决于墙背的粗糙程度、填土类别以及墙背的排水条件等。墙背越粗糙，填土的内摩擦角越大，δ 值也越大。此外，δ 还与填土面超载大小及填土面倾角 β 有关。一般 δ 为 0～φ，如表 5-1 所示。

表 5-1　土对挡土墙墙背的外摩擦角 δ

挡土墙情况	摩擦角 δ
墙背平滑、排水不良	（0～0.33）φ_k
墙背粗糙、排水良好	（0.33～0.50）φ_k
墙背很粗糙、排水良好	（0.50～0.67）φ_k
墙背与填土间不能滑动	（0.67～1.0）φ_k

注：φ_k 为墙背填土的内摩擦角标准值。

5.5　土坡和地基的稳定分析

5.5.1　概　述

土坡是指具有倾斜坡面的土体，通常可分为天然土坡和人工土坡。天然土坡是由于地质作用自然形成的土坡，如山坡、江河湖泊岸坡等；人工土坡是经人工挖、填的土工建筑物边坡，如基坑、渠道、土坝、路堤等。当土坡的顶面和底面都是水平的，且延伸至无穷远，由均质土组成，称为简单土坡。图 5-14 给出了简单土坡的外形和各部分名称。由于土坡坡面倾斜，土体在自重及外荷载作用将出现自上而下的滑动趋势。土坡上的部分岩体或土体在自然或人为因素的影响下沿某一明显界面发生剪切破坏向坡下运动的现象称为滑动或边坡破坏。

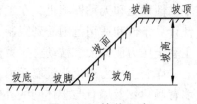

图 5-14　简单土坡

影响土坡稳定的因素复杂多变，但其根本原因在于土体内部某个滑动面上的剪应力达到了它的抗剪强度，使稳定平衡遭到破坏。因此，导致土坡滑动失稳的原因可有以下两种：

① 外界荷载作用或土坡环境变化导致土体内部剪应力增大，例如路堑或基坑的开挖，路堤施工中上部荷载的增加，降雨导致土体饱和增加重度，土体内部水的渗透力，坡顶荷载过量或由于地震、打桩等引起的动力荷载等。

② 由于外界各种因素影响导致土体抗剪强度降低，促使土坡失稳破坏，例如孔隙水压力升高，气候变化产生的干裂、冻融，黏性土夹层因雨水侵入而软化以及黏性土蠕变导致的土体强度降低等。

土坡稳定性是交通、水利、房屋建筑、矿山等土木工程建设中十分重要的问题，可通过土坡稳定分析解决，但有待研究的不确定因素较多，如滑动面形式的确定，土体抗剪强度参数的合理选取，土的非均质性以及土坡水渗流时的影响等。因此，必须掌握土体稳定分析各种方法的基本原理。

地基承载力不足而失稳（见第 4 章）、建（构）筑物基础在水平荷载作用下的倾覆和滑动失稳、基础在水平荷载作用下连同地基一起滑动失稳以及坡顶建（构）筑物地基失稳，都属于地基稳定性问题。

本节先介绍无黏性土土坡的稳定性、黏性土坡的稳定性，最后介绍地基的稳定性。

5.5.2　无黏性土坡的稳定性

作均质无黏性土坡稳定性分析时，假设滑动面近似为一平面。根据坡面是否存在渗流分为以下两种情况。

1. 全干或全部淹没的土坡（坡面无渗流作用）

均质的无黏性土土颗粒间无黏聚力，对全干或全部淹没的土坡来说，只要坡面上的土粒能够保持稳定，那么整个土坡将是稳定的。图 5-15（a）给出了一坡角为 β 的均质无黏性土坡。在坡面上任取一单元体，其自重为 G，土的内摩擦角为 φ，使土单元体下滑的滑动力为 G 在顺坡方向的分力 $T = G\sin\beta$，而阻止单元体下滑的抗滑力为单元体自重在坡面法线方向的分力 N 引起的摩擦力 T_f，即 $T_f = N\tan\varphi = G\cos\beta\tan\varphi$。抗滑力与下滑力的比值称为安全系数，用 F_s 表示，则：

$$F_s = \frac{T_f}{T} = \frac{G \cos \beta \tan \varphi}{G \sin \beta} = \frac{\tan \varphi}{\tan \beta} \tag{5-22}$$

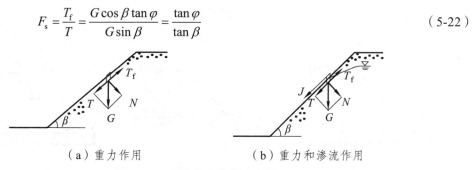

（a）重力作用　　　　　　　　　　（b）重力和渗流作用

图 5-15　无黏性土坡的稳定性

由上式可见，对于均质无黏性土坡，理论上土坡的稳定性与坡高无关，只要坡角小于土的内摩擦角（ $\beta < \varphi$ ），则 $F_s > 1$ ，土坡就是稳定的。坡角等于土的内摩擦角（ $\beta = \varphi$ ），则 $F_s = 1$ ，土坡处于极限平衡状态，相应的坡角称为自然休止角。通常为了保证土坡具有足够的安全储备，可取 $F_s = 1.05 \sim 1.35$ 。

2. 坡面有渗流作用的土坡

当为黏性土坡受到一定的渗流力作用时，坡面上渗流溢出处的单元体除本身自重外，还受到渗流力 $J = \gamma_w i$ （ i 为水头梯度， $i = \tan \beta$ ）的作用，如图 5-15（b）所示。若渗流为顺坡出溢，则溢出处渗流及渗流力方向平行于坡面，此时使土单元体下滑的下滑力为 $T = G \sin \beta + \gamma_w i$ ，且此时对于单位土体来说，土体自重 G 就等于有效重度 γ' ，故土坡的稳定安全系数为：

$$F_s = \frac{T_f}{T + J} = \frac{\gamma' \cos \beta \tan \varphi}{(\gamma' + \gamma_w) \sin \beta} = \frac{\gamma' \tan \varphi}{\gamma_{sat} \tan \beta} \tag{5-23}$$

可见，与式（5-22）相比，安全系数相差 γ'/γ_{sat} 倍，此值约为 $1/2$ 。因此，当坡面有顺坡渗流作用时，无黏性土坡的稳定安全系数约降低一半。

5.5.3　黏性土坡的稳定性

黏性土坡的常用稳定分析方法有整体圆弧滑动法（包括稳定数法）、瑞典条分法（包括总应力法和有效应力法）和折线滑动法。本节着重介绍整体圆弧滑动法、条分法中的瑞典条分法。

1. 黏性土坡的滑动特点

工程实践及大量滑坡灾害调查表明，均质黏性土坡失稳破坏时，滑动面往往是曲面，通常可近似地假设为圆弧滑动面。根据土坡的坡角大小、土体强度指标以及土中硬层位置的不同，圆弧滑动面的形式一般有如图 5-16 所示的三种：

（1）圆弧滑动面通过坡脚 B 点[图 5-16（a）]，称为坡脚圆。

（2）圆弧滑动面通过坡面 E 点[图 5-16（b）]，称为坡面圆。

（3）圆弧滑动面通过坡脚以外的 A 点[图 5-16（c）]，称为中点圆。

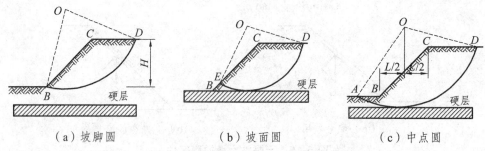

（a）坡脚圆　　　　　（b）坡面圆　　　　　（c）中点圆

图 5-16　均质黏性土坡的三种圆弧滑动面

2. 整体圆弧滑动法

对于均质简单土坡，假定黏性土坡失稳破坏时的滑动面为一圆柱面，将滑动面以上土体视为刚体，并以其为脱离体，分析在极限平衡条件下脱离体上作用的各种力，而以整个滑动面上的平均抗剪强度与平均剪应力之比来定义土坡的稳定安全系数，即：

$$F_s = \frac{\tau_f}{\tau} \tag{5-24}$$

若以滑动面上的最大抗滑力矩与滑动力矩之比来定义，其结果完全一致。黏性土坡如图 5-17 所示，AC 为假定的滑动面，圆心为 O，半径为 R。当土体 ABC 保持稳定时必须满足力矩平衡条件（滑动面上的法向反力 N 的作用线通过圆心，不产生绕圆心 O 转动的力矩），故稳定安全系数为：

$$F_s = \frac{抗滑力矩}{滑动力矩} = \frac{\tau_f \cdot l_{AC} \cdot R}{G \cdot a} \tag{5-25}$$

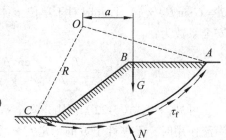

式中　l_{AC} ——滑弧 AC 弧长（m）；

　　　a ——土体重心离滑弧圆心的水平距离（m）；

　　　τ_f ——土体的抗剪强度（kPa）；

图 5-17　均质土坡的整体圆弧滑动

　　　R ——圆弧半径（m）；

　　　G ——沿土坡长度方向单位宽度滑体自重（kN/m）。

一般情况下，土的抗剪强度由黏聚力 c 和摩擦力 $\sigma \tan\varphi$ 两部分组成，土体中法向应力 σ 沿滑动面并非常数，因此土的抗剪强度亦随滑动面的位置不同而变化。但对饱和黏性土来说，在不排水条件下，$\varphi_u = 0$，故 $\tau_f = c_u$，因此，式（5-25）可写为：

$$F_s = \frac{c_u \cdot l_{AC} \cdot R}{G \cdot a} \tag{5-26}$$

此分析方法通常称为 $\varphi_u = 0$ 的分析法。

由于计算稳定安全系数时，滑动面是任意假定的，并非最危险滑动面，因此，所求结果并非最小稳定安全系数。通常在计算时需假定一系列的滑动面，进行多次试算，计算工作量很大。对此，W. 费伦纽斯（Fellenius，1927 年）通过大量计算分析，提出了确定最危险滑动面圆心的经验方法，一直沿用至今。该方法主要内容如下：

对于均质黏性土坡，当土的内摩擦角 $\varphi = 0$ 时，其最危险滑动面通常通过坡脚。其圆心位置可由图 5-18（a）中 CO 和 BO 两线的交点确定，图中 β_1 和 β_2 的值可根据坡角由表 5-2 查得。当 $\varphi > 0$ 时，最危险滑动面的圆心位置可能在图 5-18（b）中 EO 的延长线上。自 O 点向外取圆心 O_1、O_2、$\cdots$，分别作滑弧，并求出相应的抗滑稳定安全系数 F_{s1}、F_{s2}、$\cdots$，然后绘曲线找出最小值，即为需要的最危险滑动面的圆心 O_m 和土坡的稳定安全系数 F_{smin}。当土坡非均质，或坡面形状及荷载情况比较复杂时，还需自 O_m 作 OE 线的垂线，并在垂线上再取若干点作为圆心进行试算比较，才能找出最危险滑动面的圆心和土坡稳定安全系数。

表 5-2   不同边坡的 β_1 和 β_2

坡比	坡角	β_1	β_2	坡比	坡角	β_1	β_2
1：0.58	60°	29°	40°	1：3	18.43°	25°	35°
1：1	45°	28°	37°	1：4	14.04°	25°	37°
1：1.5	33.79°	26°	35°	1：5	11.32°	25°	37°
1：2	26.57°	25°	35°				

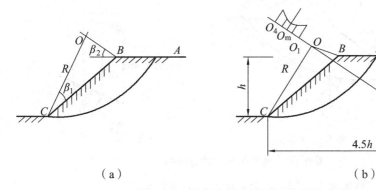

（a）   （b）

图 5-18   最危险滑动面圆心位置的确定

当土坡外形和土层分布都比较复杂时，最危险滑动面不一定通过坡脚，此时费伦纽斯法不一定可靠。目前电算分析表明，无论多么复杂的土坡，其最危险滑弧圆心的轨迹都是一根类似于双曲线的倾斜，位于土坡坡线中心竖直线与法线之间。若采用电算，可在此范围内有规律地选取若干圆心坐标，结合不同的滑弧弧脚，求出相应滑弧的稳定安全系数，再通过比较求得最小值 F_{smin}。但需注意，对于成层土坡，其低值区不止一个，可能存在多个 F_{smin} 值。

3. 瑞典条分法

实际工程中土坡的轮廓形状比较复杂，由多层土构成，$\varphi > 0$，有时尚存在某些特殊外力，如爆破产生的冲击波、地震等，此时滑弧上各区段土的抗剪强度各不相同，并与各点法向应力有关。为此，常将滑动土体分成若干条块，分析每一条块上的作用力，然后利用每一条块上力和力矩的静力平衡条件，求出安全系数表达式，这种方法称为条分法，可用于圆弧和非圆弧滑动面情况。

瑞典条分法是条分法中最古老而又最简单的方法，最早由瑞典工程师 W. 费伦纽斯

（Fellenius，1927 年）提出，故又称费伦纽斯条分法。假设滑动面为圆柱面，滑动土体为不变形的刚体，忽略土条两侧面上的作用力，然后利用土条底面法向力的平衡和整个滑动土条力矩平衡两个条件求出各土条底面法向力 N_i 的大小和土坡的稳定安全系数 F_s 的表达式。

当为均质土坡时[图 5-19（a）]，设滑动面为 AC，圆心为 O，半径 R，将滑动土体 ABC 分成若干土条，取其中任一土条 i[图 5-19（b）]分析其受力情况，则土条上作用的力有：

（1）土条自重 G_i，方向竖直向下，作用在土条重心处，大小为：

$$G_i = \gamma b_i h_i$$

式中：γ 为土的重度；b_i 和 h_i 分别为 i 土条的宽度和平均高度。以 θ_i 表示 i 土条底面中点的切线与水平线的夹角，则土条自重 G_i 沿滑弧圆心的法向力 N_i 和滑弧切线方向的下滑力 T_i 为：

$$N_i = G_i \cos\theta_i$$
$$T_i = G_i \sin\theta_i$$

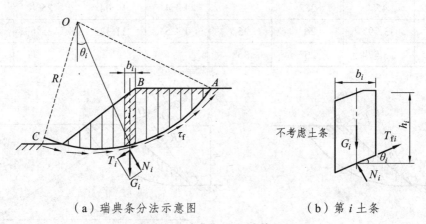

（a）瑞典条分法示意图　　　　　　　（b）第 i 土条

图 5-19　瑞典条分法计算图示

（2）作用于土条底面的法向力 N_i' 与 N_i 大小相等，方向相反。

（3）作用于土条底面的摩擦力（或抗滑力）T_{fi}，可能发挥的最大值等于土条底面上土的抗剪强度与滑弧长度的乘积，方向与下滑力 T_i 相反。当土坡处于稳定状态，并假设各土条底部滑动面上的安全系数均等于整个滑动面上的安全系数时，其抗滑力为：

$$T_{fi} = \frac{\tau_{fi} l_i}{F_s} = \frac{(c + \sigma_i \tan\varphi) l_i}{F_s} = \frac{cl_i + N_i \tan\varphi}{F_s} \tag{5-27}$$

若将整个滑动土体对圆心 O 取力矩平衡，则：

$$\sum T_i R = \sum T_{fi} R \tag{5-28}$$

由式（5-27）、式（5-28）可得安全系数为：

$$F_s = \frac{\sum(cl_i + N_i \tan\varphi)}{\sum T_i} = \frac{\sum(cl_i + G_i \cos\theta_i \tan\varphi)}{\sum G_i \sin\theta_i} = \frac{\sum(cl_i + \gamma b_i h_i \cos\theta_i \tan\varphi)}{\sum \gamma b_i h_i \sin\theta_i} \tag{5-29}$$

若取各土条宽度相等，上式可简化为：

$$F_s = \frac{cl + \gamma b \tan\varphi \sum h_i \cos\theta_i}{\gamma b \sum h_i \sin\theta_i} \qquad (5\text{-}30)$$

式中：l 为滑弧 AC 的弧长。此外，计算时尚需注意，如图 5-19（a）所示，当土条底面中心在滑弧圆心 O 的垂线右侧时，下滑力 T_i 方向与滑动方向相同，起下滑作用，取正号；而当土条底面中心在圆心的垂线左侧时，T_i 方向与滑动方向相反，起抗滑作用，取负号。

假定不同的滑弧，则可求得不同的安全系数 F_s，其中最小的 F_s 即为土坡的稳定安全系数。

瑞典条分法也可用有效应力法进行分析，此时土条底面实际发挥的抗滑力为：

$$T_{fi} = \frac{\tau_{fi} l_i}{F_s} = \frac{\left[c' + (\sigma_i - u_i)\tan\varphi' \right] l_i}{F_s} = \frac{c l_i + (G_i \cos\theta_i - u_i l_i)\tan\varphi'}{F_s}$$

故

$$F_s = \frac{\sum \left[c' l_i + (G_i \cos\theta_i - u_i l_i) tan\varphi' \right]}{\sum G_i \sin\theta_i} \qquad (5\text{-}31)$$

式中：c'，φ' 为土的有效抗剪强度指标；u_i 为第 i 土条底面中点处的孔隙水压力；其余符号意义同前。

5.5.4 地基的稳定性

通常在下述情况下可能发生地基的稳定性破坏：

① 承受水平或倾覆力矩的建（构）筑物，如受风荷载或地震作用的高层建筑物或高耸构筑物，承受拉力的高压线塔架基础及锚拉基础，承受水压力或土压力的挡土墙、水坝、堤坝和桥台的基础。

② 位于斜坡或坡顶上的建（构）筑物，由于荷载作用或环境因素影响，造成部分或整个边坡失稳。

③ 地基中存在软弱土层，土层下面有倾斜的基岩面、隐伏的破碎或断裂带，地下水渗流等。

1. 基础连同地基一起滑动的稳定性

基础在经常性的水平荷载作用下，将连同地基一起沿滑动面滑动，可能出现以下几种情况：

（1）如图 5-20 所示的挡土墙剖面，滑动面接近于圆弧，并通过墙踵点（线）。分析时取绕圆弧中心点 O 的抗滑力矩与滑动力矩之比作为稳定系数 F_s，因此可粗略地按下式计算：

$$F_s = \frac{抗滑力矩}{滑动力矩} = \frac{(\alpha+\beta+\varphi)\dfrac{c\pi R}{180°} + (N_1 + N_2 + G)\tan\varphi}{T_1 + T_2} \qquad (5\text{-}32)$$

其中：$N_1 = F\cos\beta$ ；

$\qquad\ \ N_2 = H\sin\alpha$ ；

$$T_1 = F \sin \beta ;$$

$$T_2 = H \cos \alpha ;$$

$$G = \gamma \left(\frac{\alpha \pi}{180°} - \sin \alpha \cos \alpha \right) R^2$$

式中　　c，φ ——地基土的平均黏聚力和平均内摩擦角；

　　　　F，H ——挡土墙基底所承受的垂直分力和水平分力；

　　　　R ——滑动圆弧的半径。

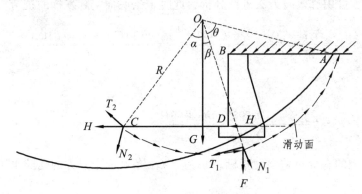

图 5-20　挡土墙连同地基一起滑动

　　若考虑土质的变化，也可采用类似于土坡稳定分析中的条分法计算稳定系数。同理，最危险圆弧滑动面必须通过试算求得，一般要求 $F_{s\min} \geqslant 1.2$。

　　（2）当挡土墙周围土体及地基土都比较软弱时，地基失稳可能出现如图 5-21 所示贯入软土层深处的圆弧滑动面。此时，同样可采用类似于土坡稳定分析中的条分法计算稳定系数，通过试算求得最危险滑动面和相应的稳定安全系数 $F_{s\min}$。

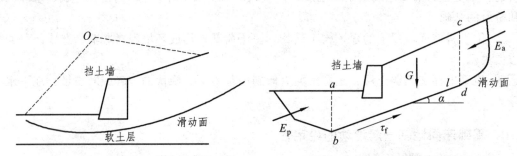

图 5-21　贯入软土层深处的圆弧滑动面　　　　**图 5-22　硬土层中的非圆弧滑动面**

　　（3）当挡土墙位于超固结坚硬黏土层中时，其滑动破坏可能沿近似水平的软弱结构面发生，为非圆弧滑动面，如图 5-22 所示。计算时，可近似取土体 $abcd$ 为脱离体，假定作用在 ab 和 cd 竖直面上的力分别等于被动和主动土压力，设 bd 面为平面，沿此滑动面上总的抗剪强度为：

$$\tau_f l = cl + G \cos \alpha \tan \varphi \tag{5-33}$$

式中　　G ——土体 $abcd$ 的自重；

　　　　l，α —— bd 的场地和水平倾角；

$c，\varphi$ ——地基土的黏聚力和内摩擦角。

此时滑动面 bd 为平面，稳定安全系数为抗滑力与滑动力之比，即：

$$F_s = \frac{E_p + \tau_f l}{E_a + G \sin \alpha} \qquad (5\text{-}34)$$

一般要求 $F_s \geq 1.3$。

2．土坡坡顶地基的稳定性

位于稳定土坡坡顶的建（构）筑物，《建筑地基基础设计规范》（GB 50007—2011）规定，当垂直于坡顶边缘的基础底面边长 ≤ 3 m 时，基础底面外边缘线至坡顶边缘线的水平距离（图 5-23）应符合下式要求，但不得小于 2.5 m：

条形基础： $a \geq 3.5b - \dfrac{d}{\tan \beta}$ $\qquad (5\text{-}35)$

矩形基础： $a \geq 2.5b - \dfrac{d}{\tan \beta}$ $\qquad (5\text{-}36)$

式中　a ——基础底面外边缘线至坡顶的水平距离；

b ——垂直于坡顶边缘线的基础底面边长；

d ——基础埋置深度；

β ——边坡坡角。

当基础底面外边缘线至坡顶的水平距离不满足式（5-35）、式（5-36）的要求时，可根据式（5-32）确定基础距坡顶边缘的距离和基础埋深。

当边坡坡角 $\beta \geq 45°$、坡高 > 8 m 时，尚应按式（5-32）验算坡体的稳定性。

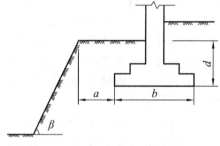

图 5-23　基础底面外边缘线至坡顶的水平距离示意

5.6　常规挡土墙设计

挡土墙设计包括墙型选择、稳定性验算、地基承载力验算、墙身材料强度验算以及一些设计中的构造要求和措施等。本节主要介绍重力式挡土墙设计、构造等问题。

5.6.1　挡土墙类型

常用的挡土墙形式有重力式、衡重式、悬臂式和加筋挡土墙等。一般应根据工程需要、土质情况、材料来源、施工技术及造价等因素合理地选择。

重力式挡土墙一般由块石、混凝土材料砌筑，墙身截面较大，主要依靠自身重力来维持墙体稳定性。墙高一般小于 10 m，超过 10 m 则宜选择其他形式的挡土墙。重力式挡土墙以其构造简单、施工方便，能就地取材，故在工程中应用广泛。根据墙背倾斜方向和截面形状，重力式挡土墙可分为仰斜式、折背式、直立式和俯斜式四种，如图5-24所示。

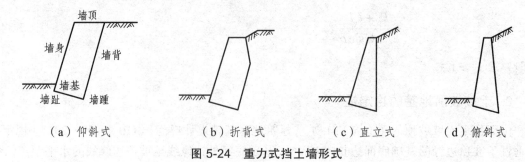

（a）仰斜式　　　　　（b）折背式　　　　（c）直立式　　　　（d）俯斜式

图 5-24　重力式挡土墙形式

5.6.2　重力式挡土墙的计算

挡土墙的设计计算应根据使用过程中可能出现的荷载，按极限承载力状态和正常使用极限状态进行荷载效应组合，并取最不利组合进行设计。截面尺寸一般按试算法确定，即先根据挡土墙的工程地质条件、填土性质以及墙身材料和施工条件等凭经验初步拟订截面尺寸，然后进行验算。如不满足要求，则修改截面尺寸或采取其他措施，直至满足所有要求为止。

根据《建筑地基基础设计规范》（GB 50007—2011），挡土墙基底面积及埋深按地基承载力确定，传至基础底面的荷载效应按正常使用极限状态下荷载效应的标准组合。土体自重、墙体自重均按实际的重力密度计算，在地下水位以下应扣去水的浮力，相应的抗力应采用地基承载力特征值。

计算挡土墙的土压力应采用承载能力极限状态荷载效应基本组合，但荷载效应组合设计值中荷载分项系数均为 1.0；但在计算挡土墙内力、确定配筋和验算材料强度时，上部结构传来的荷载效应组合和相应的基底反力，应按承载能力极限状态下荷载效应的基本组合，采用相应的荷载系数，即永久荷载对结构有利时分项系数取 1.35，对结构不利时取 1.0。

此外，在挡土墙设计中，波浪力、冰压力和冻胀力不同时计算。当墙身有泄水孔、墙后回填渗水的砂土时，墙前、后水位接近平衡。填料浸水后，受到水的减重作用，计算时应计入墙身浸水的上浮力及填料的减重作用。但应注意墙前、后水位的急剧变化，将会引起较大的动水压力作用。如果墙后填土表面有超载（如材料堆放、车辆荷载等），在土压力计算时应予考虑。在地震区还需考虑地震作用引起的附加作用力。

1. 抗倾覆稳定性验算

挡土墙事故调查表明，其破坏大部分是倾覆破坏。要保证挡土墙在土压力作用下不发生绕墙趾 O 点倾覆（图5-25），必须要求抗倾覆安全系数 K_t（O 点的抗倾覆力矩与倾覆力矩之比）$\geqslant 1.6$，即：

$$K_t = \frac{Gx_0 + E_{az}x_f}{E_{ax}z_f} \geqslant 1.6 \tag{5-37}$$

式中　E_{ax} —— E_a 的水平分力（kN/m），$E_{ax} = E_a \cos(\alpha + \delta)$；

E_{az} —— E_a 的竖向分力（kN/m），$E_{az}=E_a\sin(\alpha+\delta)$；

G —— 挡土墙每延米自重（kN/m）；

x_f —— 土压力作用点离 O 点的水平距离（m），$x_f=b-z\tan\alpha$；

z_f —— 土压力作用点离 O 点的垂直距离（m），$z_f=z-b\tan\alpha_0$；

x_0 —— 挡土墙重心离 O 点的水平距离（m）；

α_0 —— 挡土墙基底倾角（°）；

δ —— 土与墙背之间的摩擦角（°），可按表 5-1 选用；

b —— 基底的水平投影宽度（m）；

z —— 土压力作用点离 O 点的垂直距离（m）。

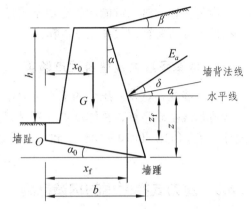

图 5-25 挡土墙的稳定性验算

在软弱地基上倾覆时，墙趾可能陷入土中，使力矩中心点内移，导致抗倾覆安全系数降低，有时甚至会沿圆弧滑动面滑动而发生整体破坏，因此验算时应注意土的压缩性。

2. 抗滑稳定性验算

在土压力作用下，挡土墙也可能沿基础底面发生滑动。因此，要求基底的抗滑稳定安全系数 K_s（为抗滑力与滑动力之比）$\geqslant 1.3$，即：

$$K_s=\frac{(G_n+E_{an})\mu}{E_{at}-G_t}\geqslant 1.3 \qquad (5\text{-}38)$$

式中 G_n —— 挡土墙自重在垂直于基底平面方向的分力，$G_n=G\cos\alpha_0$；

G_t —— 挡土墙自重在平行于基底平面方向的分力，$G_t=G\sin\alpha_0$；

E_{an} —— E_a 在垂直于基底平面方向的分力，$E_{an}=E_a\sin(\alpha+\alpha_0+\delta)$；

E_{at} —— E_a 在平行于基底平面方向的分力，$E_{at}=E_a\cos(\alpha+\alpha_0+\delta)$；

μ —— 土对挡土墙基底的摩擦系数，宜按试验确定，也可按表 5-3 选用。

表 5-3 土对挡土墙基底的摩擦系数 μ

土的类别		摩擦系数 μ
黏性土	可塑	0.25～0.30
	硬塑	0.30～0.35
	坚硬	0.35～0.45
粉土		0.30～0.40
中砂、粗砂、砾砂		0.40～0.50
碎石土		0.40～0.60
软质岩		0.40～0.60
表面粗糙的硬质岩		0.65～0.75

注：1. 对易风化的软质岩和塑性指数 I_p 大于 22 的黏性土，基底摩擦系数应通过试验确定；

2. 对碎石土，可根据其密实程度、充填物状况、风化程度等确定。

3. 整体稳定性验算

当土质较弱时，可能产生近似于圆弧滑动面的整体滑动而丧失其稳定性。此时可采用条分法进行分析验算，具体见 5.5 节。

4. 地基承载力及墙身强度验算

挡土墙在自重及土压力的垂直分力作用下，基底压力按线性分布。其验算方法及要求同天然地基浅基础验算，具体可见本教材相关章节。挡土墙墙身材料强度应满足《混凝土结构设计规范》（GB 50010—2010）和《砌体结构设计规范》（GB 50003—2011）中的有关要求。

5.6.3 重力式挡土墙的构造措施

挡土墙的构造措施是对挡土墙设计计算的重要补充，是保证挡土墙正常工作并发挥作用的重要保证，在挡土墙设计、施工中应给予高度重视。重力式挡土墙的主要构造措施如下：

（1）墙型的合理选择对挡土墙设计的安全和经济性有较大影响。挡土墙中主动土压力以仰斜最小，直立居中，俯斜最大。从挖、填方要求来说，边坡是挖方时，仰斜较合理，因为仰斜墙背可以和开挖的临时边坡紧密贴合；反之，填方时如用仰斜墙，则墙背填土的夯实工作比较困难，因而采用俯斜或直立墙比较合理。墙前地形平坦时，用仰斜较好；墙前地形陡峭，则用直立墙较好。总体来看，仰斜最好，直立次之，俯斜最差，应优先采用仰斜墙。

（2）挡土墙的尺寸随墙型和墙高而变。墙面坡顶和墙背坡度一般选用 1：0.2～1：0.3，仰斜墙背坡度越缓，土压力越小，但为避免施工困难及墙本身稳定，墙背坡度不小于 1：0.25，墙面尽量与墙背平行。

（3）对直立墙，如底面坡度较陡时，墙面坡度可为 1：0.05～1：0.2，对于中、高挡土墙，地形平坦时，墙面坡度可较缓，但不宜缓于 1：0.4。

（4）采用块石和混凝土块的挡土墙，墙顶宽度不宜小于 0.4 m；整体浇筑的混凝土挡土墙，墙顶宽度不应小于 0.2 m；钢筋混凝土挡土墙，墙顶宽度不应小于 0.2 m。通常顶宽度约为 $h/12$，而墙底宽度约为（0.5～0.7）h，但应根据计算最后确定墙底宽度。

（5）当墙身高度超过一定限度时，基底压力往往是控制挡土墙截面尺寸的重要因素。为了使地基压应力不超过地基承载力，可在墙底加设墙趾台阶。加设墙趾台阶对挡土墙抗倾覆稳定有利。墙趾的高度与宽度之比，应按砌体结构的刚性角确定，要求墙趾台阶连线与竖直线的夹角 θ[图 5-26（a）]，对于石砌结构不大于 35°，对于混凝土结构不大于 45°。一般墙趾的宽度不大于墙高的 1/20，也不应小于 0.1 m。墙趾高度应按刚性角确定，但不宜小于 0.4 m。

（6）墙体材料。挡土墙墙身及基础，采用混凝土不低于 C15，采用砌石、石料的抗压强度一般不小于 MU30，寒冷及地震区，石料的重度不小于 20 kN/m³，经 25 次冻融循环，应无明显破损。挡土墙高小于 6 m，砌筑砂浆宜采用 M5；超过 6 m 高时宜采用 M7.5，在寒冷及地震区应采用 M10。

（7）挡土墙顶部根据需要设置帽石。材料可采用粗石料或 C15 强度等级的混凝土，厚度不小于 0.4 m，宽度不小于 0.6 m，突出墙外飞檐宽度不小于 0.1 m。如不设帽石，可选用大块片石置墙顶用砂浆抹平。

（8）墙身排水。挡土墙内因排水不良而大量积水，使土的抗剪强度降低，土压力增大，导致挡土墙破坏。因此挡土墙应设置泄水孔[图 5-26（b）、（c）]，其间距宜取 2～3 m，外斜 5%，孔眼尺寸不宜小于 ϕ10mm。墙后要做好反滤层和必要的排水盲沟，在墙顶地面宜铺设防水层。当墙后有山坡时，还应在坡下设置截水沟。

（9）墙后填土要求。填土宜选用透水性强土料。当采用黏性土作填料时，宜掺入适量的块石。在季节性冻土地区，墙后填土应选用非冻胀性填料（如炉渣、碎石、粗砂等）。对于重要的、高度较大的挡土墙，不宜采用黏性填土。因黏性填土性能不稳定，干缩湿胀，这种交替变化将使挡土墙产生较大的侧压力，而导致挡土墙外移，甚至失稳发生事故。此外，墙后填土应分层夯填，以提高填土质量。

（10）设置伸缩缝。挡土墙每隔 10～20 m 应设一道伸缩缝。当地基有变化时宜加设沉降缝。在拐角处应适当采取加强的构造措施。

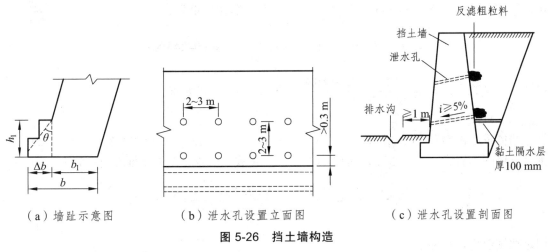

（a）墙趾示意图　　　　（b）泄水孔设置立面图　　　　（c）泄水孔设置剖面图

图 5-26　挡土墙构造

【**例 5-4**】　如图 5-27 所示的自重式挡土墙墙体材料重度 $\gamma_1 = 24$ kN/m³，墙面垂直，墙高 $h = 6$ m，墙背填土为中砂，重度 $\gamma_2 = 18.5$ kN/m³，内摩擦角 $\varphi = 30°$，填土与墙背间的外摩擦角 $\delta = 20°$，基底摩擦系数 $\mu = 0.4$。试设计该挡土墙尺寸。

【**解**】　（1）用库仑理论计算作用在墙背的主动土压力。

已知 $\varphi=30°$，$\delta=20°$，$\alpha=\beta=10°$，代入式（5-17）得 $k_a=0.438$。主动土压力为：

$$E_a = \frac{1}{2}\gamma_2 h^2 k_a = \frac{1}{2}\times 18.5 \times 6^2 \times 0.438 = 145.68 \text{ kN/m}$$

土压力的竖向分量为：

$$E_{az} = E_a \sin(\alpha+\delta) = 145.68 \times \sin 30° = 72.8 \text{ kN/m}$$

土压力的水平分量为：

$$E_{ax} = E_a \cos(\alpha+\delta) = 145.68 \times \cos 30° = 126.16 \text{ kN/m}$$

（2）挡土墙断面尺寸的选择。

根据经验初步确定墙的断面尺寸时，墙顶宽 b_1 取 $h/12$，

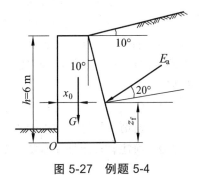

图 5-27　例题 5-4

即 $b_1 = 0.5$ m，因为墙面垂直，且 $\alpha=10°$，则墙底宽度 $b_2 = b_1 + h\tan\alpha = 0.5 + 6 \times \tan 10° = 1.56$ m。初选 $b_2 = 3.0$ m。墙体自重为：

$$G = \frac{1}{2}(b_1 + b_2)h\gamma_1 = \frac{1}{2}(0.5 + 3.0) \times 6 \times 24 = 252 \text{ kN/m}$$

（3）抗滑稳定性验算。

因为基底水平，故 $G_n = G$，$G_t = 0$，$E_{an} = E_{az}$，$E_{at} = E_{ax}$。由式（5-38）得抗滑稳定安全系数为：

$$K_s = \frac{(G_n + E_{an})\mu}{E_{at} - G_t} = \frac{(252 + 72.8) \times 0.4}{126.16 - 0} = 1.03 < 1.3$$

不满足抗滑稳定性要求，应修改断面尺寸。墙面对称放坡，取顶宽 $b_1 = 1.4$ m，则墙底宽 $b_2 = b_1 + 2h\tan\alpha = 0.5 + 2 \times 6 \times \tan 10° = 3.52$ m。此时，墙体自重为：

$$G = \frac{1}{2}(b_1 + b_2)h\gamma_1 = \frac{1}{2}(1.4 + 3.52) \times 6 \times 24 = 354.24 \text{ kN/m}$$

抗滑稳定系数为：$K_s = \dfrac{(354.24 + 72.8) \times 0.4}{126.16 - 0} = 1.35 > 1.3$，满足要求。

（4）抗倾覆稳定性验算。

墙体重心离墙趾 O 点的距离 $x_0 = 3.52/2 = 1.76$ m，土压力水平分量的力臂 $z_f = h/3 = 2.0$ m，垂直分量的力臂为 $x_f = 3.52 - 2 \times \tan 10° = 3.17$ m，由式（5-37）得抗倾覆安全系数为：

$$K_t = \frac{Gx_0 + E_{az}x_f}{E_{ax}z_f} = \frac{354.24 \times 1.76 + 72.84 \times 3.17}{126.16 \times 2.0} = 3.38 > 1.6$$

满足抗倾覆稳定性要求。

故挡土墙的尺寸为墙顶宽 $b_1 = 1.4$ m，墙底宽 $b_2 = 3.52$ m，双面对称放坡。

思考题

1. 静止土压力的墙背填土处于哪种平衡状态？它与主动、被动土压力状态有何不同？
2. 挡土墙的位移及变形对土压力有何影响？
3. 提高墙后填土的抗剪强度指标 c、φ 值，对主动土压力和被动土压力分别有何影响？
4. 墙后填土中的地下水对土压力有什么影响？
5. 朗肯主动土压力系数与被动土压力系数之间存在什么关系？
6. 朗肯土压力理论与库仑土压力理论的适用条件分别是什么？在哪些情况下两种土压力理论的计算结果相同？与实际的土压力观测结果相比，两种土压力理论计算结果的精确性如何？
7. 影响土坡稳定的因素有哪些？
8. 何谓无黏性土坡的自然休止角？影响无黏性土坡稳定性的因素有哪些？
9. 简述黏性土坡条分法的分析过程。

10. 地基的稳定性包括哪些内容？地基的整体滑动有哪几种情况？

11. 常规的重力式挡土墙有哪些形式？重力式挡土墙的设计内容有哪些？

12. 重力式挡土墙有哪些构造要求？

习　题

1. 某挡土墙高 5 m，墙背直立、光滑、墙后填土面水平，填土重度 $\gamma = 19 \text{ kN/m}^3$ ，$\varphi = 30°$ ，$c = 10 \text{ kPa}$ 。试确定：（1）主动土压力强度沿墙高的分布；（2）主动土压力的大小和作用点位置。

2. 某挡土墙高 4 m，墙背倾斜角 $\alpha = 20°$ ，填土面倾角 $\beta = 10°$ ，填土重度 $\gamma = 20 \text{ kN/m}^3$ ，$\varphi = 30°$ ，$c = 0$ ，填土与墙背的摩擦角 $\delta = 15°$ ，如图 5-28 所示，试按库仑理论求：（1）主动土压力大小、作用点位置和方向；（2）主动土压力强度沿墙高的分布。

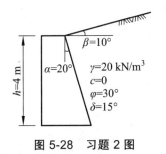

图 5-28　习题 2 图

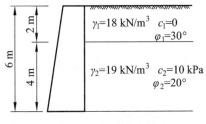

图 5-29　习题 3 图

3. 某挡土墙高 6 m，墙背直立、光滑、墙后填土面水平，填土分两层，第一层为砂土，第二层为黏性土，各层土的物理性质指标如图 5-29 所示，试求主动土压力强度，总主动土压力大小和作用点位置，并绘出土压力沿墙高分布图。

4. 某挡土墙高 6 m，墙背直立、光滑、填土面水平，填土重度 $\gamma = 18 \text{ kN/m}^3$ ，$\varphi = 30°$ ，$c = 0$ ，试确定：（1）墙后无地下水时的主动土压力；（2）当地下水位离墙底 2 m 时，作用在挡土墙上的总侧压力（包括水压力和土压力），地下水位以下土的饱和重度 $\gamma_{sat} = 19 \text{ kN/m}^3$ 。

5. 某挡土墙高 5 m，墙背直立、光滑、填土面水平，作用有连续均布荷载 $q = 20 \text{ kN/m}^2$ ，土的物理性质指标如图 5-30 所示，试求主动土压力的大小及作用位置。

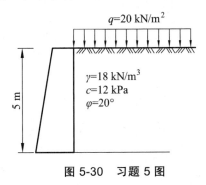

图 5-30　习题 5 图

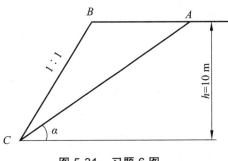

图 5-31　习题 6 图

6. 某路堤剖面如图 5-31 所示，用直线滑动面法验算边坡的稳定性。已知：坡高 $h = 10 \text{ m}$ ，边坡坡率 1∶1，路堤填料重度 $\gamma = 20 \text{ kN/m}^3$ ，$\varphi = 25°$ ，$c = 10 \text{ kPa}$ 。问稳定系数 F_s 最小时的

直线滑动面倾角 α 等于多少度？

7．如图 5-32 所示的挡土墙，墙身砌体材料重度 $\gamma_1 = 22\ \text{kN/m}^3$，试验算该挡土墙的稳定性。

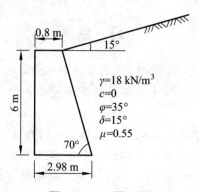

图 5-32　习题 7 图

6　天然地基上的浅基础设计

【学习要点】

　　要求熟悉扩展基础的构造、地基变形验算与地基稳定性验算，熟悉基础的划分及地基基础设计原则，熟悉柱下条形基础及减轻不均匀沉降的措施，一般了解浅基础的类型、基础埋置深度的确定、十字交叉基础、筏形基础等内容。

6.1　概　　述

　　工程设计都是从选择方案开始的。地基基础设计方案有：天然地基或人工地基上的浅基础；深基础；深浅结合的基础（如桩-筏、桩-箱基础等）。上述每种方案中各有多种基础类型和做法，可根据实际情况加以选择。

　　地基基础设计是建筑物结构设计的重要组成部分。基础的形式和布置，要合理的配合上部结构的设计，满足建筑物整体的要求，同时要做到便于施工、降低造价。天然地基上结构比较简单的浅基础最为经济，如能满足要求，宜优先选用。

　　本章将讨论天然地基上浅基础设计的各方面的问题。这些问题与土力学、工程地质学、砌体结构和钢筋混凝土结构以及建筑施工课程关系密切。天然地基上浅基础设计的原则和方法，也适用于人工地基上的浅基础，只是采用后一种方案时，尚需对所选的地基处理方法（见第9章）进行设计，并处理好人工地基与浅基础的相互影响。

6.1.1　浅基础设计的内容

　　天然地基上浅基础的设计，包括下述各项内容：

（1）根据工程实际情况，选择基础的材料、类型，进行基础平面布置。

（2）选择基础的埋置深度。

（3）确定地基承载力设计值。

（4）确定基础的底面尺寸。

（5）必要时进行地基变形与稳定性验算。

（6）进行基础结构设计（按基础布置进行内力分析、截面计算和满足构造要求）。

（7）绘制基础施工图，提出施工说明。

　　基础施工图应清楚表明基础的布置、各部分的平面尺寸和剖面。注明设计地面或基础底面的标高。如果基础的中线与建筑物的轴线不一致，应加以标明。如建筑物在地下有暖气沟等设施，也应标示清楚。至于所用材料及其强度等级等方面的要求和规定，应在施工说明中提出。

上述浅基础设计的各项内容是互相关联的。设计时可按上列顺序，首先选择基础材料、类型和埋深，然后逐步进行计算。如发现前面的选择不妥，则须修改设计，直至各项计算均符合要求且各数据前后一致为止。

如果地基软弱，为了减轻不均匀沉降的危害，在进行基础设计的同时，尚需从整体上对建筑设计和结构设计采取相应的措施，并对施工提出具体要求。

6.1.2 基础设计方法

基础的上方为上部结构的墙、柱，而基础底面以下则为地基土体。基础承受上部结构的作用并对地基表面施加压力（基底压力），同时，地基表面对基础产生反力（地基反力）。两者大小相等、方向相反。基础所承受的上部荷载和地基反力应满足平衡条件。地基土体在基底压力作用下产生附加应力和变形，而基础在上部结构和地基反力的作用下则产生内力和位移，地基与基础互相影响、互相制约。进一步说，地基与基础之间，除了荷载的作用外，还与它们抵抗变形或位移的能力有着密切关系。而且，基础及地基也与上部结构的荷载和刚度有关。即：地基、基础和上部结构都是互相影响、互相制约的。它们原来互相连接或接触的部位，在各部分荷载、位移和刚度的综合影响下，一般仍然保持连接或接触，墙柱底端位移、该处基础的变位和地基表面的沉降相一致，满足变形协调条件。上述概念可称为地基-基础-上部结构的相互作用。

为了简化计算，在工程设计中，通常把上部结构、基础和地基三者分离开来，分别对三者进行计算：视上部结构底端为固定支座或固定铰支座，不考虑荷载作用下各墙柱端部的相对位移，并按此进行内力分析；而对基础与地基，则假定地基反力与基底压力呈直线分布，分别计算基础的内力与地基的沉降。这种传统的分析与设计方法，可称为常规设计法。这种设计方法，对于良好均质地基上刚度大的基础和墙柱布置均匀、作用荷载对称且大小相近的上部结构来说是可行的。在这些情况下，按常规设计法计算的结果，与进行地基-基础-上部结构相互作用分析的差别不大，可满足结构设计可靠度的要求，并已经过大量工程实践的检验。

基底压力一般并非呈直线（或平面）分布，它与土的类别性质、基础尺寸和刚度以及荷载大小等因素有关。在地基软弱、基础平面尺寸大、上部结构的荷载分布不均等情况下，地基的沉降将受到基础和上部结构的影响，而基础和上部结构的内力和变位也将调整。如按常规方法计算，墙柱底端的位移、基础的挠曲和地基的沉降将各不相同，三者变形不协调，且不符合实际。而且，地基不均匀沉降所引起的上部结构附加内力和基础内力变化，未能在结构设计中加以考虑，因而也不安全。只有进行地基-基础-上部结构的相互作用分析，才能合理进行设计，做到既降低造价又能防止建筑物遭受损坏。目前，这方面的研究工作已取得进展，人们可以根据某些实测资料和借助电子计算机，进行某些结构类型、基础形式和地基条件的相互作用分析，并在工程实践中运用相互作用分析的成果或概念。

6.1.3　对地基计算的要求

建筑物地基基础设计时应将地基基础视为一个整体进行设计，满足以下三个设计要求：

1. 地基承载力要求

《建筑地基基础设计规范》（GB 50007—2011）（以下简称《地基规范》）规定，所有建筑物的地基设计均应满足承载力的计算的规定。

2. 变形要求

《地基规范》规定：所有建筑物为设计等级为甲级、乙级的建筑物，均应按地基变形设计。设计时应根据具体情况，按表 6-1 选用。

表 6-1　地基基础设计等级

设计等级	建筑和地基类型
甲　级	重要的工业与民用建筑物 30 层以上的高层建筑 体型复杂，层数相差超过 10 层的高低层连成一体建筑物 大面积的多层地下建筑物（如地下车库、商场、运动场等） 对地基变形有特殊要求的建筑物 复杂地质条件下的坡上建筑物（包括高边坡） 对原有工程影响较大的新建建筑物 场地和地基条件复杂的一般建筑物 位于复杂地质条件及软土地区的二层及二层以上地下室的基坑工程
甲　级	开挖深度大于 15 m 的基坑工程 周边环境条件复杂、环境保护要求高的基坑工程
乙　级	除甲级、丙级以外的工业与民用建筑物 除甲级、丙级以外的基坑工程
丙　级	场地和地基条件简单、荷载分布均匀的七层及七层以下民用建筑及一般工业建筑；次要的轻型建筑物 非软土地区且场地地质条件简单、基坑周边环境条件简单、环境保护要求不高且开挖深度小于 5.0 m 的基坑工程

等级为丙级的建筑物有下列情况之一时应作变形验算：

（1）地基承载力特征值小于 130 kPa，且体型复杂的建筑。

（2）在基础上及其附近有地面堆载或相邻基础荷载差异较大，可能引起地基产生过大的不均匀沉降时。

（3）软弱地基上的建筑物存在偏心荷载时。

（4）相邻建筑距离近，可能发生倾斜时。

（5）地基内有厚度较大或厚薄不均的填土，其自重固结未完成时。

表 6-2 所列范围内设计等级为丙级的建筑物可不作变形验算。

表 6-2　可不作地基变形验算的设计等级为丙级的建筑物范围

地基主要受力层情况			地基承载力特征值 f_{ak}/kPa	$80 \leqslant f_{ak}$ <100	$100 \leqslant f_{ak}$ <130	$130 \leqslant f_{ak}$ <160	$160 \leqslant f_{ak}$ <200	$200 \leqslant f_{ak}$ <300
			各土层坡度/%	≤5	≤10	≤10	≤10	≤10
建筑类型		砌体承重结构、框架结构（层数）		≤5	≤5	≤6	≤6	≤7
	单层排架结构（6 m柱距）	单跨	吊车额定起重量/t	10~15	15~20	20~30	30~50	50~100
			厂房跨度/m	≤18	≤24	≤30	≤30	≤30
		多跨	吊车额定起重量/t	5~10	10~15	15~20	20~30	30~75
			厂房跨度/m	≤18	≤24	≤30	≤30	≤30
	烟囱		高度/m	≤40	≤50	≤75		≤100
	水塔		高度/m	≤20	≤30	≤30		≤30
			容积/m³	50~100	100~200	200~300	300~500	500~1 000

注：1. 地基主要受力层系指条形基础底面下深度为 $3b$（b 为基础底面宽度），独立基础下为 $1.5b$，且厚度均不小于 5 m 的范围（二层以下一般的民用建筑除外）；

2. 地基主要受力层中如有承载力特征值小于 130 kPa 的土层时，表中砌体承重结构的设计，应符合《建筑地基基础设计规范》第 7 章的有关要求；

3. 表中砌体承重结构和框架结构均指民用建筑，对于工业建筑可按厂房高度、荷载情况折合成与其相当的民用建筑层数；

4. 表中吊车额定起重量、烟囱高度和水塔容积的数值系指最大值。

3. 稳定性要求

（1）对经常受水平荷载作用的高层建筑、高耸结构和挡土墙等，以及建造在斜坡上或边坡附近的建筑物和构筑物，尚应验算其稳定性。

（2）基坑工程应进行稳定性验算。

（3）建筑地下室或地下构筑物存在上浮问题时，尚应进行抗浮验算。

6.1.4　关于荷载取值的规定

（1）地基基础设计时所采用的作用效应与相应的抗力限值应符合下列规定：

① 按地基承载力确定基础底面积及埋深或按单桩承载力确定桩数时，传至基础或承台底面上的作用效应应按正常使用极限状态下作用的标准组合。相应的抗力应采用地基承载力特征值或单桩承载力特征值。

② 计算地基变形时，传至基础底面上的作用效应应按正常使用极限状态下作用的准永久组合，不应计入风荷载和地震作用。相应的限值应为地基变形允许值。

③ 计算挡土墙、地基或滑坡稳定以及基础抗浮稳定时，作用效应应按承载能力极限状态下作用的基本组合，但其分项系数均为 1.0。

④ 在确定基础或桩基承台高度、支挡结构截面、计算基础或支挡结构内力、确定配筋

和验算材料强度时，上部结构传来的作用效应和相应的基底反力、挡土墙土压力以及滑坡推力，应按承载能力极限状态下作用的基本组合，采用相应的分项系数。当需要验算基础裂缝宽度时，应按正常使用极限状态作用的标准组合。

⑤ 基础设计安全等级、结构设计使用年限、结构重要性系数应按有关规范的规定采用，但结构重要性系数（ γ_0 ）不应小于 1.0。

（2）地基基础设计时，作用组合的效应设计值应符合下列规定：

① 正常使用极限状态下，标准组合的效应设计值（ S_k ）应按下式确定：

$$S_k = S_{Gk}+S_{Q1k}+\psi_{c2}S_{Q2k}+\cdots+\psi_{cn}S_{Qnk} \tag{6-1}$$

式中　S_{Gk} ——永久作用标准值（ G_k ）的效应；

　　　S_{Qik} ——第 i 个可变作用标准值（ Q_{ik} ）的效应；

　　　ψ_{ci} ——第 i 个可变作用（ Q_i ）的组合值系数，按现行国家标准《建筑结构荷载规范》GB 50009 的规定取值。

② 准永久组合的效应设计值（ S_k ）应按下式确定：

$$S_k = S_{Gk}+\psi_{q1}S_{Q1k}+\psi_{q2}S_{Q2k}+\cdots+\psi_{qn}S_{Qnk} \tag{6-2}$$

式中　ψ_{qi} ——第 i 个可变作用的准永久值系数，按现行国家标准《建筑结构荷载规范》（ GB 50009 ）的规定取值。

③ 承载能力极限状态下，由可变作用控制的基本组合的效应设计值（ S_d ），应按下式确定：

$$S_d = \gamma_G S_{Gk}+\gamma_{Q1}S_{Q1k}+\gamma_{Q2}\psi_{c2}S_{Q2k}+\cdots+\gamma_{Qn}\psi_{cn}S_{Qnk} \tag{6-3}$$

式中　γ_G ——永久作用的分项系数，按现行国家标准《建筑结构荷载规范》（ GB 50009 ）的规定取值；

　　　γ_{Qi} ——第 i 个可变作用的分项系数，按现行国家标准《建筑结构荷载规范》（ GB 50009 ）的规定取值。

④ 对由永久作用控制的基本组合，也可采用简化规则，基本组合的效应设计值（ S_d ）可按下式确定：

$$S_d = 1.35S_k \tag{6-4}$$

式中　S_k ——标准组合的作用效应设计值。

6.1.5 浅基础分类

基础应具有承受荷载、抵抗变形和适应环境影响的能力，即要求基础具有足够的强度、刚度和耐久性。选择基础材料，首先要满足这些技术要求，并与上部结构相适应。

1. 按照受力性质分类

1）刚性基础

刚性基础也称为无筋扩展基础，是指由砖、毛石混凝土或毛石混凝土、灰土和三合土等材料组成的，且不需配置钢筋的墙下条形基础或柱下独立基础。它们的抗压强度较高，但抗拉及抗剪强度偏低。我们引入刚性角的概念：刚性基础中压力分布角 α 称为刚性角。在设计中，应尽力使基础大放脚与基础材料的刚性角相一致，目的：确保基础底面不产生拉应力，最大限度地节约基础材料。受刚性角限制的基础称为刚性基础。构造上通过限制刚性基础宽高比来满足刚性角的要求（图 6-1）。

2）柔性基础

柔性基础也称为扩展基础，当建筑物的荷载较大而地基承载能力较小时，基础底面 B 必须加宽，如果仍采用混凝土材料做基础，势必加大基础的深度，这样很不经济。如果在混凝土基础的底部配以钢筋，利用钢筋来承受拉应力，使基础底部能够承受较大的弯矩。这时，基础宽度不受刚性角的限制，故称钢筋混凝土基础（图 6-2），为非刚性基础或柔性基础。在同样条件下，采用钢筋混凝土基础比混凝土基础可节省大量的混凝土材料和挖土工程量。

钢筋混凝土基础断面可做成梯形，最薄处高度不小于 200 mm；也可做成阶梯形，每踏步高 300～500 mm。通常情况下，钢筋混凝土基础下面设有 C10 或 C15 素混凝土垫层，厚度在 100 mm 左右；无垫层时，钢筋保护层为 75 mm，以保护受力钢筋不受锈蚀。

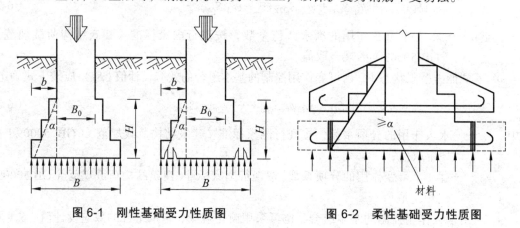

图 6-1　刚性基础受力性质图　　　　图 6-2　柔性基础受力性质图

2. 按基础材料分类

常用的基础材料有砖、毛石、灰土、三合土、混凝土和钢筋混凝土等。下面简单介绍这些基础的性能和适应性。

1）砖基础

砖砌体具有一定的抗压强度，但抗拉强度和抗剪强度低。砖基础所用的砖，强度等级不低于 MU7.5，砂浆不低于 M2.5。在地下水位以下或当地基土潮湿时，应采用水泥砂浆砌筑。在砖基础底面以下，一般应先做 100 mm 厚的 C10 或 C7.5 的混凝土垫层。砖基础取材容易，应用广泛，一般可用于 6 层及 6 层以下的民用建筑和砖墙承重的厂房。

2）毛石基础

毛石是指未加工的石材。毛石基础所采用的是未风化的硬质岩石，禁用风化毛石。由于毛石之间间隙较大，如果砂浆黏结的性能较差，则不能用于多层建筑，且不宜用于地下水位以下。但毛石基础的抗冻性能较好，北方也用来作为 7 层以下的建筑物基础。

3）灰土基础

灰土是用石灰和土料配制而成的。石灰以块状为宜，经熟化 1～2 d 后过 5 mm 筛立即使用。土料应用塑性指数较低的粉土和黏性土为宜，土料团粒应过筛，粒径不得大于 15 mm。石灰和土料按体积配合比为 3∶7 或 2∶8，拌和均匀后，在基槽内分层夯实。灰土基础宜在比较干燥的土层中使用，其本身具有一定的抗冻性。在我国华北和西北地区，广泛用于 5 层及 5 层以下的民用建筑。

4）三合土基础

三合土是由石灰、砂和骨料（矿渣、碎砖或碎石）加水混合而成。施工时石灰、砂、骨料按体积配合比为 1∶2∶4 或 1∶3∶6 拌和均匀后再分层夯实。三合土的强度较低，一般只用于 4 层及 4 层以下的民用建筑。

5）混凝土基础

混凝土基础的抗压强度、耐久性和抗冻性比较好，其混凝土强度等级一般为 C10 以上。这种基础常用在荷载较大的墙柱处。如在混凝土基础中埋入体积占 25%～30% 的毛石（石块尺寸不宜超过 300 mm），即做成毛石混凝土基础，可节省水泥用量。

6）钢筋混凝土基础

钢筋混凝土是基础的良好材料，其强度、耐久性和抗冻性都较理想。由于它承受力矩和剪力的能力较好，故在相同的基底面积下可减少基础高度，因此常在荷载较大或地基较差的情况下使用。

除钢筋混凝土基础外，上述其他各种基础均属无筋基础。无筋基础的抗拉抗剪强度都不高，为了使基础内产生的拉应力和剪应力不大，需要限制基础沿柱、墙边挑出的宽度，因而使基础的高度相对增加。因此，这种基础几乎不会发生挠曲变形，习惯上把无筋基础称为刚性基础。

3. 按结构形式分类

1）墙下条形基础

墙下条形基础有刚性条形基础（图 6-3）和钢筋混凝土条形基础两种。刚性条形基础在砌体结构中得到了广泛的应用。有时，基础上的荷载较大而地基承载力较低，需要加大基础的宽度，但又不想增加基础的高度和埋置深度，那么考虑采用钢筋混凝土条形基础。

这种基础，底面宽度可达 2 m，而底板厚度可以小至 300 mm，适应在需要"宽基浅埋"的情况下采用。有时，地基不均匀，为了增强基础的整体性和抗弯能力，可以采用有肋的钢筋混凝土条形基础，肋部配置纵向钢筋和箍筋，以承受由于不均匀弯曲产生的应力。

2）柱下单独基础

柱下单独基础也分为柱下刚性基础和柱下钢筋混凝土基础。砌体柱可采用刚性基础。钢筋混凝土单独基础的底部应配制双向受力钢筋（图 6-3）。砌体结构也可采用独立基础（图 6-4）。

现浇柱的单独基础可做成阶梯形或锥形（图 6-4（a）、（b）），预制柱则采用杯形基础（图 6-4（c））。杯形基础常用于装配式单层工业厂房。

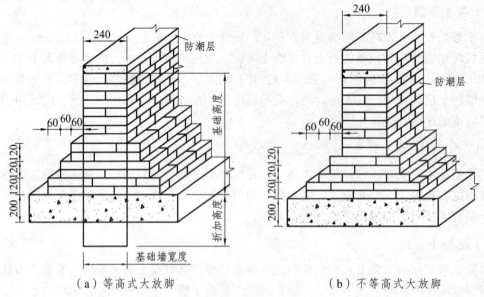

（a）等高式大放脚　　　　　　　　　　（b）不等高式大放脚

图 6-3　墙下条形砖基础

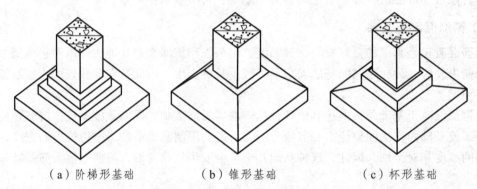

（a）阶梯形基础　　　　　（b）锥形基础　　　　　（c）杯形基础

图 6-4　钢筋混凝土柱下单独基础

柱下独立基础和墙下独立基础见图 6-5、图 6-6。

图 6-5　柱下独立基础

图 6-6　墙下独立基础

3）柱下条形基础

支承同一方向或同一轴线上若干根柱的长条形连续基础（图 6-7）称为柱下条形基础。这种基础采用钢筋混凝土为材料，将建筑物所有各层的荷载传递到地基处，故本身应有一定的尺寸和配筋量，造价较高。但这种基础的抗弯刚度较大，因而具有调整不均匀沉降的能力，可使各柱的竖向位移较为均匀。

柱下条形可在下述情况下采用：

（1）柱荷载较大或地基条件较差，如采用单独基础，可能出现过大的沉降时。

（2）柱距较小而地基承载力较低，如采用单独基础，则相邻基础间的净距很小且相邻荷载影响较大时。

4）交叉梁基础

如果地基松软且在两个方向分布不均，需要基础两个方向具有一定的刚度来调整不均匀沉降，则可在柱网下沿纵横两个方向设置钢筋混凝土条形基础，从而形成柱下交叉梁基础（图6-8）。这是一种较复杂的浅基础，造价比柱下条形基础高。

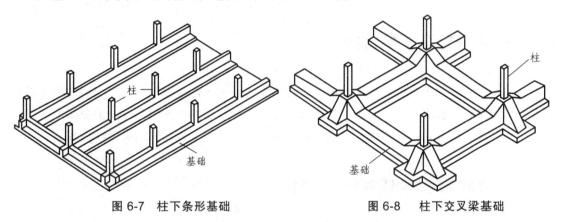

图 6-7 柱下条形基础　　　　图 6-8 柱下交叉梁基础

5）筏板基础

当柱下交叉梁基础面积占建筑物平面面积的比例较大，或者建筑物在使用上有要求时，可以在建筑物的柱、墙下方做成一块满堂的基础，即筏板基础。筏板基础由于其底面积大，故可减小地基上单位面积的压力，同时也可提高地基土的承载力，并能更有效地增强地基的整体性，调整不均匀沉降。筏板基础在构造上好像倒置的钢筋混凝土楼盖，并可分为平板式和整体式两种（图6-9）。平板式的筏板基础为一块等厚度（0.5～1.5 m）钢筋混凝土平板。

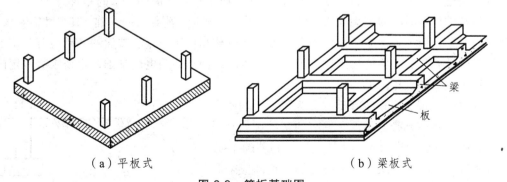

（a）平板式　　　　　　　　　（b）梁板式

图 6-9 筏板基础图

我国有的地区在住宅等建筑中采用厚度较薄（300～400 mm）的墙下无埋深筏板基础，比较经济实用，但常不能满足采暖要求。

6）箱形基础

箱形基础是由钢筋混凝土底板、顶板和纵横内外墙组成的整体空间结构（图 6-10）。箱形基础具有很大的抗弯刚度，只能产生大致均匀的沉降或整体倾斜，从而基本上消除了因地基变形而使建筑物开裂的可能。

箱形基础内的空间常用作地下室。这一空间的存在，减少了基础底面的压力，如不必降低基底压力，则相应可增加建筑物的层数。箱形基础的钢筋、水泥用量很大，施工技术要求也高。

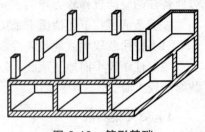

图 6-10　箱形基础

除了上述各种类型外，还有壳体基础等形式，这里不再赘述。

6.2　基础埋置深度的选择

基础埋置深度是指基础底面至地面（一般指室外地面）的距离。基础埋深的选择关系到地基基础的优劣、施工的难易和造价的高低。影响基础埋深选择的因素可归纳为四个方面。对于一项具体工程来说，基础埋深的选择往往取决于下述某一方面中的决定性因素。

6.2.1　与建筑物及场地环境有关的条件

基础的埋深，应满足上部及基础的结构构造要求，适合建筑物的具体安排情况和荷载的性质与大小。

具有地下室或半地下室的建筑物，其基础埋深必须结合建筑物地下部分的设计标高来选定。如果在基础影响范围内有管道或坑沟等地下设施通过，基础的埋深，原则上应低于这些设施的底面。否则应采取有效措施，消除基础对地下设施的不利影响。

为了保护基础不受人类和生物活动的影响，基础应埋置在地表以下，其最小埋深为 0.5m，且基础顶面至少应低于设计地面 0.1 m，同时又要便于建筑物周围排水的布置。

选择基础埋深时必须考虑荷载的性质和大小。一般地，荷载大的基础，其尺寸需要大些，同时也需要适当增加埋深。长期作用有较大水平荷载和位于坡顶、坡面的基础应有一定的埋深，以确保基础具有足够的稳定性。承受上拔力的结构，如输电塔基础，也要求有一定的埋深，以提供足够的抗拔阻力。

靠近原有建筑物修建新基础时，为了不影响原有基础的安全，新基础最好不低于原有的基础。如必须超过时，则两基础间净距应不小于其底面高差的 1～2 倍（图 6-11）。如不能满足这一要求，施工期间应采取措施。此外，在使用期间，还要注意新基础的荷载是否将引起原有建筑物产生不均匀沉降。当相邻基础必须选择不同埋深时，也可依照图 6-11 所示的原则处理，

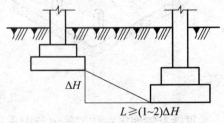

图 6-11　不同埋深的相邻基础

并尽可能按先深后浅的次序施工。

斜坡上建筑物的柱下基础有不同埋深时,应沿纵向做成台阶形,并由深到浅逐渐过渡(图6-12)。

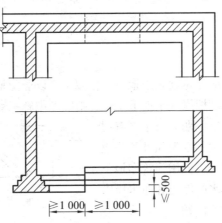

图 6-12　墙基础埋深变化时台阶做法

6.2.2　土层的性质和分布

直接支承基础的土层称为持力层,在持力层下方的土层称为下卧层。为了满足建筑物对地基承载力和地基允许变形值的要求,基础应尽可能埋置在良好的持力层上。当地基受力层或沉降计算深度范围内存在软弱下卧层时,软弱下卧层的承载力和地基变形也应满足要求。

在工程地质勘察报告中,已经说明拟建场地的地层分布、各土层的物理力学性质和地基承载力。这些资料给基础埋深和持力层的选择提供了依据。

我们把处于坚硬、硬塑或可塑状态的黏性土层,密实或中密状态的砂土层和碎石土层,以及属于低、中压缩性的其他土层视为良好土层;而把处于软塑、流塑状态的黏性土层,处于松散状态的砂土层、填土和其他高压缩性土层视软弱土层。良好土层的承载力高或较高;软弱土层的承载力低。按照压缩性和承载力的高低,对拟建场区的土层,可自上而下选择合适的地基持力层和基础埋深。在选择中,大致可遇到如下几种情况:

(1)在建筑物影响范围内,自上而下都是良好土层,那么基础埋深按其他条件或最小埋深确定。

(2)自上而下都是软弱土层,基础难以找到良好的持力层,这时宜考虑采用人工地基或深基础等方案。

(3)上部为软弱土层而下部为良好土层。这时,持力层的选择取决于上部软弱土层的厚度。一般来说,软弱土层厚度小于 2 m 者,应选取下部良好土层作为持力层;软弱土层厚度较大时,宜考虑采用人工地基或深基础等方案。

(4)上部为良好土层而下部为软弱土层,此时基础应尽量浅埋。例如,我国沿海地区,地表普遍存在一层厚度为 2~3 m 的所谓"硬壳层",硬壳层以下为较厚的软弱土层。对一般中小型建筑物来说,硬壳层属良好的持力层,应当充分利用。这时,最好采用钢筋混凝土基础,并尽量按基础最小埋深考虑,即采用"宽基浅埋"方案。同时在确定基础底面尺寸时,应对地基受力范围内的软弱下卧层进行验算。

应当指出，上面所划分的良好土层和软弱土层，只是相对于一般中小型建筑而言。对于高层建筑来说，上述所指的良好土层，很可能还不符合要求。

6.2.3 地下水条件

有地下水存在时，基础应尽量埋置于地下水位以上，以避免地下水对基坑开挖、基础施工和使用期间的影响。如果基础埋深低于地下水位，则应考虑施工期间的基坑降水、坑壁支撑以

及是否可能产生流砂、涌土等问题。对于具有侵蚀性的地下水，应采用抗侵蚀的水泥品种和相应的措施。对于有地下室的厂房、民用建筑和地下贮罐，设计时还应考虑地下水的浮力和净水压力的作用以及地下结构抗渗漏的问题。

图 6-13 有承压水时的基坑开挖深度

当持力层为隔水层而其下方存在承压水时，为了避免开挖基坑时隔水层被承压水冲破，坑底隔水层应有一定的厚度（图 6-13）。这时，基坑隔水层的重力应大于其下面承压水的压力，即：

$$\gamma_{sat} \cdot h_0 > \gamma_w h_w \qquad (6-5)$$

式中 γ_{sat}——隔水层土的重度（kN/m³）；

γ_w——水的重度（kN/m³）；

h_0——基坑底至隔水层底面的距离（m）；

h_w——承压水的上升高度（从隔水层底面算起）（m）。

设土的重度为 20 kN/m³ 则 $h > 0.5 h_w$。

如基坑的平面尺寸较大，则在满足式（6-5）的要求时，还应有 1.3～1.4 的安全系数。在 h_0 确定之后，基础的最大埋深便可确定。

6.2.4 土的冻胀影响

地面以下一定深度的地层温度，随大气温度而变化。当地层温度降至零摄氏度以下时，土中部分孔隙水将冻结而形成冻土。冻土可分为季节性冻土和多年冻土两类。季节性冻土在冬季冻结而夏季融化，每年冻融交替一次。多年冻土则不论冬夏，常年均处于冻结状态，且冻结连续三年以上。我国季节性冻土分布很广。东北、华北和西北地区的季节性冻土层厚度在 0.5 m 以上，最大的可达 3 m。

如果季节性冻土由细粒土组成，且土中水含量多而地下水位又较高，那么不但在冻结深度内的土中水被冻结形成冰晶体，而且未冻结区的自由水和部分结合水将不断向冻结区迁移、聚集，使冰晶体逐渐扩大，引起土体发生膨胀和隆起，形成冻胀现象。到了夏季，地温升高，土体解冻，造成含水量增加，使土处于饱和及软化状态，强度降低，建筑物下陷。这种现象称为融陷。位于冻胀区内的基础，在土体冻结时，受到冻胀力的作用而上抬。融陷和上抬往

往是不均匀的，致使建筑物墙体产生方向相反、互相交叉的斜裂缝，或使轻型构筑物逐年上抬。

土的冻结不一定产生冻胀，即使冻胀，程度也有所不同。对于结合水含量极少的粗粒土，不存在冻胀问题。至于某些粉砂、粉土和黏性土的冻胀性，则与冻结以前的含水量有关。例如，处于坚硬状态的黏性土，因为结合水的含量少，冻胀作用就很微弱。此外，冻胀程度还与地下水位有关。《建筑地基基础设计规范》根据冻胀对建筑物的危害程度，将地基土的冻胀性分为不冻胀、弱冻胀、冻胀和强冻胀四类（表 6-3）。

表 6-3 地基土冻胀性分类

土的名称	天然含水量 w /%	冻结期间地下水位低于冻深的最小距离/m	冻胀类别
岩石、碎石土、砾砂、粗砂、中砂、细砂	不考虑	不考虑	不冻胀
粉　砂	$w < 14$	>1.5	不冻胀
	$w < 14$	≤1.5	弱冻胀
	$14 \leqslant w < 19$	>1.5	
	$14 \leqslant w < 19$	≤1.5	冻胀
	$w \geqslant 19$	>1.5	
	$w \geqslant 19$	≤1.5	强冻胀
粉　土	$w \leqslant 19$	>2.0	不冻胀
	$w \leqslant 19$	≤2.0	弱冻胀
	$19 < w \leqslant 22$	>2.0	
	$19 < w \leqslant 22$	≤2.0	冻胀
	$22 < w \leqslant 26$	>2.0	
	$22 < w \leqslant 26$	≤2.0	强冻胀
	$w > 26$	不考虑	
黏性土	$w \leqslant w_p + 2$	>2.0	不冻胀
	$w \leqslant w_p + 2$	≤2.0	弱冻胀
	$w_p + 2 < w \leqslant w_p + 5$	>2.0	
	$w_p + 2 < w \leqslant w_p + 5$	≤2.0	冻胀
	$w_p + 5 < w \leqslant w_p + 9$	>2.0	
	$w_p + 5 < w \leqslant w_p + 9$	≤2.0	强冻胀
	$w > w_p + 9$	不考虑	

注：① 表中碎石土仅指充填物为砂土或硬塑、坚硬状态的黏性土，如充填物为其他状态的黏性土或粉土时，其冻胀性应按黏性土或粉土确定。
② 表中细砂仅指粒径大于 0.075 mm 的颗粒超过全重 90%的细砂，其他细砂的冻胀性应按粉砂确定。
③ w_p 为土的塑限。

不冻胀土的基础埋深可不考虑冻结深度。其他三种可冻胀的土，基础的最小埋深 d_{min} 则由下式确定：

$$d_{min} = z_0 \psi_t - d_{fr} \tag{6-6}$$

式中　z_0 ——标准冻深，系采用在地表无积雪和草皮等覆盖条件下多年实测最大冻深的平均
　　　　　值，在无实测资料时，除山区之外，可按上述规范所附的标准冻深线图查取；
　　　ψ_t ——采暖对冻深的影响系数（表 6-4）；
　　　d_{fr} ——基底下允许残留的冻土层厚度，根据土的冻胀性类别按下式确定：

弱冻胀土　　　$d_{fr} = 0.17z_0\psi_t + 0.26$　　　　　　　　　　　　　　　　　　（6-7）

冻胀土　　　　$d_{fr} = 0.15z_0\psi_t$　　　　　　　　　　　　　　　　　　　　（6-8）

强冻胀土　　　$d_{fr} = 0$　　　　　　　　　　　　　　　　　　　　　　　　（6-9）

在有冻胀性土的地区，除按上述要求选择基础埋深外，尚应采取相应的防冻害措施。

表 6-4　采暖对冻深的影响系数 ψ_t 值

室内外地面高差/mm	外墙中段	外墙角段
≤300	0.70	0.85
≥750	1.00	1.00

注：① 外墙角段系指从外墙阴角顶点起两边各 4 m 范围以内的外墙，其余部分为中段。
　　② 采暖建筑物中的不采暖房间（门斗、过道和楼梯间等），其外墙基础处的采暖对冻深的影响系
　　　数值，取与外墙角段相同值。

6.3　基础底面尺寸的确定

在初步选择基础类型和埋深后，就可以根据持力层承载力设计值计算基础底面的尺寸。如果地基沉降计算深度范围内存在的承载力显著低于持力层的下卧层，则所选择的基底尺寸尚须满足对软弱下卧层验算的要求。此外，在选择基础底面尺寸后，必要时尚应对地基变形或稳定性进行验算。

6.3.1　按持力层地基承载力计算

上部结构作用在基础顶面处的荷载有（图 6-14）：轴心荷载 F；轴心荷载 F 和弯矩 M_0；轴心荷载 F、弯矩 M_0 和水平荷载 F_h；轴心荷载 F 和水平荷载 F_h。

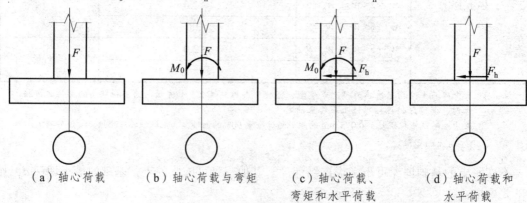

（a）轴心荷载　　（b）轴心荷载与弯矩　　（c）轴心荷载、　　（d）轴心荷载和
　　　　　　　　　　　　　　　　　　　　　弯矩和水平荷载　　　水平荷载

图 6-14　作用在基础顶面的荷载

1. 轴心荷载作用

在轴心荷载作用下，基础通常对称布置。假设基底压力按直线分布。这个假设，对于地基比较软弱、基础尺寸不大而刚度较大时是合适的，对于基础尺寸不大的其他情况也是可行的。此时，基底平均压力设计值 p（kPa）可按下列公式确定：

$$p = \frac{F+G}{A} = \frac{F+\gamma_G A d}{A} \tag{6-10}$$

式中　F ——上部结构传至基础顶面的竖向力设计值（kN）；

　　　G ——基础自重设计值和基础上的土重标准值（kN）；

　　　A ——基础底面面积（m^2）；

　　　γ_G ——基础及其上的土的平均厚度，通常取 $\gamma_G \approx 20$ kN/m^3；

　　　d ——基础埋深（对于室内外地面有高差的外墙、外柱，取室内外平均埋深，m）。

按地基承载力计算时，要求满足下式：

$$p \leqslant f \tag{6-11}$$

式中　f ——地基承载力设计值（kPa）。

由式（6-10）和（6-11）可得基础底面积：

$$A \leqslant \frac{F}{f - 20d + 10h_w} \tag{6-12}$$

式中　h_w ——基础底面至地下水位面的距离。若地下水位在基底以下，则取 $h_w = 0$。

进一步可算出基底宽度 d 和长度 l（m）：

（1）墙下条形基础，沿墙纵向取 1 m 为计算单元，轴心荷载也为单位长度的数值（kN/m），则

$$b \geqslant \frac{F}{f - 20d + 10h_w} \tag{6-13a}$$

如取墙的纵向长度为 l（荷载也按相应长度考虑），则

$$b \geqslant \frac{F}{l(f - 20d + 10h_w)} \tag{6-13b}$$

（2）方形柱下基础（一般用于方形截面柱）：

$$b \geqslant \sqrt{\frac{F}{f - 20d + 10h_w}} \tag{6-14}$$

（3）矩形柱下基础，取基础底面长边和短边的比为 $l/d = n$（一般取 $n = 1.5 \sim 2.0$），有 $A = ld = nb^2$，则底宽为：

$$b = \sqrt{\frac{F}{n(f - 20d + 10h_w)}} \tag{6-15}$$

在上面的计算中，需要先确定地基承载力设计值。而地基承载力设计值与基础底宽有关，即在式（6-13）~（6-15）中，b 和 f 可能都是未知值，因此需要通过试算确定。如基础埋深 d 超过 0.5 m，可先对地基承载力进行深度修正，然后按计算得到的 b，考虑是否需要进行宽度修正。如需要，修正后再重新计算基底宽度。总之，基础埋深、底宽和承载力设计值的深、宽度修正应前后一致。

【**例 6-1**】 某黏性土重度 $\gamma = 17.5$ kN/m^3，孔隙比 $e = 0.7$，液性指数 $I_L = 0.78$，已确定其承载力标准值为 218 kPa。现修建一外柱基础，柱截面为 300 mm × 300 mm，作用在 − 0.700 标高（基础顶面）处的轴心荷载设计值为 700 kN，基础埋深（自室外地面起算）为 1.0 m，室内地面（标高 ± 0.000）高于室外 0.30，试确定方形基础底面宽度。

【**解**】 自室外地面起算的基础埋深为 1.0 m，先进行承载力深度修正，查表得 $\eta_d = 1.6$，承载力设计值为：

$$f = f_k + \eta_d \gamma_0 (d - 0.5) = 218 + 1.6 \times 17.5 \times (1.0 - 0.5)$$
$$= 232 \text{ kPa} < 1.1 \times 218 = 240 \text{ kPa} \quad (\text{取 } f = 240 \text{ kPa})$$

计算基础和土重力时的基础埋深为：$\dfrac{1}{2}(1.0 + 1.3) = 1.15$ m

由式（6-14）得基础底宽为：$b = \sqrt{\dfrac{700}{240 - 20 \times 1.15}} = 1.80$ m

不必进行承载力宽度修正，取 $b = 1.80$ m

2. 偏心荷载作用

图 6-14b、c、d 所示各种荷载，对基础底面形心而言，都属偏心荷载。在确定浅基础的基底尺寸时，可暂不考虑基础底面的水平荷载，仅考虑基底形心处的竖向荷载和力矩。设基础底面压力按直线变化，则基底最大和最小压力设计值可按下式计算：

$$\begin{aligned} p_{max} \\ p_{min} \end{aligned} = \frac{F + G}{A} \pm \frac{M}{W} \tag{6-16a}$$

对矩形基础，也可按下式计算：

$$\begin{aligned} p_{max} \\ p_{min} \end{aligned} = \frac{F}{A} + 20d - 10h_w \pm \frac{6M}{bl^2} \tag{6-16b}$$

或 $$\begin{aligned} p_{max} \\ p_{min} \end{aligned} = \frac{F + G}{A}\left(1 \pm \frac{6e}{l}\right) \tag{6-16c}$$

式中 e ——偏心距（m），$e = \dfrac{M}{F + G}$；

M ——基础所有荷载对基底形心的和力矩，对图 6-14c，$M = M_0 + F_h \cdot h$。

承受偏心荷载作用的基础，除应符合式（6-11）的要求外，尚应符合下式的要求：

$$p_{max} \leqslant 1.2 f \tag{6-17}$$

根据按承载力计算的要求，在确定基底尺寸时，可按下述步骤进行：

（1）进行深度修正，初步确定地基承载力设计值 f。

（2）根据偏心情况，将按轴心荷载作用计算得到的基底面积增大 10%～40%。

（3）对矩形基础选取基底长边 l 与短边 b 的比值 n（一般取 $n \leqslant 2$），可初步确定基底长边和短边尺寸。

（4）考虑是否应对地基土承载力进行宽度修正。如果需要，在承载力修正后，重复上述（2）～（3）步骤，使所取宽度前后一致。

（5）计算基底最大压力设计值，并应符合式（6-17）的要求。

（6）通常，基底最小压力的设计值不应出现负值，即要求偏心距 $e \leqslant l/6$ 或 $p_{min} \geqslant 0$，只是低压缩性土或短暂作用的偏心荷载时，才可放至 $e = l/4$。

（7）若 l、b 取值不适当（太大或太小），可调整尺寸，重复步骤（5）、（6）），重新验算。如此反复一两次，便可定出合适的尺寸。

【例 6-2】　如例 6-1，但作用在基础顶面处的荷载设计值还有力矩 80 kN·m 和水平荷载 13 kN（图 6-15），柱截面改为 300 mm×400 mm。

【解】　取 $n = l/b = 1.5$，由于偏心荷载不大，基础底面积初步增大 10%，即为 1.8 m×1.8 m×10% = 3.56 m²，所以初步得：

$$b = \sqrt{\frac{3.56}{1.5}} = 1.54 \text{ m}（取 b = 1.6 \text{ m}）$$

$$l = 1.5 \times 1.6 = 2.4 \text{ m}$$

基础及其上填土重：

$$G = 1.15 \times 1.6 \times 2.4 \times 20 = 88.32 \text{ kN}$$

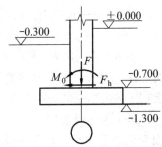

图 6-15　例 6-2 图

基底处力矩：$M = 80 + 13 \times 0.6 = 87.8 \text{ kN·m}$

偏心距：

$$e = \frac{M}{F+G} = \frac{87.8}{700+88.32} = 0.11 \text{ m} < \frac{1}{6}l = 0.4 \text{ m}$$

基底最大压力：

$$p_{max} = \frac{F+G}{A}\left(1 + \frac{6e}{l}\right) = \frac{700+88.32}{1.6 \times 2.4}\left(1 + \frac{6 \times 0.11}{2.4}\right)$$

$$= 261.7 \text{ kPa} < 1.2 f = 288 \text{ kPa}$$

故取基底尺寸为 $l \times b = 2.4 \text{ m} \times 1.6 \text{ m}$。

6.3.2 软弱下卧层承载力验算

在多数情况下，随着深度的增加，同一土层的压缩性降低，抗剪强度和承载力提高。但在成层地基中，有时却可能遇到软弱下卧层。如果在持力层以下的地基范围内，存在压缩性高、抗剪强度和承载力低的土层，则除按持力层承载力确定基底尺寸外，尚应对软弱下卧层进行验算。要求软弱下卧层顶面处的附加应力设计值 σ_z 与土的自重应力 σ_{cz} 之和不超过软弱下卧层的承载力设计值 f_z，即

$$\sigma_z + \sigma_{cz} \leqslant f_z \tag{6-18}$$

式中 f_z——软弱下卧层顶面处经深度修正后的地基承载力（kPa）。

计算附加应力 σ_z 时，一般按压力扩散角的原理考虑（图 6-16）。当上部土层与软弱下卧层的压缩模量比值大于或等于 3 时，σ_z 可按下式计算：

条形基础 $$\sigma_z = \frac{b(p - \sigma_{cd})}{b + 2\tan\theta} \quad\quad\quad (6\text{-}19)$$

矩形基础 $$\sigma_z = \frac{lb(p - \sigma_{cd})}{(l + 2z \cdot \tan\theta)(b + 2z \cdot \tan\theta)} \quad\quad\quad (6\text{-}20)$$

式中 p——基础底面平均压力设计值（kPa）；

σ_{cd}——基础底面处土的自重应力（kPa）；

b——条形和矩形基础底面宽度（m）；

l——矩形基础底长度（m）；

z——基础底面至软弱下卧层顶面的距离（m）；

θ——地基压力扩散线与垂线的夹角（°），按表 6-5 采用。

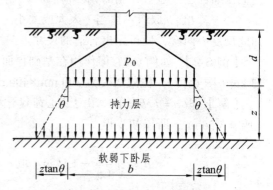

图 6-16　软弱下卧层验算

表 6-5 未列出 E_{s1}/E_{s2} <3 的资料。对此，可认为：当 E_{s1}/E_{s2} <3 时，意味着下层土的压缩模量与上层土的压缩模量差别不大，即下层土不"软弱"。如果 $E_{s1} = E_{s2}$，则不存在软弱下卧层了。

表 6-5 同时适用于条形基础和矩形基础，两者的压力扩散角差别一般小于 2°。当基础底面为偏心受压时，可取基础中心点的压力作为扩散前的平均压力。

如果软弱下卧层的承载力不满足要求，则该基础的沉降可能较大，或者可能产生剪切破坏。这时应考虑增大基础底面尺寸，或改变基础类型，减小埋深。如果这样处理后仍未能符合要求，则应考虑采用其他地基基础方案。

表 6-5　地基压力扩散角 θ

E_{s1}/E_{s2}	$z = 0.25b$	$z \geqslant 0.25b$
3	6°	23°
5	10°	25°
10	20°	30°

注：① E_{s1} 为上层土的压缩模量；E_{s2} 为下层土的压缩模量。

② $z < 0.25b$ 时一般取 $\theta = 0$，必要时，宜由试验确定；$z \geqslant 0.50b$ 时 θ 值不变。

【例 6-3】　地基土层分布情况为：上层为黏性土，厚度 2.5 m，重度 $\gamma_1 = 18\text{kN/m}^3$，压缩模量 $E_{s1} = 9\text{MPa}$，承载力设计值 $f = 190\text{ kPa}$。下层为淤泥质土，$E_{s2} = 1.8\text{ MPa}$，承载力标准值 $f_{k2} = 84\text{ kPa}$。现建造一条形基础，基础顶面轴心荷载设计值 $F = 300\text{ kN/m}$，初选基础埋深 0.5 m，底宽 2.0m，试验算所选尺寸是否满足要求。

【解】（1）持力层验算。

取墙长 1 m 为计算单元。

$$p = \frac{F}{b} + 20d = \frac{300}{2} + 20 \times 0.5 = 160\text{ kPa} < f = 190\text{ kPa}$$

满足要求。

（2）下卧层验算。

基底平均附加压力设计值为：

$$p - \sigma_{cd} = p - \gamma_1 d = 160 - 18 \times 0.5 = 151 \text{ kPa}$$

$E_{s1}/E_{s2} = 9/1.8 = 5$，$z = 2.0 \text{ m} > b/2 = 1.0$，由表 6-5 查得 $\theta = 25°$

$$\sigma_z = \frac{b(p - \sigma_{cd})}{b + 2z \cdot \tan\theta} = \frac{2 \times 151}{2 + 2 \times 2 \times \tan 25°} = 78.1 \text{ kPa}$$

下卧层顶面处土的自重应力：

$$\sigma_{cz} = \gamma_1(d + z) = 18 \times (0.5 + 2.0) = 45 \text{ kPa}$$

下卧层顶面处的承载力设计值：

$$\begin{aligned}
f_z &= f_{k2} + \eta_d \gamma_0 (d - 0.5) = 84 + 1.1 \times 18 \times (2.5 - 0.5) \\
&= 123.6 \text{ kPa} > 1.1 f_{k2}
\end{aligned}$$

验算　$\sigma_z + \sigma_{cz} = 78.1 + 45 = 123.1 \text{ kPa} < f_z = 123.6 \text{ kPa}$

所选基础埋深和底面尺寸满足要求。

6.4 地基承载力的确定及地基变形验算

地基承载力是地基基础设计的最重要的依据，往往需要用多种方法进行分析与论证，才能为设计提供正确可靠的地基承载力值。下面介绍工程上经常采用的主要的几种方法。

6.4.1 按规范查表法确定地基承载力

（1）《建筑地基基础设计规范》（GB 50007—2011）根据大量室内外测试与工程实践经验，经对比分析和总结，对各类地基土提出了一套可依据土的物理性质指标或标准贯入、轻便触探的试验结果直接确定承载力基本值 f_0 和标准值 f_k 的表（表 6-6 ~ 表 6-16），作为确定地基承载力的最基本的依据。

表 6-6　岩石土承载力标准值 f_k（kPa）

岩石类别	风化程度		
	强风化	中等风化	微风化
硬质岩石	500 ~ 1 000	1 500 ~ 2 500	4 000
软质岩石	200 ~ 500	700 ~ 1 200	1 500 ~ 2 000

注：① 对于微风化的硬质岩石，其承载力如取用大于 4 000 kPa 时，应由试验确定；
　　② 对于强风化的岩石，当与残积土难于区别时按土考虑。

表6-7　碎石土承载力标准值 f_k（kPa）

土的名称	密实度		
	稍　密	中　密	密　实
卵　石	300～500	500～800	800～1 000
碎　石	250～400	400～700	700～900
圆　砾	200～300	300～500	500～700
角　砾	200～250	250～400	400～600

注：① 表中数值适用于骨架颗粒空隙全部由中砂、粗砂或硬塑、坚硬状态的黏性土或稍湿的粉土所充填；
　　② 当粗颗粒为中等风化或强风化时，可按其风化程度适当降低承载力，当颗粒间呈半胶结状时，可适当提高承载力。

表6-8　粉土承载力基本值 f_0（kPa）

第一指标孔隙比 e	第二指标含水量 w（%）						
	10	15	20	25	30	35	40
0.5	410	390	（365）				
0.6	310	300	280	（270）			
0.7	250	240	225	215	（205）		
0.8	200	190	180	170	（165）		
0.9	160	150	145	140	130	（125）	
1.0	130	125	120	115	110	105	（100）

注：① 有括号者仅供内插用。
　　② 折算系数 ξ 为0。
　　③ 在湖、塘、沟、谷与河漫滩地段新近沉积的粉土，其工程性质一般较差，应根据当地实践经验取值。

表6-9　黏性土承载力基本值 f_0（kPa）

第一指标孔隙比 e	第二指标液性指数 I_L					
	0	0.25	0.50	0.75	1.00	1.20
0.5	475	430	390	（360）		
0.6	400	360	325	295	（265）	
0.7	325	295	265	240	210	
0.8	275	240	220	200	170	170
0.9	230	210	190	170	135	135
1.0	200	180	160	135	115	105
1.1		160	135	115	105	

注：① 有括号者仅供内插用。
　　② 折算系数 ξ 为0.1；
　　③ 在湖、塘、沟、谷与河漫滩地段新近沉积的黏性土，其工程性质一般较差。第四纪晚更新世（Q_3）及其以前沉积的老黏性土，其工程性能通常较好。这些土均应根据当地实践经验取值。

表6-10　沿海地区淤泥和淤泥质土承载力基本值 f_0（kPa）

天然含水量 w/%	36	40	45	50	55	65	75
f_0	100	90	80	70	60	50	40

注：对于内陆淤泥和淤泥质土，可参照使用。

表 6-11 红黏土承载力基本值 f_0（kPa）

土的名称	第二指标液塑比 $I_r = w_L/w_p$	第一指标含水比 $a_w = w/w_L$					
		0.5	0.6	0.7	0.8	0.9	1.0
红黏土	≤1.7	380	270	210	180	150	140
	≥2.3	280	200	160	130	110	100
次生红黏土		250	190	150	130	110	100

注：① 本表仅适用于定义范围内的红黏土。
② 折算系数 ξ 为 0.4。

表 6-12 素填土承载力基本值 f_0（kPa）

压缩模量 E_{s1-2}/MPa	7	5	4	3	2
f_0	160	135	115	85	65

注：① 本表只适用于堆填时间超过十年的黏性土，以及超过五年的粉土；
② 压实填土地基的承载力另行规定。

表 6-13 砂土承载力标准值 f_k（kPa）

土类	N			
	10	15	30	50
中、粗砂	180	250	340	500
粉、细砂	140	180	250	340

表 6-14 黏性土承载力标准值 f_k（kPa）

N	3	5	7	9	11	13	15	17	19	21	23
f_k	105	145	190	235	280	325	370	430	515	600	680

表 6-15 黏性土承载力标准值 f_k（kPa）

N_{10}	15	20	25	30
f_k	105	145	190	230

表 6-16 素填土承载力标准值 f_k（kPa）

N_{10}	10	20	30	40
f_k	85	115	135	160

注：本表只适用于黏性土与粉土组成的素填土。

（2）根据标准贯入试验锤击数 N、轻便触探试验锤击数 N_{10} 确定地基承载力标准值（表 6-13 ~ 表 6-16）。

现场锤击数应按下式修正（计算数值取至整数位）：

$$N（或 N_{10}）= \mu - 1.645\,\sigma$$

（3）地基承载力设计值。

增加基础的埋深和底面宽度，对同一土层来说，其承载力可以提高。因此按上述方法确定的地基承载力标准值，应根据基础的埋深和底面宽度及地基土的性质进行修正，修正后的承载力即为地基承载力设计值 f_a。

$$f_a = f_{ak} + \eta_b \gamma (b-3) + \eta_d \gamma_m (d-0.5) \tag{6-21}$$

式中　η_b、η_d ——基础宽度和埋深的地基承载力修正系数，按所求承载力的土层类别查表 6-17；

　　　γ ——基础底面以下土的重度，地下水位以下取有效重度（kN/m^3）；

　　　γ_m ——基础底面以上土的加权平均重度，地下水位以下取有效重度（kN/m^3）；

　　　b ——基础底面宽度（m），当基底宽度小于 3 m 时按 3 m 考虑，大于 6 m 时按 6 m 考虑；

　　　d ——基础埋置深度（m），一般自室外地面算起，在填方整平地区，可自填土地面标高算起，但填土在上部结构施工后完成时，应从天然地面算起。对于地下室，如果采用箱形础时，基础埋深自室外地面算起，在其他情况下，应从室内地面算起。

当计算所得的设计值 $f_a < 1.1 f_{ak}$ 时，可取 $f_a = 1.1 f_{ak}$。

【例 6-4】在 $e = 0.727$，$I_L = 0.50$，$f_k = 240.7$ kPa 的黏性土上修建一基础，其埋深为 1.5 m，底宽为 2.5 m，埋深范围内土的重度 $\gamma_0 = 17.5$ kN/m³，基底下土的重度 $\gamma = 18$ kN/m³，试确定该基础的地基承载力设计值。

【解】基底宽度小于 3 m，不作宽度修正。因该土的孔隙比及液性指数均小于 0.85，查表 6-17 得 $\eta_d = 1.6$，故地基承载力设计值为

$$\begin{aligned} f &= f_k + \eta_b \gamma (b-3) + \eta_d \gamma_0 (d-0.5) \\ &= 240.7 + 1.6 \times 17.5 \times (1.5 - 0.5) \\ &= 268.7 \text{ kPa} > 1.1 f_k = 264.8 \text{ kPa} \end{aligned}$$

表 6-17　承载力修正系数

土 的 类 别		η_b	η_d
淤泥和淤泥质土	$f_k < 50$ kPa	0	1.0
	$f_k \geq 50$ kPa	0	1.1
人工填土 e 或 $I_L \geq 0.85$ 的黏性土 $e \geq 0.85$ 或 $S_r > 0.5$ 的粉土		0	1.1
红 黏 土	含水比 $a_w > 0.8$	0	1.2
	含水比 $a_w < 0.8$	0.15	1.4
e 及 I_L 均小于 0.85 的黏性土		0.3	1.6
$e < 0.85$ 及 $S_r \leq 0.5$ 的粉土		0.5	2.2
粉砂、细砂（不包括很湿与饱和时的稍密状态）		2.0	3.0
中砂、粗砂、砾砂和碎石土		3.0	4.4

注：① 强风化的岩石可参照所风化成的相应土类取值；

　　② 含水比 $a_w = w/w_L$，其中 w 为土的天然含水量，w_L 为土的液限；

　　③ S_r 为土的饱和度。

6.4.2 根据地基强度理论公式确定地基承载力

《建筑地基基础设计规范》(GB 50007—2011)规定对于重要建筑物需进行地基稳定验算,并建议当荷载偏心距小于或等于 0.033 倍基础底面宽度时,根据土的抗剪强度指标确定地基承载力,可按下式计算:

$$f_a = M_b \gamma \cdot b + M_d \gamma_0 d + M_c c_k \tag{6-22}$$

式中　f_a——由土的抗剪强度指标确定的地基承载力设计值(kPa);

　　　M_b、M_d、M_c——承载力系数,由土的内摩擦角标准值 φ_k 查表 6-18 确定;

　　　b——基础底面宽度(m),当基底宽度小于 3 m 时按 3 m 考虑,大于 6m 时按 6m 考虑;

　　　d——基础埋置深度(m);

　　　γ——基础底面以下土的重度,地下水位以下取有效重度(kN/m³);

　　　γ_0——基础底面以上土的加权平均重度,地下水位以下取有效重度(kN/m³);

　　　c_k——基底下一倍基宽深度内土的黏聚力标准值(kPa)。

上式实际上是采用了临界荷载 $p_{\frac{1}{4}}$ 计算公式,只是又依据荷载试验及工程经验对 $\varphi \geqslant 22°$ 的 $N_{b\frac{1}{4}}$ 系数进行修正,改换为 M_b 值。所以上式实质上是以地基塑性区发展深度达到 $b/4$ 作为正常使用极限状态,它可保证在地基稳定上具有足够安全度,在变形上也是允许的。

表 6-18　承载力系数 M_b、M_d、M_c

土的内摩擦角标准值 φ_k/(°)	M_b	M_d	M_c
0	0	1.00	3.14
2	0.03	1.12	3.32
4	0.06	1.25	3.51
6	0.10	1.39	3.71
8	0.14	1.55	3.93
10	0.18	1.73	4.17
12	0.23	1.94	4.42
14	0.29	2.17	4.69
16	0.36	2.43	5.00
18	0.43	2.72	5.31
20	0.51	3.06	5.66
22	0.61	3.44	6.04
24	0.80	3.87	6.45
26	1.10	4.37	6.90
28	1.40	4.93	7.40
30	1.90	5.59	7.95
32	2.60	6.35	8.55
34	3.40	7.21	9.22
36	4.20	8.25	9.97
38	5.00	9.44	10.80
40	5.80	10.84	11.73

注:φ_k—基底下一倍短边宽深度内土的内摩擦角标准值(°)。

6.4.3　岩石地基地基承载力特征值的确定

岩石地基承载力特征值可由载荷试验得出实验数据，绘出（ $p-s$ ）曲线，确定承载力特征值。

对完整、较完整和较破碎的岩石地基承载力特征值，根据室内饱和单轴抗压强度按下式计算：

$$f_a = \psi_r \cdot f_{rk} \qquad\qquad (6-23)$$

式中　f_a ——岩石地基承载力特征值（kPa）；

　　　f_{rk} ——岩石饱和单轴抗压强度标准值（kPa），可根据岩石饱和单轴抗压实验确定；

　　　ψ_r ——折减系数。根据岩体完整程度以及结构面的间距、宽度、产状和组合，由地区经验确定。无经验时，对完整岩体可取 0.5；对较完整岩体可取 0.2 ~ 0.5；对较破碎岩体可取 0.1 ~ 0.2。

注意：① 上述折减系数值未考虑施工因素及建筑物使用后风化作用的继续；② 对于黏土质岩在确保施工期及使用期不致遭水浸泡时，也可采用天然湿度的试样，不进行饱和处理。

对破碎、极破碎的岩石地基承载力特征值，可根据地区经验取值，无地区经验时，可根据平板载荷试验确定。

6.4.4　根据经验确定地基承载力

在各地区、各单位依据大量工程实践及系统分析对比，总结编制了可供使用的图表，这些都是极有价值的资料，因此对于一些中小型工程，即可直接用类比法，依据经验确定地基承载力，并直接用于设计中。

6.4.5　地基变形特征

建筑物地基变形的特征，有下列四种：

（1）沉降量 ——基础中心点的沉降值。

（2）沉降差 ——同一建筑物中相邻两个基础沉降量的差。

（3）倾斜 ——基础倾斜方向两端点的沉降差与其距离的比值。

（4）局部倾斜 ——砌体承重结构沿纵墙 6 ~ 10 m 内基础两点的沉降差与其距离的比值。

6.4.6　地基变形验算

对于大量中小型建筑来说，在满足按承载力计算的要求之后，不一定需要进行地基变形验算。表 6-19 对二级建筑物中某些常用的建筑类型，根据地基主要受力层的情况，列出了不必进行变形验算的范围。

但是，一级建筑物和不属表 6-19 范围的二级建筑物，以及有下列情况之一的二级建筑物，必须进行地基变形验算：地基承载力标准值小于 130 kPa，且体型复杂的建筑；某些对地基承载力要求不高，但在生产工艺上或正常使用方面对地基变形有特殊要求的厂房、试验室或构筑物；在基础及其附近有大量填土或地面堆载；相邻基础的荷载差异较大或距离过近的软弱地基上的相邻建筑物等。要求地基的变形值在允许的范围内，即

$$s \leqslant [s] \tag{6-24}$$

式中　s —— 建筑物地基在长期荷载作用下的变形（mm）；

　　　$[s]$ —— 建筑物地基变形允许值（mm，表 6-20）。

表 6-19　二级建筑物可不作地基变形验算的范围

地基主要受力层的情况	地基承载力标准值 f_k /kPa		$60 \leqslant f_k$ <80	$80 \leqslant f_k$ <100	$100 \leqslant f_k$ <130	$13 \leqslant f_k$ <160	$16 \leqslant f_k$ <200	$20 \leqslant f_k$ <300
	各土层坡度/%		≤5	≤5	≤10	≤10	≤10	
建筑类型	砌体承重结构、框架结构（层数）		≤5	≤5	≤5	≤6	≤6	≤7
	单层排架结构（6 m 柱距）	单跨 吊车额定起重量/t	5 ~ 10	10 ~ 15	15 ~ 20	20 ~ 30	30 ~ 50	50 ~ 100
		单跨 厂房跨度/m	≤12	≤18	≤24	≤30	≤30	≤30
		双跨 吊车额定起重量/t	3 ~ 5	5 ~ 10	10 ~ 15	15 ~ 20	20 ~ 30	30 ~ 75
		双跨 厂房跨度/m	≤12	≤18	≤24	≤30	≤30	≤30
	烟囱 高度/m		≤30	≤40	≤50	≤75	≤75	≤100
	水塔 高度/m		≤15	≤20	≤30	≤30	≤30	≤30
	水塔 容积/m³		≤50	50 ~ 100	100 ~ 200	20 ~ 300	30 ~ 500	500 ~ 1000

注：① 地基主要受力层系指条形基础底面下深度为 3b（b 为基础底面宽度），独立基础下为 1.5b，厚度均不小于 5 m 的范围（二层以下的民用建筑于除外）。

　② 地基主要受力层中如有承载力标准值小于 130 kPa 的土层时，表中砌体承重结构的设计，应符合规范有关规定。

　③ 表中砌体结构和框架结构均指民用建筑，对于工业建筑可按厂房高度、荷载情况折合成与其相当的民用建筑层数。

　④ 表中额定吊车起重量、烟囱高档商品和水塔容积的数值均指最大值。

如果地基变形验算不符合要求，则应通过改变基础类型或尺寸、采取减弱不均匀沉降危害措施、进行地基处理或采用桩基础等方法来解决。

在计算地基变形时，一般应遵守下列规定：

（1）由于地基不均匀、建筑物荷载差异大或体型复杂等因素引起的地基变形，对于砌体承重结构，应由局部倾斜控制；对于框架结构和单层排架结构，应由相邻柱基的沉降差控制。

（2）对于多层或高层建筑和高耸结构应由倾斜控制。

（3）必要时应分别预估建筑物在施工期间和使用期间的地基变形值，以便预留建筑物有关部分之间的净空，考虑连接方法和施工顺序。就一般建筑而言，在施工期间完成的沉降量，

对于砂土,可认为其已接近最终沉降量;对于低压缩性黏土可认为已完成最终沉降量的 50%~80%;对于中压缩性黏土,可认为已完成最终沉降量的 20%~50%;对于高压缩性黏土,可认为已完成最终沉降量的 5%~20%。

表 6-20　建筑物的地基变形允许值

变形特征		地基土类型	
		中、低压缩性土	高压缩性土
砌体承重结构基础的局部倾斜		0.002	0.003
工业与民用建筑相邻柱基的沉降差 （1）框架结构 （2）砖石墙填充的边排柱 （3）当基础比均匀沉降时不产生附加应力的结构		$0.002l$ $0.0007l$ $0.005l$	$0.003l$ $0.001l$ $0.005l$
单层排架结构（柱距为 6 m）柱基的沉降量（mm）		（120）	200
桥式吊车轨面的倾斜（按不调整轨道考虑） 　　　　纵　向 　　　　横　向		0.004 0.003	
多层和高层建筑基础的倾斜	$H_g \leqslant 24$ $24 < H_g \leqslant 60$ $60 < H_g \leqslant 100$ $H_g > 100$	0.004 0.003 0.002 0.0015	
高耸结构基础的倾斜	$H_g \leqslant 20$ $20 < H_g \leqslant 50$ $50 < H_g \leqslant 100$ $100 < H_g \leqslant 150$ $150 < H_g \leqslant 200$ $200 < H_g \leqslant 250$	0.008 0.006 0.005 0.004 0.003 0.002	
高耸结构基础的沉降量	$H_g \leqslant 100$ $100 < H_g \leqslant 200$ $200 < H_g \leqslant 250$	（200）	400 300 200

注：① 有括号者只适用于中压缩土。
　　② l 为相邻柱基的中心距离（mm）；H_g 为自室外地面起算的建筑物高度（m）。

必须指出,地基的变形计算,目前还比较粗略。至于地基变形的允许值则更难准确确定。我国规范根据对各类建筑物沉降观测资料的分析综合和对某些结构附加内力的计算,以及参考一些国外资料,提出了地基变形的允许值（表 6-20）。对表中未包括的其他建筑物的地基变形允许值,可根据上部结构对地基变形的适应能力和使用上的要求来确定。

6.5　刚性基础设计

6.5.1　刚性基础适用范围

刚性基础可用于六层和六层以上（三合土基础不宜超过四层）的民用建筑和墙承重的厂房。

6.5.2　刚性基础的构造要求

刚性基础的抗拉强度和抗剪强度较低，因此必须控制基础内的拉应力和剪应力，使得在压力分布线范围内的基础主要承受压应力，而弯曲应力和剪应力则很小。如图 6-17 所示，基础底面宽度为 b，高度为 H_0，基础台阶挑出墙或柱外的长度为 b_2。基础顶面与基础墙或柱的交点的垂线与压力线的夹角称为压力角，刚性基础中压力角的极限值称为刚性角。它随基础材料不同而有不同的数值。由此可知，刚性基础是指将基础尺寸控制在刚性角限定的范围内，一般由基础台阶的高宽比控制，即要求

$$\tan\alpha = \frac{b_2}{H_0} \leqslant \left[\frac{b_2}{H_0}\right] \qquad (6\text{-}25)$$

所以有
$$b \leqslant b_0 + 2H_0\tan\alpha \qquad (6\text{-}26)$$

式中　α ——基础的压力角；

　　　b ——基础底面宽度（m）；

　　　$\left[\dfrac{b_2}{H_0}\right]$ ——刚性基础台阶宽高比的允许值，查表 6-21。

墙下的刚性基础只在墙的厚度方向放级。而柱下的刚性基础则在两个方向放级，两个方向都要符合宽高比允许值要求（表 6-21）。

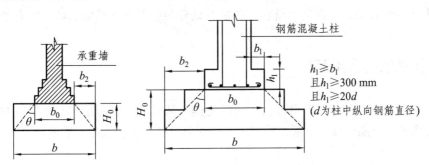

图 6-17　无筋扩展基础构造示意图

表 6-21　刚性基础台阶宽高比的允许值

基础材料	质 量 要 求		台阶宽高比的允许值		
			$p \leqslant 100$	$100 < p \leqslant 200$	$200 < p \leqslant 300$
混凝土基础	C10 混凝土		1:1.00	1:1.00	1:1.00
	C7.5 混凝土		1:1.00	1:1.25	1:1.00
毛石混凝土基础	C7.5 ~ C10 混凝土		1:1.00	1:1.25	1:1.50
砖基础	砖不低于 MU7.5	M5 砂浆	1:1.50	1:1.50	1:1.50
		M2.5 砂浆	1:1.50	1:1.50	
毛石基础	M2.5 ~ M5 砂浆		1:1.25	1:1.50	
	M1 砂浆		1:1.50		

基础材料	质 量 要 求	台阶宽高比的允许值		
		$p \leqslant 100$	$100 < p \leqslant 200$	$200 < p \leqslant 300$
灰土基础	体积比为 3：7 或 2：8 的灰土其最小密度：粉土 1.55 t/m³；粉质黏土 1.50 t/m³；黏土 1.45 t/m³	1：1.25	1：1.50	
三合土基础	体积比为 1：2：4 ~ 1：3：6（石灰：砂：骨料）每层虚铺 220 mm，夯至 150 mm	1：1.50	1：2.00	

注：① p 为基础底面处平均压力（kPa）。
　② 阶梯形毛石基础的每阶伸出宽度不宜大于 200 mm。
　③ 当基础由不同材料叠合组成时，应对接触部分作抗压验算。
　④ 对混凝土基础，当基础底面处平均压力超过 300 kPa 时，尚应按 $V \leqslant 0.07 f_c A$ 进行抗剪验算，式中 V 剪力设计值；f_c 为混凝土轴心抗压强度设计值；A 为台阶高度变化处的剪切断面。

6.6　扩展基础设计

扩展式基础的底面向外扩展，基础外伸的宽度大于基础高度，基础材料承受拉应力。因此，扩展基础必须采用钢筋混凝土材料。扩展基础分为柱下独立基础和墙下条形基础两类。

6.6.1　扩展基础的适用范围

扩展基础适用于上部结构荷载较大，有时为偏心荷载或承受弯矩和水平荷载的建筑物的基础。当地基表层土质较好，下层土质较差时，利用表层好土质浅埋，最适合采用扩展基础。

6.6.2　扩展基础构造

扩展基础的构造（图 6-18），应符合下列要求：

（1）锥形基础的边缘高度不宜小于 200 mm，阶梯形基础的每阶高度宜为 300 ~ 500 mm。

（2）垫层的厚度不宜小于 70 mm，垫层混凝土强度等级应为 C10。

（3）扩展基础底板受力钢筋的最小直径不宜小于 10 mm；间距不宜大于 200 mm，也不宜小于 100 mm。墙下钢筋混凝土条形基础纵向分布钢筋的直径不小于 8 mm，间距不大于 300 mm，每延米分布钢筋的面积应不小于受力钢筋面积的 1/10；当有垫层时钢筋保护层的厚度不小于 40 mm；无垫层时不小于 70 mm。

（4）混凝土强度等级不应低于 C20。

（5）当柱下钢筋混凝土独立基础的边长和墙下钢筋混凝土条形基础的宽度大于或等于 2.5 m 时，底板受力钢筋的长度可取边长或宽度的 0.9 倍，并宜交错布置（图 6-19）。

（6）钢筋混凝土条形基础底板在 T 形及十字形交接处，底板横向受力钢筋仅沿一个主要受力方向通长布置，另一方向的横向受力钢筋可布置到主要受力方向底板宽度 1/4 处（图 6-20a、b）在拐角处底板横向受力钢筋应沿两个方向布置（图 6-20c）。

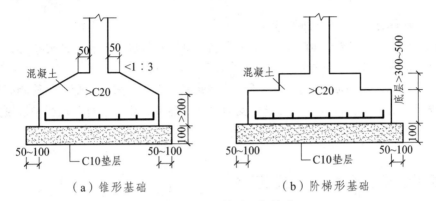

（a）锥形基础　　　　　　（b）阶梯形基础

图 6-18　扩展基础一般构造

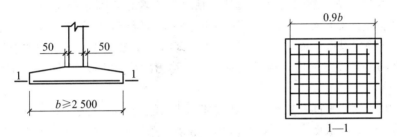

图 6-19　柱下独立基础底板受力钢筋

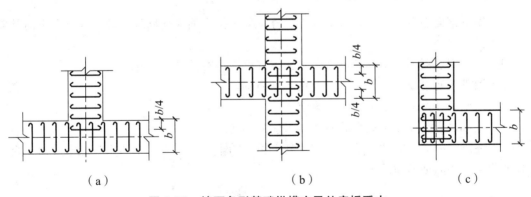

（a）　　　　　　　（b）　　　　　　　（c）

图 6-20　墙下条形基础纵横交叉处底板受力

钢筋混凝土柱和剪力墙纵向受力钢筋在基础内的锚固长度 l_a 应根据钢筋在基础内的最小保护层厚度按现行《混凝土结构设计规范》（GB 50010—2010）有关规定确定：

有抗震设防要求时，纵向受力钢筋的最小锚固长度 l_{aE} 应按下式计算：

一、二级抗震等级

$$l_{aE} = 1.15 \, l_a \qquad\qquad (6-27)$$

三级抗震等级

$$l_{aE} = 1.05\, l_a \qquad\qquad (6\text{-}28)$$

四级抗震等级

$$l_{aE} = l_a \qquad\qquad (6\text{-}29)$$

式中　l_a——纵向受拉钢筋的锚固长度。

当基础高度小于 l_a（l_{aE}）时，纵向受力钢筋的锚固总长度除符合上述要求外，其最小直锚段的长度不应小于 $20d$，弯折段的长度不应小于 150 mm。

现浇柱的基础，其插筋的数量、直径以及钢筋种类应与柱内纵向受力钢筋相同插筋的锚固长度应满足上述要求，插筋与柱的纵向受力钢筋的连接方法，应符合现行《混凝土结构设计规范》（GB 50010）的规定。插筋的下端宜做成直钩放在基础底板钢筋网上。

6.6.3　墙下钢筋混凝土条形基础设计

墙下钢筋混凝土条形基础的截面设计包括基础高度和基础底板配筋计算。在这些计算中，可不考虑基础及其上面土的重力，因为由这些重力所产生的那部分地基反力将与重力相抵消。当然，在确定基础底面尺寸或计算基础沉降时，基础及其上面土的重力是要考虑的。仅由基础顶面的荷载设计值所产生的地基反力，称为净反力，以 p_n 表示。沿墙长度方向取 1 m 作为计算单元。

墙下条形基础由于平面长度很大，其破坏形式只能是横向弯曲；地基净反力过大时，也有可能使得剪力过大，从而发生斜裂缝破坏，故墙下条形基础应能抵抗剪力和弯矩。

1. 墙下钢筋混凝土条形基础的设计原则

（1）墙下钢筋混凝土条形基础的内力计算一般可按平面应变问题处理，在长度方向可取单位长度计算。

（2）柱下钢筋混凝土条形基础则必须按连续梁来进行计算。

（3）墙下钢筋混凝土条形基础宽度由承载力确定。

（4）基础高度由混凝土抗剪条件确定。

（5）基础底板配筋则由验算截面的抗弯能力确定。

（6）在进行截面计算时，不计基础及其上覆土的重力作用所产生的部分地基反力，而只计算外荷载产生的地基净反力。

2. 轴心荷载作用

地基净反力为：

$$p_n = \frac{F}{b} \qquad\qquad (6\text{-}30)$$

式中符号意义同前。

（1）基础高度。

基础内不配箍筋和弯筋，故基础高度由混凝土的抗剪切条件确定：

$$V \leq 0.07 f_c h_0 \qquad (6\text{-}31)$$

式中　V ——为剪力设计值（kN），$V = p_n b_1$。

　　　b_1 ——基础悬臂部分计算截面的挑出长度（图 6-21，m）。当墙体为混凝土材料时，b_1 为基础边缘至墙面的距离；当为砖墙时且墙脚伸出 1/4 砖长时，b_1 为基础边缘至墙面距离加上 0.06 m。

　　　h_0 ——基础有效高度（m）。

　　　f_c ——混凝土轴心抗压强度设计值（kPa）。

（2）基础底板配筋。

悬臂根部的最大弯矩为：

$$M = \frac{1}{2} p_n b_1^2 \qquad (6\text{-}32)$$

式中　M ——基础底板悬臂根部处的由地基净反力引起的最大弯矩值（kN·m）；

其他符号意义同前。

　　　每米长基础的受力钢筋截面面积：

$$A_s = \frac{M}{0.9 f_y h_0} \qquad (6\text{-}33)$$

式中　A_s ——受力钢筋截面面积（mm）；

　　　f_y ——钢筋抗拉强度设计值（N/mm²）。

3. 偏心荷载作用

在偏心荷载作用下（图 6-22），基底净反力一般呈梯形分布，基础底面积按矩形考虑。先计算基础底净偏心距 $e_0 = M/F$，则基础边缘处最大和最小净反力为：

$$\begin{matrix} p_{n,max} \\ p_{n,min} \end{matrix} = \frac{F}{b}\left(1 \pm \frac{6e_0}{b}\right) \qquad (6\text{-}34)$$

悬臂根部截面 I – I（图 6-22）处的净反力为：

$$p_{n1} = p_{n,min} + \frac{b - b_1}{b}(p_{n,max} - p_{n,min}) \quad (6\text{-}35)$$

基础的高度和配筋仍按式（6-31）和（6-33）计算，但在计算剪力和弯矩时，

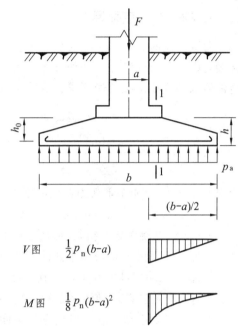

图 6-21　轴心荷载作用下单独基础

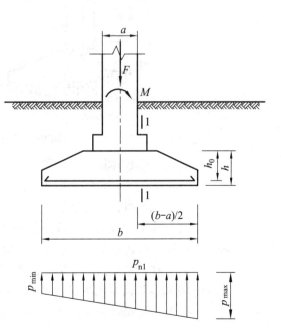

图 6-22　偏心荷载作用下单独基础

$$p_n = \frac{1}{2}(p_{n,max} + p_{n1})。$$

6.6.4 柱下钢筋混凝土单独基础设计

1. 独立基础底板厚度

荷载作用时，独立基础底板在地基净反力作用下，如果底板厚度不够，将会在柱与基础交接处以及基础变阶处受冲切破坏（图 6-23），冲切验算时，柱边变阶处 45°斜裂线所形成的角锥体以外应满足抗冲切要求，受冲切承载力应按下列公式验算：

$$F_l \leqslant 0.7\beta_{hp}f_t\, a_m\, h_0 \tag{6-36}$$

$$a_m = (a_t + a_b)/2 \tag{6-37}$$

$$F_1 = p_j A_1 \tag{6-38}$$

式中　β_{hp} ——受冲切承载力截面高度影响系数，当 h 不大于 800 mm 时，β_{hp} 取 1.0，当 h 大于等于 2 000 mm 时，β_{hp} 取 0.9，其间按线性内插法取用；

　　f_t ——混凝土轴心抗拉强度设计值（kPa）；

　　h_0 ——基础冲切破坏锥体的有效高度（m）；

　　a_m ——冲切破坏锥体最不利一侧计算长度（m）；

　　a_t ——冲切破坏锥体最不利一侧斜截面的上边长（m），当计算柱与基础交接处的受冲切承载力时，取柱宽，当计算基础变阶处的受冲切承载力时，取上阶宽；

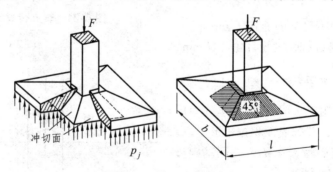

图 6-23　基础冲切破坏

　　a_b ——冲切破坏锥体最不利一侧斜截面在基础底面积范围内的下边长（m），当冲切破坏锥体的底面落在基础底面以内（图 6-24a、b），计算柱与基础交接处的受冲切承载力时，取柱宽加两倍基础有效高度，当计算基础变阶处的受冲切承载力时，取上阶宽加两倍该处的基础有效高度；

　　p_j ——扣除基础自重及其上土重后相应于荷载效应基本组合时的地基土单位面积净反力（kPa），对偏心受压基础可取基础边缘处最大地基土单位面积净反力；

　　A_1 ——冲切验算时取用的部分基底面积（m²，图 6-24a、b 中的阴影面积 ABCDEF）；

　　F_1 ——应于荷载效应基本组合时作用在 A_1 上的地基土净反力设计值（kPa）。

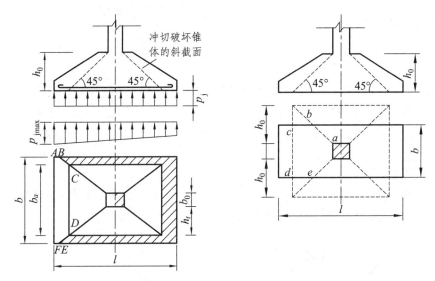

图 6-24　受冲切承载力截面示意图

2. 轴心荷载作用下底板配筋

在地基反力作用下，基础沿柱周边向上弯曲。一般矩形基础的长边比小于 2，故为双向受弯。当弯曲应力超过了基础的抗弯强度时，就发生弯曲破坏。其破坏特征是裂缝沿柱角至基础角将基础底面分裂成四块梯形面积。故配筋计算时，将基础底板看成四块固定在柱边的梯形悬臂板（图 6-25）。

地基净反力对柱边 I – I 截面产生的弯矩为：

$$M_{\mathrm{I}} = p_{\mathrm{n}} A_{1234} l_0 \qquad （6-39）$$

式中　A_{1234} ——为梯形 1234 的面积（m^2），

$$A_{1234} = \frac{1}{4}\left(b + b_{\mathrm{c}}\right)\left(l - a_{\mathrm{c}}\right)；$$

l_0 ——梯形 1234 的形心至柱边的距离（m），

$$l_0 = \frac{\left(l - a_{\mathrm{c}}\right)\left(b_{\mathrm{c}} + 2b\right)}{6\left(b_{\mathrm{c}} + b\right)}$$

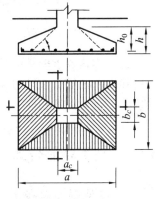

图 6-25　轴心荷载作用下
单独基础

于是：

$$M_{\mathrm{I}} = \frac{1}{24} p_{\mathrm{n}}\left(l - a_{\mathrm{c}}\right)^2\left(2b + b_{\mathrm{c}}\right) \qquad （6-40）$$

平行于长边方向的受力钢筋面积按下式计算：

$$A_{\mathrm{sI}} = \frac{M_{\mathrm{I}}}{0.9 f_{\mathrm{y}} h_0} \qquad （6-41）$$

同理，由面积 1265 的净反力可得柱边 II – II 截面的弯矩为：

$$M_{\mathrm{II}} = \frac{1}{24} p_{\mathrm{n}}\left(b - b_{\mathrm{c}}\right)^2\left(2l + a_{\mathrm{c}}\right) \qquad （6-42）$$

平行短边方向的钢筋面积为：

$$A_{sII} = \frac{M_{II}}{0.9 f_y h_0}$$

（6-43）

阶梯形基础在变阶处也是抗弯的危险截面，按式（6-40）~（6-43）可以分别计算上阶底边Ⅲ–Ⅲ和Ⅳ–Ⅳ截面的弯矩 M_{III} 、钢筋面积 A_{sIII} 和 M_{IV} 、 A_{sIV} 。然后按 A_{sI} 和 A_{sIII} 中大值配置平行于长边方向的钢筋，按 A_{sII} 和 A_{sIV} 中大值配置平行于短边方向的钢筋。

3. 偏心荷载作用

如果只在矩形基础长边方向产生偏心，即只有一个方向的净偏心距 $e_0 = M/F$ ， M 为基础底面形心处的弯矩。则基底净反力的最大值和最小值为：

$$\frac{p_{n,max}}{p_{n,min}} = \frac{F}{lb}\left(1 \pm \frac{6e_0}{l}\right)$$

（6-44）

（1）基础高度。

可按式（6-36）或（6-38）计算，但应以 $p_{n,max}$ 代替式中的 p_n 。

（2）底板配筋。

可按轴心受压相应公式计算，但计算弯矩时，地基净反力按下面方法取值：

用式（6-40）计算时，以 $\left(p_{n,max} + p_{nI}\right)/2$ 代替式中的 p_n ，其中 p_{nI} 为：

$$p_{nI} = p_{n,min} + \frac{l+a_c}{2l}\left(p_{n,max} - p_{n,min}\right)$$

（6-45）

用式（6-42）计算时，式中的 $p_n = \frac{1}{2}\left(p_{n,max} + p_{n,min}\right) = \frac{F}{lb}$ 。

符合构造要求的杯形基础，在与预制柱结合形成整体后，其性能与现浇基础相同，故其高度和底面配筋仍按柱边和高度变化处的截面进行计算。此外，杯形基础的埋深和底面尺寸的选择，也与上述相同。

6.6.5　柱下条形基础

1. 柱下钢筋混凝土条形基础的设计原则

（1）在比较均匀的地基上，上部结构刚度较好，荷载分布较均匀，且条形基础梁的高度不小于 1/6 柱距时，地基反力可按直线分布，条形基础梁的内力可按连续梁计算，此时边跨跨中弯矩及第一内支座的弯矩值宜乘以 1.2 的系数。

（2）当不满足（1）款的要求时，宜按弹性地基梁计算。

（3）对交叉条形基础，交点上的柱荷载，可按静力平衡条件及变形协调条件，进行分配。其内力可按上述规定，分别进行计算。

（4）应验算柱边缘处基础梁的受剪承载力。

（5）当存在扭矩时，尚应作抗扭计算。

（6）当条形基础的混凝土强度等级小于柱的混凝土强度等级时，应验算柱下条形基础梁顶面的局部受压承载力。

2. 柱下钢筋混凝土条形基础的构造要求

（1）柱下条形基础梁的高度宜为柱距的 1/4～1/8。翼板厚度不应小于 200 mm。当翼板厚度大于 250 mm 时，宜采用变厚度翼板，其顶面坡度宜小于或等于 1：3。

（2）条形基础的端部宜向外伸出，其长度宜为第一跨距的 0.25 倍。

（3）现浇柱与条形基础梁的交接处，基础梁的平面尺寸应大于柱的平面尺寸，且柱的边缘至基础距离不得小于 50 mm。

（4）条形基础梁顶部和底部的纵向受力钢筋除应满足计算要求外，顶部钢筋应按计算配筋全部贯通，底部通长钢筋不应少于底部受力钢筋截面总面积的 1/3。

（5）柱下条形基础的混凝土强度等级，不应低于 C20。

3. 内力的简化计算

柱下条形基础可视为作用有若干集中荷载并置于地基上的梁，同时受到地基反力的作用。在柱下条形基础结构设计中，除按抗冲切和抗剪强度验算以确定基础高度，并按翼板弯曲确定基础底板横向配筋外，还需计算基础纵向受力，以配置纵向受力钢筋。所以必须计算柱下条形基础的纵向弯矩分布。柱下条形基础纵向弯矩计算的常用简化方法有以下两种：

（1）静定分析法。

当柱荷载比较均匀，柱距相差不大，基础与地基相对刚度较大，以致可忽略柱下不均匀沉降时，可进行满足静力平衡条件下梁的内力计算。地基反力以线性分布作用于梁底，用材料力学的截面法求解梁的内力，称为静定分析法。静定分析法不考虑与上部结构的共同作用，因而在荷载和直线分布的地基反力作用下产生整体弯曲。此法算得的基础最不利截面上的弯矩绝对值往往偏大。此法只宜用于柔性上部结构，且自身刚度较大的条形基础。

（2）倒梁法。

倒梁法是将柱下条形基础假设为以柱脚为固定铰支座的倒置连续梁，以线性分布的基底净反力作为荷载，用弯矩分配法或查表法求解倒置连续梁的内力。

由于倒梁法在假设中忽略了基础梁的挠度和各柱脚的竖向位移差，且认为基底净反力为线性分布，故应用倒梁法时限制相邻柱荷载差不超过 20%，柱间距不宜过大，并应尽量等间距。若地基比较均匀，基础或上部结构刚度较大，且条形基础的高度大于 1/6 柱距，则倒梁法计算得到的内力比较接近实际。

6.6.6　十字交叉条形基础

柱下十字交叉条形基础是由柱网下的纵横两组条形基础组成的一种空间结构，在基础交叉点处承受柱网传下的集中荷载和力矩。

十字交叉条形基础梁的计算较复杂，一般采用简化计算方法。通常把柱荷载分配到纵横两个方向的基础上，然后分别按单向条形基础进行内力计算。其计算主要是解决节点荷载分配问题，一般是按刚度分配或变形协调的原则，沿两个方向分配，下面简要讨论。节点荷载分配，不管采用什么方法，都必须满足两个条件：

1. 静力平衡条件

$$F_i = F_{ix} + F_{iy} \tag{6-46}$$

式中　F_i ——任一节点 i 上的集中荷载（kN）；

　　　F_{ix}、F_{iy} ——节点 i 处分配于 x 和 y 方向基础上的集中荷载（kN）。

2. 变形协调条件

按地基与基础共同作用的概念，则纵横基础梁在节点 i 处的竖向位移和转角应相同，且应与该处地基的变形相协调。简化计算方法假定交叉点处纵梁和横梁之间铰接，认为一个方向的条形基础有转角时，对另一个方向的条形基础内不引起内力，节点上两个方向的力矩分别由对应的纵梁和横梁承担。这样，只要满足节点处的竖向位移协调条件即可，即：

$$W_{ix} = W_{iy} \tag{6-47}$$

式中　W_{ix}、W_{iy} ——节点 i 处 x 和 y 方向条形基础的挠度。

当十字交叉节点间距较大，纵横两向间距相等且节点荷载差别又不大时，可不考虑相邻荷载的相互影响，使节点荷载的分配大大简化。可以把地基视为弹簧模型，并可以进一步近视地假定 W_{ix}、W_{iy} 分别仅由 F_x、F_y 引起，而与梁上其他荷载无关。于是根据式（6-47），可得：

$$F_x \overline{W}_x = F_y \overline{W}_y \tag{6-48}$$

式中　$\overline{W}_x$、$\overline{W}_y$ ——分别是单位力 $F_x = 1$ 和 $F_y = 1$ 引起横梁和纵梁在交叉点 i 处的竖向位移。

由式（6-47）和式（6-48）可解得：

$$F_x = \frac{\overline{W}_y}{\overline{W}_x + \overline{W}_y} F \tag{6-49}$$

$$F_y = \frac{\overline{W}_x}{\overline{W}_x + \overline{W}_y} F \tag{6-50}$$

对边柱节点由基本方程

$$F_i = F_{ix} + F_{iy}$$

$$W_i = \frac{F_{ix}}{2Kb_x s_x} = \frac{2F_{iy}}{Kb_y s_y}$$

解得

$$F_{ix} = \frac{4b_x s_x}{4b_x s_x + b_y s_y} F_i \tag{6-51}$$

$$F_{iy} = \frac{b_y s_y}{4b_x s_x + b_y s_y} F_i \tag{6-52}$$

对角柱节点由基本方程

$$F_i = F_{ix} + F_{iy}$$

$$W_i = \frac{2F_{ix}}{Kb_x s_x} = \frac{F_{iy}}{2Kb_y s_y}$$

解得

$$F_{ix} = \frac{b_x s_x}{b_x s_x + b_y s_y} F_i \qquad\qquad (6\text{-}53)$$

$$F_{iy} = \frac{b_y s_y}{b_x s_x + b_y s_y} F_i \qquad\qquad (6\text{-}54)$$

6.6.7 筏板基础

当地基承载力较差，上部结构荷载较大时，钢筋混凝土十字交叉条形基础往往满足不了建筑物的要求，须将基础底面进一步扩大，从而连成一块整体的基础板，形成筏板基础。城市地表杂填土层很厚，挖除不经济时，采用筏板基础可以解决杂填土不均匀的问题。多层住宅建在软弱地基上采用墙下筏板基础，是一种安全、经济、施工方便的方案。带地下室的建筑，为使用方便和满足防渗要求，也采用筏板基础。即使地基土相对较均匀时，对不均匀沉降敏感的结构也常采用筏板基础。本节主要介绍高层建筑筏板基础。

筏板基础一般可分为平板式筏基和梁板式筏基两种类型，也可按上部结构形式分为柱下筏基和墙下筏基两类（图 6-26）。

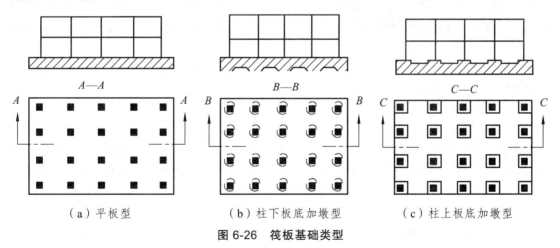

（a）平板型　　　　　　　　（b）柱下板底加墩型　　　　　　　（c）柱上板底加墩型

图 6-26　筏板基础类型

钢筋混凝土筏板基础具有施工简单、基础整体刚度好和能调节建筑物不均匀沉降等特点，它的抗震性能也比较好。最简单的筏板基础是一块等厚度的钢筋混凝土平板，美国休斯敦商业大厦（高 305 m）就采用了这种基础，是目前世界上由天然地基承载的最高建筑物，大楼平面为 48.8 m×48.8 m，钢筋混凝土筏板基础的平面为 65.5 m×65.5 m，基础板厚近 3 m；竣工后大楼各部分的沉降差很小，基础中心 6 年的总沉降为 10～15 mm，两周边为 25～50 mm。

筏板基础作为一个大面积基础，可按整体稳定性原理确定地基承载力。由于筏基有较大的宽度和埋深（由地表算至筏板底），从而提高了地基的承载力。对于粗颗粒土，筏基的地基极限承载力往往非常之大。对于黏性土，则须注意确定埋深土层的抗剪强度参数，以便分析埋深土层破坏的安全系数，确保整体稳定性。当发现深层土抗剪强度较低时，单纯靠扩大底面积以减少基底压力，往往效果不大，亦不经济，这时可考虑采用其他基础形式（如箱形基础等），以加大基础埋深和刚度。

1. 筏板基础设计要求

（1）一般规定。

① 埋深。

当采用天然地基时，筏板基础埋深不宜小于建筑物地面以上高度的 1/12，当筏板下有桩基时不宜小于建筑物地面以上高度的 1/15，桩长度不计入埋深。但对于非抗震设计的建筑物或抗震设防烈度为 6 度时，筏基的埋深可适当减小；在遇到地下水位很高的地区，筏基的埋深也可适当减小。一般情况下，为了防止建筑物的滑移，设置一层地下室是必要的，这在建筑使用上也常常需要。当基础落在岩石上，为设置地下室而需要开挖大量石方时，也允许不设地下室，但是，为了保证结构的整体稳定，防止倾覆和滑移，应采用地锚等必要的措施。

② 选型。

梁板式筏基和平板式筏基两者相比，前者所耗费的混凝土和钢筋都比较少，因而也比较经济；后者对地下室空间高度有利，施工也比较方便。因此，筏基形式的选用应根据土质、上部结构体系、柱距、荷载大小及施工等条件综合分析确定。在工程设计中，一般认为柱距变化不超过 20%、柱间的荷载变化也不 20%时，对于柱网均匀且间距较小和上部荷载不很大的结构，通常考虑选用平板式筏板基础；对于纵横柱网尺寸相差较大，上部结构的荷载也较大时，宜选用梁式筏板基础。对于上部结构为剪力墙体系时，如果每道剪力墙都直通到基础，一般习惯把筏板基础做成平板式的；而对于每道剪力墙不都直通到基础的框支剪力墙，必须选用梁板式的筏板基础。

（2）构造要求。

① 筏板厚度。

筏板厚度可根据上部结构开间和荷载大小确定。梁板式筏基的筏板厚度不得小于200 mm，且板厚与板格的最小跨度之比不宜小于 1/20。平板式筏基的板厚度应根据冲切承载力确定，且最小厚度不宜小于 300 mm。

② 筏板平面尺寸。

筏板的平面尺寸，应根据地基承载力、上部结构的布置以及荷载分布等因素确定。需要扩大筏基底板面积时，扩大位置宜优先考虑在建筑物的宽度方向。对基础梁外伸的梁板式筏基，筏基底板挑出的长度，从基础梁外皮起算横向不宜大于 1200 mm，纵向不宜大 800 mm；对平板式筏基其挑出长度从柱外皮起算横向不宜大于 1 000 mm，纵向不宜大于 600 mm。

③ 筏板混凝土。

筏形基础的混凝土强度等级不应低于 C30，当有地下室时应采用防水混凝土。对重要建筑，宜采用自防水并设置架空排水层。

④ 筏板配筋。

筏板配筋率一般在 0.5% ~ 1.0% 为宜。当板厚度小于 300 mm 时单层配筋，板厚度等于或大于 300 mm 时双层配筋。受力钢筋的最小直径不宜小于 8 mm，间距 100 ~ 200 mm，当有垫层时，钢筋保护层的厚度不宜小于 35 mm。筏板的分布钢筋，直径取 8 mm、10 mm，间距 200 ~ 300 mm。筏板配筋不宜粗而疏，以有利于发挥薄板的抗弯和抗裂能力。

筏板配筋除符合计算要求外，纵横方向支座处尚应有 0.10% ~ 0.15% 的配筋率的钢筋连通；跨中则按实际配筋率全部贯通。筏板悬臂部分下的土体如可能与筏板底脱离时，应在悬臂上部设置受力钢筋。当双向悬臂挑出但梁不外伸时，宜在板底布置放射状附加钢筋。

⑤ 地下室底层柱。

剪力墙与梁板式筏基的基础梁连接的构造应符合下列要求：

a. 柱、墙的边缘至基础梁边缘的距离不应小于 50 mm（图 6-27）；

b. 当交叉基础梁的宽度小于柱截面的边长时，交叉基础梁连接处应设置八字角，柱角与八字角之间的净距不宜小于 50 mm（图 6-27a）；

c. 单向基础梁与柱的连接，可按图 6-27b、c 采用；

d. 基础梁与剪力墙的连接，可按图 6-27d 采用。

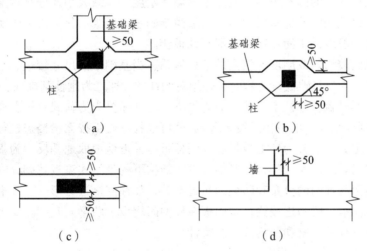

图 6-27 地下室底层柱或剪力墙与梁板式筏基的基础梁连接的构造

2. 筏板基础计算

高层建筑筏板基础计算内容包括：确定筏板底面尺寸、筏板厚度和筏板的内力计算及配筋。

（1）筏板基础底面积和板厚度确定原则。

在根据建筑物使用要求和地质条件选定筏板的埋深后，其基底面积按地基承载力确定，必要时还应验算地基变形。为了避免基础发生太大倾斜和改善基础受力状况，在决定平面尺寸时，可以通过改变底板在四边的外挑长度来调整基底形心，使其尽量与结构长期作用的竖向荷载合力作用点重合，以减少基底截面所受的偏心力矩，避免过大的不均匀沉降。

对单幢建筑物，在地基土比较均匀的条件下，基底平面形心宜与结构竖向永久荷载重心重合。当不能重合时，在荷载效应准永久组合下，偏心距 e 宜符合下式要求：

$$e \leqslant 0.1W/A \tag{6-53}$$

式中　W ——与偏心距方向一致的基础底面边缘抵抗矩；

　　　A ——基础底面积。

（2）筏板基础的地基反力。

当上部结构刚度较大（如剪力墙体系、填充墙很多的框架体系），且地基压缩模量 $E_s \leqslant$ 4 MPa 时，筏基的地基反力可按直线分布考虑；如果上部结构的荷载是比较均匀的，则地基反力也可取均匀反力。对筏板厚度大于 $l/6$（l 为承重横向剪力墙开间或最大柱距）的筏板，且上部结构刚度较大时，筏基下的地基反力仍可按直线分布确定；当上部结构荷载比较均匀时，筏基反力也可视为均匀的。为了考虑整体弯曲的影响，在板端一、二开间内的地基反力应比均匀反力增加 10%～20%。若不满足上述条件，则只能按弹性板法来确定地基反力。

3. 筏板内力计算

由于影响筏板内力的因素很多，例如上部墙体刚度、荷载大小及分布状况、板的刚度、地基土的压缩性以及相应的地基反力等，以致尚难确定一种既简化又接近于实际情况的通用计算方法。目前一般多采用简化算法，即刚性板法。

对上部荷载比较均匀或刚度比较大的结构体系，当基础平面尺寸较小、筏板厚度较大及土层较软时，可以认为基础板对地基而言是绝对刚性的，称之为刚性基础板。"刚性板法"将基础板视为倒置的楼盖，以柱子或剪力墙为支座、地基净反力为荷载，按普通钢筋混凝土楼盖来计算，比如框架结构下的平板式筏板基础，就可以将基础板按无梁楼盖进行计算（图 6-28，平板可在纵横两个方向划分为柱上板带和柱间板带，并近似地取地基反力为板带上的荷载，其内力分析和配筋计算同无梁楼盖；又如对框架结构下的带梁式筏板基础，在按倒楼盖法计算时，其计算简图与柱网的分布和肋梁的布置有关，如柱网接近方形、梁仅沿柱网布置，则基础板为连续双向板，梁为连续梁；基础板在柱网间增设了肋梁，基础板应视区格大小按双向板和单行板进行计算，梁和肋均按连续梁计算。

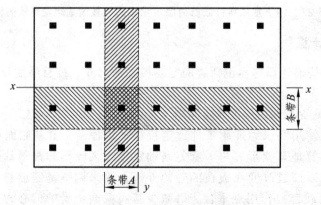

图 6-28　无梁楼盖刚性板法

对于板厚大于 $l/6$ 的筏板，因其刚度较大，可取单位宽度的板带，按倒置连续梁法计算内力。

刚性板法的具体计算步骤为：

① 首先求板的形心，作为 x、y 坐标系的原点。

② 按下式求板底反力分布：

$$p = \frac{\sum P}{A} \pm \left(\sum P\right)\frac{e_x x}{I_y} \pm \left(\sum P\right)\frac{e_y y}{I_x} \tag{6-55}$$

$$\frac{p_{\max}}{p_{\min}} = \frac{\sum P}{A} \pm \left(\sum P\right)\frac{e_x}{W_y} \pm \left(\sum P\right)\frac{e_y}{W_x} \tag{6-56}$$

式中　$\sum P$——刚性板上总荷载（kN）；

　　　A——筏板总面积（m^2）；

　　　e_x、e_y——$\sum P$ 的合力作用点在 x、y 方向上距基底形心的距离（m）；

　　　I_x、I_y——基底对 x、y 轴的惯性矩（m^4）；

　　　W_x、W_y——基底对 x、y 轴的抵抗矩（m^3）。

③ 在求出基底净反力之后（不考虑整体弯曲，但在端部一、二开间内将基底反力增加 $10\% \sim 20\%$），可按互相垂直两个方向作整体分析。

虽然上述简单的静力平衡原理可以确定整个板截面上的剪力与弯矩，但要确定这个截面上的应力分布却是一个高次超静定的问题。在板截面的计算中，由于独立的板带没有考虑相互间剪力的影响，梁上荷载与地基反力常常不满足静力平衡条件，可通过调整反力得到近似解。对于弯矩的分布可采用分配法，即将计算板带宽度 b 的弯矩按宽度分为三部分，中间部分的宽度为 $b/2$，两边部分的宽度为 $b/4$，把整个宽度 b 上的 $2/3$ 弯矩值作用于中间部分，边缘各承担 $1/6$ 弯矩。

应当指出，采用筒中筒结构、框筒结构、整体剪力墙结构的高层建筑浅埋筏基或具有多层地下结构的深埋筏基，由于结构整体刚度很大，可近似地按倒楼盖法计算内力，忽略筏基整体弯矩的影响。

刚性板的简化计算方法要求板上的柱距相同或比较接近且小于 $1.75/\lambda$，相邻柱荷载相对均匀，荷载的变化不超过 20%。采用这种方法求得的内力一般偏大，但方法简单，计算容易，且高层建筑中的筏板基础的板厚一般都比较大，多数的筏板能符合刚性基础板的要求，所以设计人员常用这种方法来计算基底反力。

6.7　减轻不均匀沉降危害的措施

地基基础设计只是建筑物设计的一部分，因此，地基基础设计应从建筑物整体考虑，以确保安全。从地基变形方面来说，如果其估算结果超过允许值，或者根据当地经验预计不均匀沉降、均匀沉降过大，则应采取措施，以防止或减少地基沉降的危害。

不均匀沉降常引起砌体承重构件开裂，尤其是墙体窗口门洞的角位处。裂缝的位置和方向与不均匀沉降的状况有关。不均匀沉降引起墙体开裂的一般规律：斜裂缝上段对下来的基础或基础的一部分沉降较大。如果墙体中间部分的沉降比两端大，则墙体两端的斜裂缝将呈八字形，有时（墙体过长）还在墙体中部下方出现近乎竖直的裂缝。如果墙体两端的沉降大，则斜裂缝将呈倒八字形。当建筑物各部分的荷载或高度差别较大时，重、高部分的沉降也常较大，并导致轻、低部分产生斜裂缝。

对框架等超静定结构来说，各柱的差必将在梁柱等构件中产生附加内力。当这些附加内力和设计荷载作用下的内力超过构件承载能力时，梁、柱端和楼板将出现裂缝。

防止和减轻不均匀沉降的危害，是设计部门和施工单位都要认真考虑的问题。如工程地质勘察资料或基坑开挖查验表明不均匀沉降可能较大时，应考虑更改设计或采取有效办法处理。常用的方法有：

（1）对地基某一深度内或局部进行人工处理。

（2）采用桩基础或其他基础方案。

（3）在建筑设计、结构设计和施工方面采取某些措施。

6.7.1 建筑措施

1. 建筑物体形力求简单

建筑物的形体可通过其立面和平面表示。建筑物的立面不宜高差悬殊，因为在高度突变的部位，常由于荷载轻重不一而产生超过允许值的不均匀沉降。如果建筑物需要高低错落，则应在结构上认真配合。平面形状复杂的建筑物，由于基础密集，产生相邻荷载影响而使局部沉降量增加。如果建筑在平面上转折、弯曲太多，则其整体性和抵抗变形的能力将受到影响。

2. 控制建筑物的长高比

建筑物在平面上的长度 L 和从基础底面起算的高度 H_f 之比，称为建筑物的长高比。它是决定砌体结构房屋刚度的一个主要因素。L/H_f 越小，建筑物的刚度越好，调整地基不均匀沉降的能力就越大。对三层和三层以上的房屋，L/H_f 宜小于或等于 2.5；当房屋的厂搞比满足 $2.5<L/H_f≤3.0$ 时，应尽量做到纵墙不转折或少转折，其内墙间距不宜过大，且与纵墙之间的连接应牢靠，同时纵墙开洞不宜过大。必要时还应增强基础的刚度和强度。当房屋的预估计最大沉降量少于或等于 120 mm 时，在一般情况下，砌体结构的长高比可不受限制。

3. 设置沉降缝

沉降缝把建筑物从基础底面直至屋盖分开成各自独立单元。每个单元一般应体形简单、长高比较小以及地基比较均匀。沉降缝一般设置在建筑物的下列部位：

（1）建筑物平面的转折处。

（2）建筑物高度或荷载差异变化处。

（3）长高比不合要求的砌体结构以及钢筋混凝土框架结构的适当部位。

（4）地基土的压缩性有显著变化处。

（5）建筑结构或基础类型不同处。

（6）分期建造房屋的交接处。

沉降缝应有足够的宽度，以防止缝两侧的结构相向倾斜而互相挤压。缝内一般不得填塞材料（寒冷地区需填松软材料）。沉降缝的常用宽度为：二、三层房屋 50 mm 至 80 mm，四、五层房屋 80 mm 至 120 mm，五层以上房屋大于 120 mm。

4. 建筑物之间应有一定距离

作用在地基上的荷载，会使土中一定宽度和深度的范围内产生附加应力，同时也使地基发生变形。在此范围外，荷载对邻近建筑没有影响。同期建造的两相邻建筑，或在原有房屋邻近新建高重的建筑物，如果距离太近，就会由于相邻的影响，产生不均匀沉降，造成倾斜和开裂。

相邻建筑物基础的净距，按表 6-22 选用。由该表可见，决定相邻间距的主要因素是被影响的建筑物的刚度（用长高比来衡量）和产生影响的建筑物的预估沉降量。

表 6-22　相邻建筑物基础的净距（m）

影响建筑的预估平均沉降量 s（mm）	被影响建筑的长高比	
	$2.0 \leqslant \dfrac{L}{H_f} < 3.0$	$3.0 \leqslant \dfrac{L}{H_f} < 5.0$
70～150	2～3	3～6
160～260	3～6	6～9
260～400	6～9	9～12
>400	9～12	≥12

注：1. 表中 L 为建筑物沉降缝分隔的单元长度（m）；H_f 为自基础底面标高算起的建筑物高度（m）；
　　2. 当被影响建筑的长高比为 $1.5 < L/H_f < 2.0$ 时，其间净距可适当缩小。

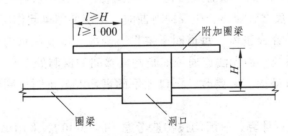

图 6-29　附加圈梁

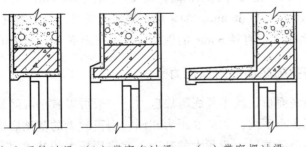

（a）平墙过梁　（b）带窗套过梁　　（c）带窗楣过梁

图 6-30　钢筋混凝土圈梁

5. 整建筑标高

建筑物的长期沉降，将改变使用期间各建筑单元、地下管道和工业设备等部分的原有标高，这时可采取下列措施进行调整：

（1）根据预估的沉降量，适当提高室内地面和地下设施的标高。

（2）将互有联系的建筑物各部分中沉降较大者的标高提高。

（3）建筑物与设备之间，应留有足够的净空。当有管道穿过建筑物时，应预留足够大小的孔洞，或者采用柔性的管道接头。

6.7.2 结构措施

1. 减轻建筑物自重

建筑物的自重在基底压力中占有很大比例。工业建筑中估计占 50%，民用建筑中可高达 60%甚至 70%，因而减少沉降量常可以从减轻建筑物自重着手：

（1）采用轻质材料，如采用空心砖墙或其他轻质墙等。

（2）选用轻型结构，如预应力混凝土结构、轻型钢结构以及各种轻型空间结构。

（3）减轻基础及以上回填土的重量，选用自重轻、覆土较少的基础形式，如浅埋的宽基础和半地下室、地下室基础，或者室内地面架空。

2. 设置圈梁和钢筋混凝土构造柱

圈梁的作用在于提高砌体结构抵抗弯曲的能力，即增强建筑物的抗弯刚度。它是防止砖墙出现裂缝和阻止裂缝开展的一项有效措施。当建筑物产生碟形沉降时，墙体产生正向弯曲，下层的圈梁将起作用；反之，墙体长生反向弯曲时，上层的圈梁起作用。

圈梁必须与砌体结合成整体，每道圈梁要贯通全部外墙、承重内纵墙及主要内横墙，即在平面上形成封闭系统。当无法连通（如某些楼梯间的窗洞处）时，应按图 6-29 所示的要求利用附加圈梁进行搭接。必要时，洞口上下的钢筋混凝土附加圈梁可和两侧的小柱形成小框。

圈梁的截面难以进行计算，一般均按构造考虑（图 6-30）。采用钢筋混凝土圈梁时，混凝土强度等级宜采用 C20，宽度与墙厚相同，高度不小于 120 mm，上下各配 2 根直径 8 mm 以上的纵筋。箍筋间距不大于 30 mm。如采用钢筋砖圈梁时，位于圈梁处的 4~6 皮砖，用 M5 砂浆砌筑，上下各配 3 根直径 6 mm 的钢筋，钢筋间距不小于 120 mm。

3. 减小或调整基础底面的附加压力

采用较大的基础底面积，减小基底附加应力，一般可以减小沉降量。但是，在建筑物不同部位，由于荷载大小不同，如基底压力相同，则荷载大的基础底面尺寸也大，沉降量必然也大。为了减小沉降差异，荷载大的基础，宜采用较大的基础底面积，以减小该处的基底压力。

4. 置连系梁

钢筋混凝土框架结构对不均匀沉降很敏感，很小的沉降差异就足以引起较大的附加应力。对于采用单独柱基的框架结构，在基础之间设置连系梁（图7-55）是加大结构刚度、减少不均匀沉降的有效措施之一。连系梁的设置常由经验性（仅起承重墙作用例外），其底面一般置于基础顶面（或略高些），过高则作用下降，过低则施工不便。连系梁的截面可取柱距的1/14至1/8，上下均匀通长配筋，每侧配筋率为0.4%至1.0%。

5. 用联合基础或连续基础

采用二柱联合基础或条形、交梁、筏板、箱形等连续基础，可增大支承面积和减小不均匀沉降。

建造在软柔地基土上的砌体承重结构，宜采用刚度较大的钢筋混凝土基础。

6. 使用能适应不均匀沉降的结构

排架等铰接结构，在支座产生相对变形的结构内力的变化甚小。故可以避免不均匀沉降的危害，但必须注意所产生的不均匀沉降是否将影响建筑物的使用。

油罐、水池等做成柔性结构，基础也常采用柔性地板，以顺从、适应不均匀沉降。这时，在管道连接处，应采取某些相应的措施。

6.7.3　施工措施

在软弱地基上开挖基坑和修造基础时，应合理安排施工顺序，注意采用合理的施工方法，以确保工程质量和减小不均匀沉降的危害。

对于高低、重轻悬殊的建筑部位，在施工进度和条件许可的情况下，一般应按照先重后轻、先高后低的程序进行施工，或在高重部位竣工并间歇一段时间后再修建轻低部位。

对于具有地下室和裙房的高层建筑，为减小高层部分与裙房间的不均匀沉降，在施工时应采用施工后浇带断开，待高层部分主体结构完成时再连接成整体。如采用桩基，可根据沉降情况，在高层部分主体结构未全部完成时连接成整体。

在软弱地基上开挖基坑修建地下室和基础时，应特别注意基坑坑壁的稳定和基坑的整体稳定。

软弱基坑的土方开挖可采用挖土机具进行作业。但应尽量防止扰动坑底土的原状结构。通常坑底至少应保留200 mm以上的原土层，待施工垫层时用人工挖法。如果发现坑底软土已被扰动，则应挖去被扰动的土层，用砂回填处理。

在软土基坑范围内或附近地带，如有锤击作业，应在基坑工程开始前至少半个月，先行完成桩基施工任务。

在进行降低地下水位作业的现场，应密切注意降水对邻近建筑物可能产生的不利影响，特别应防止流土现象发生。

应尽量避免在新建基础、新建建筑物侧边堆放大量土方、建筑材料等地面荷载，以防基础产生附加沉降。

思考题

1. 什么是地基、基础？什么叫天然地基？

2. 天然地基上浅基础有哪些类型？

3. 简述刚性基础、扩展基础的概念。

4. 简述无筋扩展基础（刚性基础）的特点。

5. 基础埋深的选择应考虑哪些因素？

6. 地基变形特征分为几种？并写出定义。

7. 试述地基基础设计的一般步骤。

8. 什么是地基承载力的特征值？

9. 什么叫地基的软弱下卧层？对基础工程有何影响？在计算下卧层应力分布时是根据基底压力扩散原理进行的，扩散角大小受哪些因素影响？

10. 从建筑、结构或施工方面，试述防止不均匀沉降的措施。

11. 当拟建相邻建筑物之间轻（低）重（高）悬殊时，应采取怎样的施行顺序？为什么？

习 题

1. 如图 6-31 所示，问基坑开挖 1 m 时，坑底有无隆起开裂的危险？若基础埋深 $d=1.5$ m，施工时除将中砂层内地下水位降到基底外，将承压水位至少降低几米？

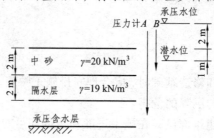

图 6-31 习题 1 图

2. 如图 6-32 所示柱基，基础尺寸为 3 m×3.6 m。试验算持力层和下卧层承载力。

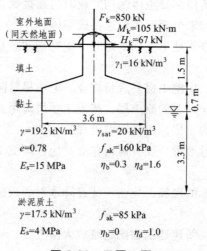

图 6-32 习题 2 图

3. 如图 6-33 所示柱基础，地基承载力特征值 f_{ak} = 190kPa。试设计矩形基础底面尺寸。

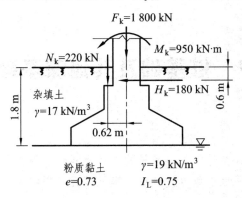

图 6-33　习题 3 图

7 桩基础及其他深基础

【学习要点】

要求熟悉桩基础的设计与计算，熟悉桩的设计步骤，掌握桩数及桩的平面布置，了解桩及承台的设计方法，以及群桩承载力及群桩沉降计算，掌握桩基础的分类与应用和其他深基础。

如果建筑场地浅层的土质不能满足建筑物对地基承载力和变形的要求，而又不适宜采取地基处理措施时，就要考虑以下部坚实土层或岩层作为持力层的深基础方案了。深基础主要有桩基础、沉井和地下连续墙等几种类型，其中以历史悠久的桩基应用最为广泛。本章着重讨论桩基础的理论与实践，并在本节中简略介绍沉井基础和地下连续墙。

7.1 桩基础设计内容与设计原则

7.1.1 桩基础设计原则

《建筑桩基技术规范》（JGJ 94—2008）规定，建筑桩基础应按以下两类极限状态设计。

1. 桩基极限状态

① 承载能力极限状态：对应于桩基受荷达到最大承载能力导致整体失稳或发生不适于继续承载的变形。

② 正常使用极限状态：对应于桩基变形达到为保证建筑物正常使用所规定的限值或桩基达到耐久性要求的某项限值。

2. 建筑桩基设计等级

根据建筑物规模、功能特征、对差异变形的适用性、场地地基和建筑物体型的复杂性以及由于桩基问题可能造成建筑物破坏或影响正常使用的程度，将桩基设计分为三个等级，如表 7-1。

表 7-1 建筑桩基设计等级

设计等级	建筑物类型
甲级	（1）重要的建筑； （2）30 层以上或高度超过 100 m 的高层建筑； （3）体型复杂且层数相差超过 10 层的高低层（含纯地下室）连体建筑； （4）20 层以上框架-核心筒结构及其他对差异沉降有特殊要求的建筑； （5）场地和地基条件复杂的七层以上的一般建筑及坡地、岸边建筑； （6）对相邻既有工程影响较大的建筑
乙级	除甲级、丙级以外的建筑
丙级	场地和地基条件简单、荷载分布均匀的七层及七层一下的一般建筑

7.1.2 桩基础设计内容

（1）桩的类型和几何尺寸。

（2）确定单桩极限承载力标准值。

（3）确定桩数和承台底面尺寸。

（4）确定复合基桩竖向承载力设计值。

（5）群桩地基承载力验算。

（6）桩顶作用计算。

（7）桩身结构设计计算。

（8）承台设计。

7.2 桩基的分类及构造要求

随着近代科学技术的发展，桩的种类和桩基形式、施工工艺和设备以及桩基理论和设计方法，都有了很大的演进。桩基已成为在土质不良地区修建各种建筑物，特别是高层建筑、重型厂房和具有特殊要求的构筑物所广泛采用的基础形式。低承台桩基见图 7-1。

对下列情况，可考虑选用桩基础方案：

（1）不允许地基有过大沉降和不均匀沉降的高层建筑或其他重要的建筑物。

（2）重型工业厂房和荷载过大的建筑物，如仓库、料仓等。

（3）对烟囱、输电塔等高耸结构物，宜采用桩基以承受较大的上拔力和水平力，或用以防止结构物的倾斜时。

（4）对精密或大型的设备基础，需要减小基础振幅、减弱基础振动对结构的影响，或应控制基础沉降和沉降速率时。

（5）软弱地基或某些特殊性土上的各类永久性建筑物，

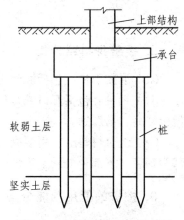

图 7-1 低承台桩基础示意图

或以桩基作为地震区结构抗震措施时。

当地基上部软弱而下部不太深处埋藏有坚实地层时，最宜采用桩基。如果软弱土层很厚，桩端达不到良好地层，则应考虑桩基的沉降等问题；通过较好土层而将荷载传到下卧软弱层，则反而使桩基沉降增加。总之，桩基设计也应注意满足地基承载力和变形这两项基本要求。在工程实践中，由于设计或施工方面的原因，致使桩基不合要求，甚至酿成重大事故者已非罕见。因此，做好地基勘察、慎重选择方案、精心设计施工，也是桩基工程必须遵循的准则。

7.2.1 基桩的分类

1. 按承载性状分类

1）摩擦型桩

（1）摩擦桩：在承载能力极限状态下，桩顶竖向荷载由桩侧阻力承受，桩端阻力小到可忽略不计，见图 7-2（a）。

（2）端承摩擦桩：在承载能力极限状态下，桩顶竖向荷载主要由桩侧阻力承受，见图 7-2（b）。

2）端承型桩

（1）端承桩：在承载能力极限状态下，桩顶竖向荷载由桩端阻力承受，桩侧阻力小到可忽略不计，见图 7-2（c）。

（2）摩擦端承桩：在承载能力极限状态下，桩顶竖向荷载主要由桩端阻力承受，见图 7-2（d）。

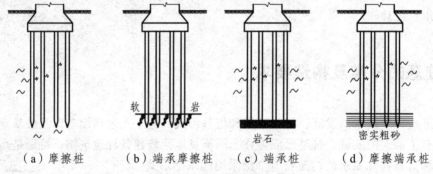

（a）摩擦桩　　　（b）端承摩擦桩　　　（c）端承桩　　　（d）摩擦端承桩

图 7-2　桩按承载性状分类

2. 按桩身材料分类

（1）混凝土桩：包括混凝土预制桩和混凝土灌注桩，是工程上采用最广泛的桩。

（2）钢桩：包括开口或敞口管桩、H 型钢桩、异型钢桩。钢桩抗压强度高，施工方便，但价格高，易腐蚀。

（3）组合材料桩：用混凝土和钢等不同材料组合而成的桩。如钢管内填充混凝土，或上部为钢管、下部为混凝土等形式的组合桩。一般在特殊条件下使用。

3. 按桩的使用功能分类

（1）竖向抗压桩：主要承受向下竖向荷载的桩。建筑桩基础大多为此种桩。

（2）竖向抗拔桩：主要承受竖向上拔荷载的桩，如建在山顶的高压输电塔的桩基础。

（3）水平受荷桩：主要承受水平荷载的桩，如深基坑护坡桩，承受水平方向上压力作用，即为此类桩。

（4）复合受荷桩：所承受的水平和竖直荷载均较大的桩。

4. 按成桩方法分类

非挤土桩：干作业法钻（挖）孔灌注桩、泥浆护壁法钻（挖）孔灌注桩、套管护壁法钻（挖）孔灌注桩。

部分挤土桩：长螺旋压灌注桩、冲孔灌注桩、钻孔挤扩灌注桩、搅拌劲芯桩、预钻孔打入（静压）预制桩、打入（静压）式敞口钢管桩、敞口预应力混凝土空心桩和 H 型钢桩。

挤土桩：沉管灌注桩、沉管夯（挤）扩灌注桩、打入（静压）预制桩、闭口预应力混凝土空心桩和闭口钢管桩。

5. 按桩径（设计直径 d）大小分类

小直径桩：$d \leqslant 250$ mm；

中等直径桩：250 mm$< d <800$ mm；

大直径桩：$d \geqslant 800$ mm。

6. 按桩的施工方法分类

（1）预制桩：按材料不同可分为普通钢筋混凝土桩和预应力钢筋混凝土桩。

预制桩按截面形状分为实心桩和空心桩。其形式有多边形、方形、圆形、矩形等。实心方桩是最常见的形式之一。其截面边长一般为 300 ~ 500 mm，现场预制的桩长最大尺寸为 25 m，场外预制最大尺寸一般为 12 m，过长则需要接桩。常用的接桩方法有钢板角钢焊接法、硫磺胶泥锚固法和法兰盘加螺栓连接法等。预制桩可采用锤击法、振动法、静力压桩法等。预制桩的制作、施工及其构造见图 7-3 ~ 图 7-5。

图 7-3　钢筋混凝土预制桩

图 7-4　钢筋混凝土预制桩施工

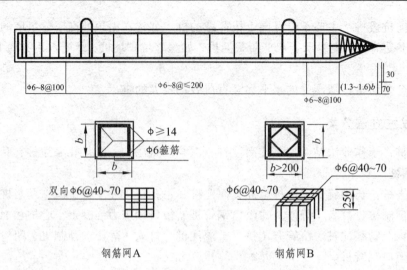

图 7-5　预制桩

预应力混凝土管桩（图 7-6）是在工厂中用离心旋转法经蒸汽养护预制的。国内已有多种规格的定型产品，一般直径为 300 mm、400 mm 及 550 mm，管壁厚 80~100 mm，每节长度 2~12 m。最下一节管桩底端可以是开口的，但一般多设置桩尖。桩尖内部可预留圆孔，以便采用水冲法辅助沉桩时安装射水管之用。预应力管桩的混凝土抗压强度标准值一般为 45 MPa，也有用 70~80 MPa，甚至采用更高的高强混凝土以提高桩的承载力。

图 7-6　预应力混凝土管桩

（2）灌注桩：较之预制桩，灌注桩桩长可随持力层位置而改变，其配筋率较低，不需要接桩。在相同地质条件下，灌注桩配筋造价较低。

灌注桩按成孔工艺和所用机具设备不同，分为以下几类：

① 钻孔灌注桩：先用机钻将孔钻好，取出孔中土，再吊入钢筋笼，灌注混凝土而成桩。因钻孔机具不同，桩径可小至 100 mm，大致数米（图 7-7）。

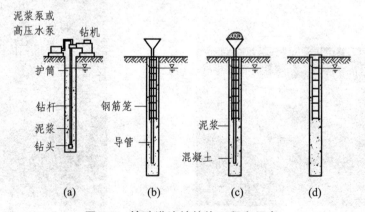

图 7-7　钻孔灌注桩的施工程序示意

（a）成孔；（b）下导管和钢筋笼；（c）浇注水下混凝土；（d）成桩

钻机有：

长螺旋钻机：目前常用直径为钻孔直径为 300 mm、400 mm、500 mm、600 mm，较大的可做到 3000 mm 等，深度可达 12 m。利用电动机带动螺旋钻杆头，被切下土体随旋转沿螺旋叶片上升，自动推出地面，用车运输，安全文明。

潜水钻机：500 mm、600 mm、800 mm，深度可达 50 m 以上，在水下钻进。

回旋钻机：500 mm、600 mm、800 mm，深度可达 50 m 以上，用泥浆护壁。

大直径钻机：800 mm，用钢筋笼或泥浆护壁。

② 冲孔灌注桩：将冲击钻头提升到一定高度后使之突然降落，利用冲击动能成孔。取出孔中土，放入钢筋笼，灌注混凝土而成桩。孔径与冲击动能有关，一般为 450～1 200 mm。孔深除冲抓锤一般不超过 6 m 外，一般可达 50 m。

③ 沉管灌注桩：沉管灌注桩的沉管方法可选用锤击、振动和静压任何一种。其施工工序一般包括四个步骤：沉管、放笼、灌注、拔管，如图 7-8 所示。沉管灌注桩的优点是在钢管内无水环境中沉放钢筋笼和浇筑混凝土，从而为桩身混凝土的质量提供了保障。沉管灌注桩的主要缺点有两个：其一是在拔除钢套管时，如果提管速度过快就会造成缩颈、夹泥甚至断桩；其二是沉管过程中的挤土效应除产生与预制桩类似的影响外，还可能使混凝土尚未结硬的邻桩被剪断，对策是控制提管速度，并使桩管产生振动，不让管内出现负压，提高桩身混凝土的密实度并保持连续性；采用"跳打"施工工序，待混凝土强度足够时再在它的近旁施打邻桩。

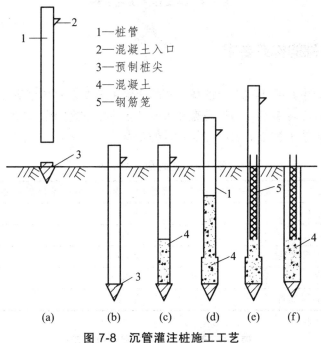

1—桩管
2—混凝土入口
3—预制桩尖
4—混凝土
5—钢筋笼

图 7-8 沉管灌注桩施工工艺

（a）打桩机就位；（b）沉管；（c）浇灌混凝土；（d）边拔管边振动；（e）安放钢筋笼浇混凝土；（f）成型

④ 扩夯灌注桩：锤击式沉管灌注桩实行扩底的一种桩。

⑤ 挖孔桩：人工到井底挖土护壁的灌注桩，简称挖孔桩，其工艺特点是边挖土边做护壁，逐层成孔。护壁有多种方式，现在多用混凝土现浇，整体性和防渗性好，构造形式灵活多变，

并可做成扩底。当地下水位很低，孔壁稳固时，亦可无护壁挖土。某工程挖孔桩如图 7-9 所示。

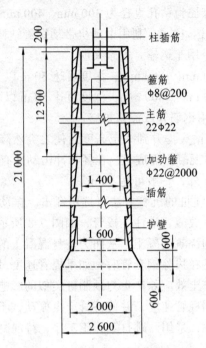

图 7-9　某工程人工挖孔桩

7.2.2　桩及桩基础的构造要求

（1）摩擦型桩的中心距不宜小于桩身直径的 3 倍（表 7-2）；扩底灌注桩的中心距不宜小于扩底直径的 1.5 倍（表 7-3）。当扩底直径大于 2 m 时，桩端净距不宜小于 1 m。在确定桩距时尚应考虑施工工艺中挤土等效应对邻近桩的影响。

表 7-2　桩的最小中心距

土类与成桩工艺		排数不少于 3 排且桩数不少于 9 根的摩擦型桩基	其他情况
非挤土和部分挤土灌注桩		$3.0d$	$2.5d$
挤土灌注桩	穿越非饱和土	$3.5d$	$3.0d$
	穿越饱和软土	$4.0d$	$3.5d$
挤土预制桩		$3.5d$	$3.0d$
打入式敞口管桩和Π型钢桩		$3.5d$	$3.0d$

注：d—桩身设计直径。

表 7-3　灌注桩扩底端最小中心距

成桩方法	最小中心距
钻、挖孔灌注桩	$1.5D$ 或 $D+1$ m（当 $D>2$ m 时）
沉管夯扩灌注桩	$2.0D$

注：D—扩大端设计直径。

（2）扩底灌注桩的扩底直径，不应大于桩身直径的 3 倍。

（3）桩底进入持力层的深度，根据地质条件、荷载及施工工艺确定，宜为桩身直径的 1 ~ 3 倍。在确定桩底进入持力层深度时，尚应考虑特殊土、岩溶以及振陷液化等影响。嵌岩灌注桩周边嵌入完整和较完整的未风华、微风化、中风化硬质岩体的最小深度，不宜小于 0.5 m。

（4）布置桩位时宜使桩基承载力合力点与竖向荷载标准组合合力作用点重合。

（5）预制桩的混凝土强度等级不应低于 C30；灌注桩不应低于 C20；预应力桩不应低于 C40。

（6）桩的主筋应经计算确定。打入式预制桩的最小配筋率不宜小于 0.8%；静压预制桩的最小配筋率不宜小于 0.6%；灌注桩的最小配筋率不宜小于 0.2% ~ 0.65%（小直径桩取大值）。

（7）配筋长度：

① 受水平荷载和弯矩较大的桩，配筋长度应通过计算确定。

② 桩基承台下存在淤泥、淤泥质土或液化土层时，配筋长度应穿过淤泥、淤泥质土或液化土层。

③ 坡地岸边的桩、8 度及 8 度以上的地震区的桩、抗拔桩、嵌岩端承桩应通长配筋。

④ 桩径大于 600 mm 的钻孔灌注桩，构造钢筋的长度不宜小于桩长的 2/3。

（8）桩顶嵌入承台内的长度不宜小于 50 mm。主筋伸入承台内的锚固长度不宜小于钢筋直径的 30 倍（HPB235 级）和钢筋直径的 35（HRB335 级、HRB400 级）倍。对于大直径灌注桩，当采用一柱一桩时，可设置承台或将桩和柱直接连接。柱纵筋插入桩身的长度应满足锚固长度的要求。

（9）承台及地下室周围的回填中，应满足填土密实性的要求。

7.3 单桩竖向荷载的传递与承载力

桩的承载力是设计桩基础的关键。单桩竖向承载力的确定，取决于两个力面：一取决于桩本身的材料强度；二取决于地基土承载力。因此，设计时必须兼顾。外荷载作用下，桩基础破坏大致可分为两类：

① 桩的自身材料强度不足，发生桩身被压碎而丧失承载力的破坏；

② 地基土对桩支承能力不足而引起的破坏。因此，桩的承载力设计时应取两者小值。

单桩竖向承载力特征值的确定有静载荷试验、静力触探、规范公式以及动态测试技术等。

我国确定桩的承载力的方法有两种，《建筑地基基础设计规范》《建筑桩基技术规范》。桩的承载力包括单桩竖向承载力、群桩竖向承载力和水平力等。

7.3.1 单桩竖向承载力

① 单桩竖向承载力特征值应通过单桩竖向静载荷试验确定。试验采用同规格尺寸的桩进行，竖向静载荷试验直到破坏。单桩竖向极限承载力作为设计依据。静载荷试验也是确定单桩竖向承载力最可靠方法。在同一条件下的试桩数量，不宜少于总桩数的 1%，且不应少于 3 根。

当桩端持力层为密实砂卵石或其他承载力类似的土层时，对单桩承载力很高的大直径端承型桩，可采用深层平板载荷试验确定桩端土的承载力特征值。

② 地基基础设计等级为丙级的建筑物，可采用静力触探及标贯试验参数确定承载力特征值。

③ 初步设计时，单桩竖向承载力特征值可按公式估算。

1. 静载试验法

1）试验目的

在建筑工程现场实际工程地质条件下用与设计采用的工程桩规格尺寸完全相同的试桩，进行静载荷试验，直至加载破坏，确定单桩竖向极限承载力，并进一步计算出单桩竖向承载力特征值。

2）试验准备

① 在工地选择有代表性的桩位，将与设计工程桩完全相同截面与长度的试桩，沉至设计标高。

② 根据工程的规模、试桩的尺寸、地质情况、设计采用的单桩竖向承载力及经费情况确定加载装置。

③ 筹备荷载与沉降的量测仪表。

④ 从成桩到试桩需间歇的时间。在桩身强度达到设计要求的前提下，对于砂类土不应少于10 d；对于粉土和一般性黏土不应少于15 d；对于淤泥或淤泥质土中的桩，不应少于25 d。用以消散沉桩时产生的孔隙水压力和触变等影响，才能反映真实的桩的端承力与桩侧摩擦力的大小。

3）试验加载装置

一般采用油压千斤顶加载，千斤顶反力装置常用下列形式：

① 锚桩横梁反力装置，见图 7-10（a）。试桩与两端锚桩的中心距不小于桩径，如果采用工程桩作为锚桩时，锚桩数量不得少于 4 根，并应检测试验过程中锚桩的上拔量。

② 压重平台反力装置，见图 7-10（b）。压重平台支墩边到试桩的净距不应小于 3 倍桩径、并大于 1.5 m。压重量不得少于预计试桩荷载的 1.2 倍。压重在试验开始加上，均匀稳定放置。

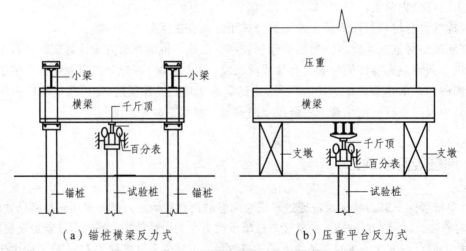

（a）锚桩横梁反力式　　　　（b）压重平台反力式

图 7-10　单桩静载荷试验的装置

③ 锚桩压重联合反力装置。当试桩最大加载量超过锚桩的抗拔能力时，可在横梁上放置一定重物，由锚桩和重物共同承担反力。

千斤顶应放在试桩中心，2 个以上千斤顶加载时，应将千斤顶并联同步工作，使千斤顶合力通过试桩中心。

4）荷载与沉降的量测

桩顶荷载量测有两种方法：

① 在千斤顶上安置应力环和应变式压力传感器直接测定，或采用连于千斤顶上的压力表测定油压，根据千斤顶率定曲线换算荷载。

② 试桩沉降量测一般采用百分表或电子位移计。对于大直径桩应在其 2 个正交直径方向对称安装 4 个百分表；中小直径桩可安装 2 ~ 3 个百分表。

5）静载荷试验要点

① 加载采用慢速维持荷载法，即逐级加载。每级荷载达到相对稳定后，加下一级荷载，直到试桩破坏，然后分级卸荷到零。

② 加载分级。$\Delta P=（1/5 ~ 1/8）R$

③ 测读桩沉降量的间隔时间：每级加载后，间隔 5 min、10 min、15 min、15 min、15 min、30 min、30 min、30 min 读一次，累计 1 h 后每隔 30 min 读一次。

④ 沉降相对稳定标准：在每级荷载下，桩的沉降量连续 2 次在每小时内小于 0.1 mm 时可视为稳定。

⑤ 终止加载条件。符合下列条件之一时可终止加载：

a. 当荷载-沉降(Q-s)曲线上有可判定极限承载力的陡降段，且桩顶总沉降量超过 40 mm，如图 8-8（a）所示。

b. $\dfrac{\Delta S_{n+1}}{\Delta S_n}\geqslant 2$，且经 24 h 尚未达到稳定，如图 7-11（b）所示。

式中　ΔS_n ——第 n 级荷载的沉降增量；

ΔS_{n+1} ——第 $n+1$ 级荷载的沉降增量。

c. 25 m 上的嵌岩桩，曲线呈缓变型时，桩顶总沉降量 60 ~ 80 mm，如图 7-11（c）所示。

d. 在特殊条件下，可根据具体要求加载至桩顶总沉降量大于 100 mm。

e. 桩底支承在坚硬岩（土）层上，桩的沉降量很小时，最大加载量不应小于设计荷载的 2 倍。

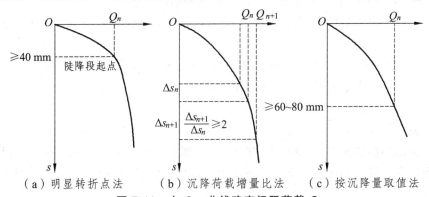

（a）明显转折点法　　（b）沉降荷载增量比法　　（c）按沉降量取值法

图 7-11　由 Q-s 曲线确定极限荷载 Q

6）单桩竖向极限承载力的确定

单桩竖向极限承载力按下列方法确定：

① 作荷载-沉降（Q-s）曲线和其他辅助分析所需的曲线。

② 当陡降段明显时，取相应于陡降段起点的荷载值。

③ 当 $\dfrac{\Delta S_{n+1}}{\Delta S_n} \geqslant 2$ ，且经 24 h 尚未达到稳定时，取前一级荷载值。

④（Q-s）曲线呈缓变形时，取桩顶总沉降量 $s = 40$ mm 所对应的荷载值，当桩长大于 40 m 时，宜考虑桩身的弹性压缩。

⑤ 当按上述方法判断有困难时，可结合其他辅助分析方法综合判定，对桩基沉降有特殊要求者，应根据具体情况选取。

7）单桩竖向承载力特征值的确定

参加统计的试桩，当满足其极差不超过平均值的 30%时，可取其平均值为单桩竖向极限承载力。极差超过平均值的 30%时，宜增加试桩数量并分析离差过大的原因，结合工程具体情况确定极限承载力。

对桩数为 3 根及 3 根以下的柱下桩台，取最小值作为单桩竖向承载力极限值。

将单桩竖向极限承载力极限值除以安全系数 2，为单桩竖向承载力特征值 R_a。

2. 静力触探法

静力触探试验与桩的静载荷试验虽有很大区别，但与桩打入土中的过程基本相似，所以可把静力触探试验近似看成是小尺寸打入桩的现场模拟试验。方法是将圆锥形的金属探头，以静力方式按一定速率均匀压入土中。借助探头传感器测出探头侧阻和端阻，即可计算出桩承载力。静力触探试验由于设备简单、自动化程度高等优点，被认为是一种很有发展前途的确定单桩承载力的方法，国外应用极广。静力触探法依单桥探头和双桥探头而分为两种。

根据双桥探头静力触探资料确定混凝土预制桩单桩竖向极限承载力标准值时，根据规范规定，对于黏性土、粉土和砂土，如无当地经验时可按下式计算：

$$Q_{uk} = u \sum l_i \cdot \beta_i \cdot f_{si} + \alpha \cdot q_c \cdot A_p \tag{7-1}$$

式中　f_{si}——第 i 层土的探头平均侧阻力（kPa）；

　　q_c——桩端平面上、下探头阻力，取桩端平面以上 $4d$（d 为桩的直径或边长）范围内按土层厚度的探头阻力加权平均值（kPa），然后再和桩端平面以下 $1d$ 范围内的探头阻力进行平均；

　　α——桩端阻力修正系数，对于黏性土、粉土取 2/3，饱和砂土取 1/2；

　　β_i——第 i 层土桩侧阻力综合修正系数，

黏性土、粉土：$\beta_i = 10.04(f_{si})^{-0.55}$；

砂土：$\beta_i = 5.05(f_{si})^{-0.45}$。

双桥探头的圆锥底面积为 15 cm²，锥角 60°，摩擦套筒高 21.85 cm，侧面面积 300 cm²。

利用单桥探头静力触探资料确定混凝土预制桩单桩竖向承载力标准值的方法，参见《桩基规范》。

3. 按公式估算

静力学公式是根据桩侧摩阻力、桩端阻力与土层的物理力学状态指标的经验关系来确定单桩竖向承载力。这种方法可用于初估单桩承载力特征值及桩数，在各地区各部门均有大量应用。

根据土的物理指标与承载力参数之间的经验关系确定单桩承载力特征值是多年来的传统方法。

对一般灌注和预制桩：

$$Q_{uk} = Q_{sk} + Q_{pk} = u\sum q_{sik}l_i + q_{pk}A_p \tag{7-2}$$

式中　Q_{sk}、Q_{pk}——分别为总极限侧阻力标准值和总极限端阻力标准值；

　　　q_{sik}——桩侧第 i 层土的极限侧阻力标准值，如无当地经验时，可按表 7-4 取值；

　　　q_{pk}——极限端阻力标准值，如无当地经验时，可按表 7-5 取值；

　　　u——桩身周长；

　　　l_i——桩周第 i 层土的厚度；

　　　A_p——桩端面积。

单桩承载力特征值 R_a 可按下式求得

$$R_a = Q_{uk}/k \tag{7-3}$$

式中　k 值一般可取 2.0。

表 7-4　桩的极限侧阻力标准值 q_{sik}（kPa）

土的名称	土的状态		混凝土预制桩	泥浆护壁钻（冲）孔桩	干作业钻孔桩
填土			22～30	20～28	20～28
淤泥			14～20	12～18	12～18
淤泥质土			22～30	20～28	20～28
黏性土	流塑	$I_L>1$	24～40	21～38	21～38
	软塑	$0.75<I_L\leq1$	40～55	38～53	38～53
	可塑	$0.50<I_L\leq0.75$	55～70	53～68	53～66
	硬可塑	$0.25<I_L\leq0.50$	70～86	68～84	66～82
	硬塑	$0<I_L\leq0.25$	86～98	84～96	82～94
	坚硬	$I_L\leq0$	98～105	96～102	94～104
红黏土	$0.7<a_w\leq1$		13～32	12～30	12～30
	$0.5<a_w\leq0.7$		32～74	30～70	30～70
粉土	稍密	$e>0.9$	26～46	24～42	24～42
	中密	$0.75\leq e\leq0.9$	46～66	42～62	42～62
	密实	$e<0.75$	66～88	62～82	62～82
粉细砂	稍密	$10<N\leq15$	24～48	22～46	22～46
	中密	$15<N\leq30$	48～66	46～64	46～64
	密实	$N>30$	66～88	64～86	64～86
中砂	中密	$15<N\leq30$	54～74	53～72	53～72
	密实	$N>30$	74～95	72～94	72～94

续表

土的名称	土的状态		混凝土预制桩	泥浆护壁钻（冲）孔桩	干作业钻孔桩
粗砂	中密 密实	$15<N\leqslant30$ $N>30$	$74\sim95$ $95\sim116$	$74\sim95$ $95\sim116$	$76\sim98$ $98\sim120$
砾砂	稍密 中密（密实）	$5<N_{63.5}\leqslant15$ $N_{63.5}>15$	$70\sim110$ $116\sim138$	$50\sim90$ $116\sim130$	$60\sim100$ $112\sim130$
圆砾、角砾	中密、密实	$N_{63.5}>10$	$160\sim200$	$135\sim150$	$135\sim150$
碎石、卵石	中密、密实	$N_{63.5}>10$	$200\sim300$	$140\sim170$	$150\sim170$
全风化软质岩		$30<N\leqslant50$	$100\sim120$	$80\sim100$	$80\sim100$
全风化硬质岩		$30<N\leqslant50$	$140\sim160$	$120\sim140$	$120\sim150$
强风化软质岩		$N_{63.5}>10$	$160\sim240$	$140\sim200$	$140\sim220$
强风化硬质岩		$N_{63.5}>10$	$220\sim300$	$160\sim240$	$160\sim260$

注：1. 对于尚未完成自重固结的填土和以生活垃圾为主的杂填土，不计算其侧阻力；

　　2. a_w 为含水比，$a_w=w/w_l$，w 为土的天然含水量，w_l 为土的液限；

　　3. N 为标准贯入击数；$N_{63.5}$ 为重型圆锥动力触探击数；

　　4. 全风化、强风化软质岩和全风化、强风化硬质岩系指其母岩分别为 $f_{rk}\leqslant15$ MPa、$f_{rk}>30$ MPa 的岩石。

4. 桩身材料验算

根据桩身结构强度确定单桩竖向承载力，将桩视为一轴向受压构件，按《混凝土结构设计规范》或《钢结构设计规范》进行计算。如钢筋混凝土桩的竖向抗压承载力设计值可按下式计算：

$$Q=\varphi\left(f_cA+f_yA_s\right) \tag{7-4}$$

式中　Q ——相应于荷载效应基本组合时的单桩竖向承载力设计值；

　　　f_c ——桩身混凝土轴心抗压设计强度，考虑预制桩运输及沉桩施工的影响，灌筑桩成孔及水下浇筑混凝土质量情况，设计应按规范规定的强度值做适当折减；

　　　f_y ——钢筋抗压强度设计值；

　　　A ——桩身断面积；

　　　A_s ——桩身纵筋断面积。

φ 为桩纵向弯曲系数，对于低承台桩除极软土层中桩长与桩径之比很大或深厚可液化土层内的桩以外，一般取 $\varphi=1.0$；对于高承台桩，一般可取 $\varphi=0.25\sim1.0$。

混凝土桩的承载力尚应满足桩身混凝土强度的要求。计算中应按桩的类型和成桩工艺的不同将混凝土的轴心抗压强度设计值乘以工作条件系数 ψ_c，桩身强度应符合下式要求：

桩轴心受压时：

$$Q\leqslant A_pf_c\psi_c \tag{7-5}$$

式中　f_c ——混凝土轴心抗压强度设计值，按现行《混凝土结构设计规范》取值；

　　　Q ——相应于荷载效应基本组合时的单桩竖向承载力设计值；

　　　A_p ——桩身横截面面积；

　　　ψ_c ——工作条件系数，预制桩取 0.75，灌注桩取 0.6~0.7（水下灌注桩或长桩时用低值）。

表 7-5 桩的极限端阻力标准值 q_{pk}（kPa）

土名称	土的状态		混凝土预制桩桩长 l（m）				泥浆护壁钻（冲）孔桩桩长 l（m）				干作业钻孔桩桩长 l（m）		
			$l\le9$	$9<l\le16$	$16<l\le30$	$l>30$	$5\le l<10$	$10\le l<15$	$15\le l<30$	$30\le l$	$5\le l<10$	$10\le l<15$	$15\le l$
黏性土	软塑	$0.75<I_L\le1$	210~850	650~1400	1200~1800	1300~1900	150~250	250~300	300~450	300~450	200~400	400~700	700~950
	可塑	$0.50<I_L\le0.75$	850~1700	1400~2200	1900~2800	2300~3600	350~450	450~600	600~750	750~800	500~700	800~1100	1000~1600
	硬可塑	$0.25<I_L\le0.50$	1500~2300	2300~3300	2700~3600	3600~4400	800~900	900~1000	1000~1200	1200~1400	850~1100	1500~1700	1700~1900
	硬塑	$0<I_L\le0.25$	2500~3800	3800~5500	5500~6000	6000~6800	1100~1200	1200~1400	1400~1600	1600~1800	1600~1800	2200~2400	2600~2800
粉土	中密	$0.75\le e\le0.9$	950~1700	1400~2100	1900~2700	2500~3400	300~500	500~650	650~750	750~850	800~1200	1200~1400	1400~1600
	密实	$e<0.75$	1500~2600	2100~3000	2700~3600	3600~4400	650~900	750~950	900~1100	1100~1200	1200~1700	1400~1900	1600~2100
粉砂	稍密	$10<N\le15$	1000~1600	1500~2300	1900~2700	2100~3000	350~500	450~600	600~700	650~750	500~950	1300~1600	1500~1700
	中密、密实	$N>15$	1400~2200	2100~3000	3000~4500	3800~5500	600~750	750~900	900~1100	1100~1200	900~1000	1700~1900	1700~1900
细砂	中密、密实	$N>15$	2500~4000	3600~5000	4400~6000	5300~7000	650~850	900~1200	1200~1500	1500~1800	1200~1600	2000~2400	2400~2700
中砂	中密、密实	$N>15$	4000~6000	5500~7000	6500~8000	7500~9000	850~1050	1100~1500	1500~1900	1900~2100	1800~2400	2800~3800	3600~4400
粗砂	中密、密实	$N>15$	5700~7500	7500~8500	8500~10000	9500~11000	1500~1800	2100~2400	2400~2600	2600~2800	2900~3600	4000~4600	4600~5200
砾砂		$N>15$	6000~9500			9000~10500	1400~2000		2000~3200		3500~5000		
角砾、圆砾		$N_{63.5}>10$	7000~10000			9500~11500	1800~2200		2200~3600		4000~5500		
碎石、卵石		$N_{63.5}>10$	8000~11000			10500~13000	2000~3000		3000~4000		4500~6500		
全风化软质岩		$30<N\le50$	4000~6000				1000~1600				1200~2000		
全风化硬质岩		$30<N\le50$	5000~8000				1200~2000				1400~2400		
强风化软质岩		$N_{63.5}>10$	6000~9000				1400~2200				1600~2600		
强风化硬质岩		$N_{63.5}>10$	7000~11000				1800~2800				2000~3000		

注：1. 砂土和碎石类土中桩的极限端阻力取值，宜综合考虑土的密实度，桩端进入持力层的深径比 h_b/d，土愈密实，h_b/d 愈大，取值愈高。

2. 预制桩的岩石极限端阻力指桩端入岩深度，微风化基岩或微风化基岩表面或嵌入强风化岩、软质岩一定深度条件下极限端阻力。

3. 全风化、强风化软质岩和全风化、强风化硬质岩指其母岩分别为 $f_{rk}\le15$ MPa、$f_{rk}>30$ MPa 的岩石。

187

【例7-1】承台下长度12.5 m的混凝土预制桩截面为350 mm×350 mm,打穿厚度$l_1 = 5$ m的淤泥质土，进入厚度$l_2 = 7.5$ m的硬可塑黏土。已知淤泥质土桩侧阻力特征值为9 kPa，硬可塑黏土层桩侧阻力特征值46 kPa、桩端端阻力特征值1 750 kPa。试确定预制桩的竖向承载力特征值。

【解】 由式7-4得：

$$R_a = q_{pa}A_p + u_p \sum q_{sia}l_i = 1750 \times 0.35 \times 0.35 + 4 \times 0.35 \times (9 \times 5 + 46 \times 7.5) = 760 \text{ kN}$$

7.3.2　单桩水平承载力

根据桩的入土深度、桩土相对软硬程度以及桩受力分析方法，桩可分为长桩、中长桩与短桩三种类型，其中短桩为刚性桩，而长桩及中长桩属于弹性桩。

作用于桩基上的水平荷载主要有推力、厂房吊车制动力、风力及水平地震惯性力等。水平荷载作用下桩身的水平位移按刚性桩与弹性桩考虑有较大差别，当地基土比较松软而桩长较小时，桩的相对抗弯刚度大，故桩体如刚性体一样绕桩体或上体某一点转动，如图7-12（a）所示。当桩前方土体受到桩侧水平挤压应力作用而达到屈服破坏时，桩体的侧向变形迅速增大甚至倾覆，失去承载作用。图 7-12（b）所示为弹性桩的受力变形情况。这种情况下，桩的入土深度较大而桩周土比较硬，桩身产生弹性挠曲变形。随着水平荷载的增加，桩侧土的屈服由上向下发展，但不会出现全范围内的屈服。当水平位移过大时，可因桩体开裂而造成破坏。

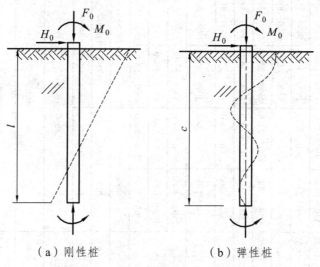

（a）刚性桩　　　　　　（b）弹性桩

图 7-12　单桩水平受力与变形情况

单桩水平承载力取决于桩的材料与断面尺寸、入土深度、土质条件及桩顶约束条件等因素。单桩极限水平承载力特征值应满足两方面条件，即①桩侧土不因为水平位移过大而造成塑性挤出、丧失对桩的水平约束作用，故桩的水平位移应较小，使桩长范围内大部分桩侧土处于弹性变形阶段；②对于桩身而言，或不允许开裂，或限制开裂宽度并在卸载后裂缝闭合，使桩身处于弹性工作状态的假定不致导致过大的误差。

桩的水平承载力一般通过现场载荷试验确定，亦可用理论方法估算。

7.3.3　单桩抗拔承载力

桩基础承载受上拔力的结构类型较多，主要有高压输电线路铁塔、高耸建筑物（如电视塔等）、受地下水浮力的地下结构物（如地下室、水池、深井泵房、车库等）、水平荷载作用下出现上拔力的结构物以及膨胀土地基上建筑物等。

一般来讲，桩在承受上拔荷载后，其抗力可来自三个方面：桩侧摩阻力、桩重以及有扩大端头桩的桩端阻力。其中对直桩来讲，桩侧摩阻力是最主要的。抗拔桩一般以抗拔静载试验确定单桩抗拔承载力，重要工程均应进行现场抗拔试验。对次要工程或无条件进行抗拔试验时，实用上可按经验公式估算单桩抗拔承载力。

7.3.4　群桩竖向承载力

1. 群桩的特点

当建筑物上部荷载远大于单桩承载力时，通常由多根桩组成群桩共同承受上部荷载，群桩的受力情况与承载力计算是否与单桩完全相同，由图 7-13 加以说明。

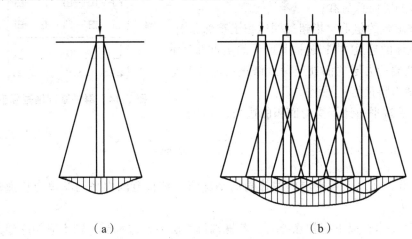

（a）　　　　　　　　　　　　　（b）

图 7-13　摩擦桩应力传递

图 7-13（a）为单桩受力情况，桩顶轴向荷载 N 由桩端阻力与桩周摩擦力共同承受。群桩效应：图 7-13 摩擦桩应力传递分析，图 7-13（a）为单桩受力情况，桩顶轴向荷载由 N 由桩端阻力与桩周摩擦力共同承担，图 7-13（b）为群桩受力情况，同样每根桩的桩顶轴向荷载 N 由桩端阻力与桩周摩擦力共同承担，但因桩距小，桩间摩擦力不能充分发挥作用，同时在桩端产生应力叠加，因此群桩的承载力小于单桩承载力与桩数的乘积，即：

$$R_n < nR \qquad\qquad (7\text{-}6)$$

式中　　R_n ——群桩竖向承载力设计值（kN）；

n ——群桩中的根数；

R ——单桩竖向承载力设计值（kN）。

R_n 与 nR 之比值称为群桩效应系数 η ，$\eta = R_n/nR$ 。

试验表明，群桩效应系数与桩距、桩数、桩径、桩入土长度、排列、承台宽度及土性质因素有关，其中，以桩距为主要因素。

除了端承桩基之外，对于群桩效应较强的桩基，应验算群桩的地基承载力和软弱下卧层的地基承载力，可把桩群连同所围土体作为一个实体深基础来分析。其计算图式如图 7-14 所示。假定群桩基础的极限承载力等于沿桩群外侧倾角扩散至桩端平面所围成面积内地基土极限承载力的总和。

在中心竖直荷载作用时，按下式计算桩底土的地基强度：

$$p_{l+h} = \gamma(l+h) + \frac{N+G_0+W_0}{ab} \leqslant f_{az} \qquad （7-7）$$

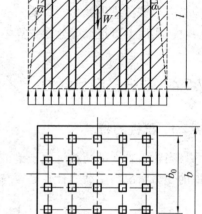

图 7-14 群桩基础地基强度验算

式中 p_{l+h} ——桩端平面处地基土的总压力值；

     l、h ——桩长和承台的埋置深度；

     N ——相应于荷载效应标准组合时，作用于桩基承台的竖向总荷载；

     G_0 ——桩承台的超重（指超过同体积土重部分）；

     W_0 ——桩体的超重（指超过被其取代的土重部分）；

     f_{az} ——桩端持力层顶面处经深度修正后的地基承载力特征值；

     a、b ——桩端平面计算受力面积的边长，

$$a = a_0 + 2l\tan\frac{\varphi}{4} \qquad\qquad b = b_0 + 2l\tan\frac{\varphi}{4}$$

     φ ——桩端平面以上各土层内摩擦角的平均值，桩长范围内平均摩擦力扩散角 φ 取 $\varphi/4$ 。

在计算时，地下水位以下应扣除浮力，若桩端持力层为不透水层，则不应扣除浮力。

2. 桩基软弱下卧层验算

对于桩距不超过 $6d$ 的群桩基础，桩端持力层下存在承载力低于桩端持力层承载力 1/3 的软弱下卧层时，可按下列公式验算软弱下卧层的承载力（图 7-15）：

$$\sigma_z + \gamma_m z \leqslant f_{az} \qquad （7-8）$$

$$\sigma_z = \frac{(F_k + G_k) - 3/2(A_0 + B_0) \cdot \sum q_{sik} l_i}{(A_0 + 2t \cdot \tan\theta)(B_0 + 2t \cdot \tan\theta)} \qquad （7-9）$$

式中 σ_z ——作用于软弱下卧层顶面的附加应力；

γ_m ——软弱层顶面以上各土层重度（地下水位以下取浮重度）的厚度加权平均值；

t ——硬持力层厚度；

f_{az} ——软弱下卧层经深度 z 修正的地基承载力特征值；

A_0、B_0 ——桩群外缘矩形底面的长、短边边长；

q_{sik} ——桩周第 i 层土的极限侧阻力标准值；

θ ——桩端硬持力层压力扩散角，按表 7-6 取值。

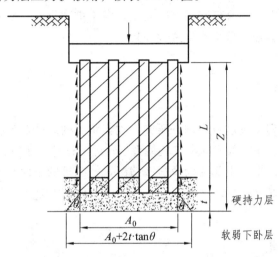

图 7-15 软弱下卧层承载力验算

表 7-6 桩端硬持力层压力扩散角 θ

E_{s1}/E_{s2}	$t = 0.25B_0$	$t \geqslant 0.50B_0$
1	40	120
3	60	230
5	100	250
10	200	300

注：① E_{s1}、E_{s2} 为硬持力层、软弱下卧层的压缩模量；

② 当 $t < 0.25B_0$ 时，取 $\theta = 0°$，必要时，宜通过试验确定；当 $0.25B_0 < t < 0.50B_0$ 时，可内插取值。

3. 群桩沉降的计算及变形验算

现有群桩沉降计算方法主要有以下两类：① 实体深基础法；② 明德林-盖得斯法。详见有关资料。

桩基变形验算，应采用荷载效应准永久组合，不计入风荷载与地震作用。

对于各种桩基础，其变形主要有四种类型，即沉降量、沉降差、倾斜及水平侧移。这些变形特征均应满足结构物正常使用所确定的限量值要求，即

$$\Delta \leqslant [\Delta] \tag{7-10}$$

式中 Δ ——桩基变形特征计算值；

$[\Delta]$ ——桩基变形特征允许值；

桩基变形特征允许值对不同的结构物类型以及不同地区可有差异，应按地区或行业经验确定。

7.4　桩基础设计

桩基的设计应满足安全、合理和经济的要求。对于桩和承台，要具有足够的强度、刚度及耐久性，地基具有足够强度和不产生过大变形。

7.4.1　桩基设计步骤

一般桩基设计按下列步骤进行：调查研究、收集相关的设计资料；根据工程地质勘探资料、荷载、上部结构的条件要求等确定桩基持力层；选定桩材、桩型、尺寸，确定基本构造；计算并确定单桩承载力；根据上部结构及荷载情况，初拟桩的平面布置和数量；根据桩的平面布置拟订承台尺寸和底面高程；桩基础验算；桩身、承台结构设计；绘制桩基（桩和承台）的结构施工图。

1. 设计资料的收集

在进行桩基设计之前，应进行深入的调查研究，充分掌握相关的原始资料，包括：

（1）建筑物上部结构的类型、尺寸、构造和使用要求，以及上部结构的荷载。

（2）符合国家现行规范规定的工程地质勘探报告和现场勘察资料。

（3）当地建筑材料的供应及施工条件（包括沉桩机具、施工方法、施工经验等）。

（4）施工场地及周围环境（包括交通、进出场条件、有无对振动敏感的建筑物、有无噪声限制等）。

（5）当地及现场周围建筑基础设计及施工经验教训。

2. 桩型、桩材及桩的几何尺寸

（1）桩型的选择。

桩型包括预制和灌注桩。应综合考虑上部结构荷载的大小及性质、工程地质条件、施工条件等多方面因素，选择经济合理、安全适用的桩型和成桩工艺。

例如：当土中赋存较大的石块或金属管道等，用预制桩有困难，如不具备消除条件，就应该改变桩型。

（2）断面尺寸的选择。

根据桩顶荷载大小与当地施工设备及建筑经验确定。钢筋混凝土预制桩，中小工程常用方形，250 mm × 250 mm，或 300 mm × 300 mm，大型工程采用 350 mm × 350 mm，400 mm × 400 mm；如采用混凝土灌注桩，断面尺寸均为圆形，其直径一般随成桩工艺有较大变化。对于沉管灌注桩，直径一般为 300 ~ 500 mm；对钻孔灌注桩，直径多为 500 ~ 1 200 mm；对扩底钻孔灌注桩，扩底直径一般为桩身直径的 1.5 ~ 2 倍。

（3）桩长的选择。

桩长的选择与桩的材料、施工工艺等因素有关，但关键在于选择桩端持力层。实践证明：选择坚实土层和岩石作为桩端持力层最好。如果在桩端的深度内没有坚实土层存在，可考虑选择中等强度土层，如果中等强度土层也没有，则应该考虑其他沉桩机具，重新选择桩型。

桩端全截面进入持力层的深度，对于黏性土、粉土，不宜小于 $2d$；对于砂土，不宜小于 $1.5d$；对于碎石类土，不宜小于 d。当存在软弱下卧层时，桩基以下硬持力层厚度不宜小于 $4d$。嵌岩桩周边嵌入微风化或中等风化岩体的最小深度为 0.5 m。桩底以下 3 倍桩径范围内应无软弱夹层、断裂带、洞穴或空隙，在桩端应力扩散的范围内无岩体临空现象。摩擦桩桩长的确定与桩基的承载力和沉降量有关，因此，在确定桩长时，应综合考虑桩基的承载力和沉降量。

桩的实际长度应包括桩尖及嵌入承台的长度。桩端下坚硬土层的厚度一般不宜小于 5 倍桩径。

在选择桩长时还应该注意对同一建筑物尽量采用同一类型的桩，尤其不应同时使用端承桩和摩擦桩。除落于斜岩面上的端承桩外，桩端标高之差不宜超过相邻桩的中心距；对于摩擦型桩，在相同土层中不宜超过桩长的 1/10。

对于楼层高、荷载大的建筑物，宜采用大直径桩，尤其是大直径人工挖孔桩较为经济实用。

如天津海滨一高层办公室，地基表层为人工填土层，厚 5 m，第二层为淤泥质土，层厚 13 m；第三层粉质黏土，厚 10 m。根据以上条件，桩长定为 18 m，考虑当地冻深，桩承台埋深 1 m，桩端进入第三层粉质黏土厚度 1 m。

3. 确定单桩承载力

确定单桩承载力的类型，如抗压、抗拔及水平受荷等，并根据确定承载力的具体方法及有关规范要求给出单桩承载力特征值。根据桩周与桩底土层情况，即可利用规范经验方法或静力触探资料初步估算单桩承载力。对于重要的或用桩量很大的工程，应按规范规定通过一定数量的静载试验确定单桩承载力，作为设计的依据。

4. 桩的数量计算及桩的平面布置

（1）桩的数量计算。

对于承受竖向中心荷载的桩基，可按下式计算桩数 n：

$$n \geqslant \frac{F_k + G_k}{R_a} \tag{7-11}$$

式中　F_k——相应于荷载效应标准组合时，作用于桩基承台顶面的竖向力；

G_k——桩基承台自重及承台上土自重标准值；

R_a——单桩竖向承载力特征值；

n——桩基中的桩数。

当桩基为偏心受压时，桩数 n：

$$n \geqslant \mu \frac{F_k + G_k}{R_a} \qquad (7\text{-}12)$$

式中　μ ——桩基偏心增大系数，通常取 1.1 ~ 1.2。

（2）桩的平面布置。

① 桩的中心距。

通常桩的中心距宜取 $3d \sim 4d$（d 为桩径），且不小于表 7-2 有关要求。中心距过小，桩施工时互相影响大；中心矩过大，桩承台尺寸太大，不经济。

② 桩的平间布置。

根据桩基的受力情况，桩可采用多种形式的平面布置（图 7-16），如等间距布置、不等间距布置，以及正方形、矩形网格、三角形、梅花形等布置形式。布置时，应尽量使上部荷载的中心与桩群的中心重合或接近，以使桩基中各桩受力比较均匀。对于桩基，通常布置成梅花形或行列式；对于条形基础，通常布置成一字形，小型工程一排桩，大中型工程两排桩；对于烟囱、水塔基础，通常布置成圆环形。桩离桩承台边缘的净距应不小于 $d/2$。

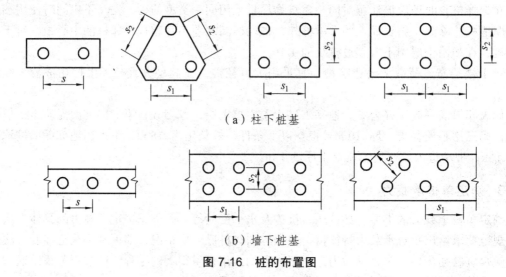

（a）柱下桩基

（b）墙下桩基

图 7-16　桩的布置图

5. 桩基础验算

① 单桩受力验算。

a. 轴心竖向力作用下。

$$Q_k = \frac{F_k + G_k}{n} \leqslant R_a \qquad (7\text{-}13)$$

式中　F_k ——相应于荷载效应标准组合时，作用于桩基承台顶面的竖向力；

　　　G_k ——桩基承台自重及承台上土自重标准值；

　　　n ——桩基中的桩数；

　　　R_k ——单桩竖向承载力特征值。

b. 偏心竖向力作用下。

桩基偏心受压时，各桩桩顶轴压力为：

$$Q_{ik} = \frac{F_k + G_k}{n} \pm \frac{M_{xk} y_i}{\sum y_i^2} \pm \frac{M_{yk} x_i}{\sum x_i^2} \leqslant 1.2 R_a \qquad (7\text{-}14)$$

式中　Q_{ik} ——相应于荷载效应标准组合偏心竖向力作用下第 i 根桩的竖向力；

　　　M_{xk}、M_{yk} ——相应于荷载效应标准组合时作用于承台底面通过桩群形心的 x、y 轴的力矩；

　　　x_i、y_i ——桩 i 至桩群形心的 y、x 轴线的距离。

横墙下桩的布置见图 7-17。

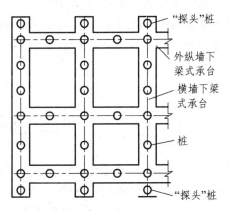

图 7-17　横墙下桩的布置图

在 Q_{ik} 中的最大值 $Q_{ik\,max}$，应满足下式

$$Q_{ik\,max} \leqslant 1.2 R_a \qquad (7\text{-}15)$$

若不能满足上式要求，则需重新确定桩的数量 n，并进行验算，直至满足要求为止。

一般情况下，Q_{ik} 中的最小值 $Q_{ik\,min}$ 若为拉力，则有

$$Q_{ik\,min} \leqslant T_a \qquad (7\text{-}16)$$

式中　T_a——单桩抗拔承载力特征值。

c. 桩基承受水平荷载时，桩基中各桩桩顶水平位移相等，故各桩桩顶所受水平荷载可按各桩弯曲刚度进行分配，当桩材料与断面面积相同时，应满足下式要求：

$$H_{ik} = \frac{H_k}{n} R_{ha} \qquad (7\text{-}17)$$

式中　H_k ——相应于荷载效应标准组合时，作用于承台底面的水平力；

　　　H_{ik} ——相应于荷载效应标准组合时，作用于任一单桩的水平力；

　　　R_{ha} ——单桩水平承载力特征值。

7.4.2　桩身结构设计

1. 钢筋混凝土预制桩

设计时应分析桩在吊运、沉桩和承载各阶段的受力状况并验算桩身内力，按偏心受压柱

或按受弯构件进行配筋。一般设 4 根（截面边长 $a < 300$ mm）或 8 根（$a = 350 \sim 550$ mm）主筋，主筋直径 12 ~ 25 mm。配筋率一般为 1%左右，最小不得低于 0.8%。箍筋直径为 6 ~ 8 mm，间距不大于 200 mm。桩身混凝土的强度等级一般不低于 C30。

桩在吊运过程中的受力状态与梁相同。一般按两支点（桩长 $L < 18$ m 时）或三支点（桩长 $L > 18$ m 时）起吊和运输。在打桩架下竖起时，按一点吊立，吊点的位置应使桩身在自重下产生的正负弯矩相等。按吊运过程中引起的内力对上述配筋进行验算。通常情况下它对桩的配筋起决定作用。

打入桩在沉桩过程中产生的锤击应力冲击疲劳容易使桩顶附近产生裂损，故应加强构造配筋，在桩顶 2 500 ~ 3 000 mm 范围内将箍筋加密（间距 50 ~ 100 mm），并且在桩顶放置二层钢筋网片。在桩尖附近应加密箍筋，并将主筋集中焊在一根粗的圆钢上形成坚固的尖端以利破土下沉。

2. 灌注桩

灌注桩的结构设计主要考虑承载力条件。灌注桩的混凝土强度等级一般不低于 C15（水下灌注者不低于 C20）。

灌注桩按偏心受压柱或受弯构件计算，若经计算表明桩身混凝土强度满足要求时，桩身可不配受压钢筋，只需在桩顶设置插入承台的构造钢筋。轴心受压桩主筋的最小配筋率不宜小于 0.2%，受弯时不宜小于 0.4%。当桩周上部土层软弱或为可液化土层时，主筋长度应超过该土层底面。抗拔桩应全长配筋。

灌注桩的混凝土保护层厚度不宜小于 40 mm，水下浇筑时不得小于 50 mm。箍筋宜采用焊接环式或螺旋箍筋，直径不小于 6 mm，间距为 200 ~ 300 mm。每隔 2m 设一道加劲箍筋。钢管内放置钢筋笼者，箍筋宜设在主筋内侧，其外径至少应比钢管内径小 50 mm；采用导管浇灌水下混凝土时，箍筋应放在钢筋笼外，钢筋笼内径应比混凝土导管接头的外径大 100 mm 以上，其外径应比钻孔直径小 100 mm 以上。

7.4.3　承台设计

桩承台分为柱下独立承台、柱下或墙下条形承台（梁式承台）、筏板承台和箱形承台等，其作用是将桩联成一个整体，并把建筑物的荷载传到桩上，故承台应有足够的强度和刚度。承台的平面尺寸一般由上部结构、桩数及布桩形式决定。通常，墙下桩基选条形承台，即梁式承台；柱下桩基宜采用板式承台（矩形或三角形），其剖面形状可做成锥形、台阶形或平板形。

1. 构造要求

桩承台的宽度不应小于 500 mm。边桩中心至承台边缘的距离不宜小于桩的直径或边长，且桩的外缘至承台边缘的距离不小于 150 mm。对于条形承台梁，桩的外边缘至承台梁边缘的距离不小于 75 mm。承台的最小厚度不应小于 300 mm。

承台的配筋，对于矩形承台，其钢筋应按双向均匀通长布置，见图 7-18（a），钢筋直径不宜小于 10 mm，间距不宜大于 200 mm；对于三桩承台，钢筋应按三向板带均匀布置，且最里面的三根钢筋围成的三角形应在柱截面范围内，见图 7-18（b）；承台梁的主筋除满足计算要求外，尚应符合最小配筋率的要求，主筋直径不宜小于 12 mm，架立筋不宜小于 10 mm，箍筋直径不宜小于 6 mm，见图 7-18（c）。

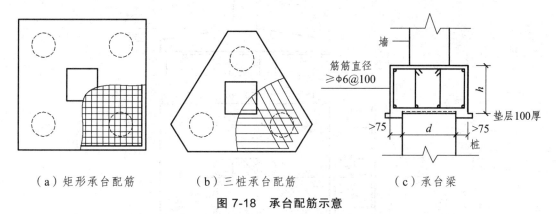

（a）矩形承台配筋　　　　（b）三桩承台配筋　　　　（c）承台梁

图 7-18　承台配筋示意

承台混凝土强度等级不应低于 C20，纵向钢筋的混凝土保护层厚度不应小于 70 mm，当有混凝土垫层时，不应小于 40 mm。

2. 承台正截面弯矩设计值

模型试验研究表明,柱下独立桩基承台（四桩及三桩承台）在配筋不足的情况下将产生弯曲破坏，其破坏特征呈梁式破坏。破坏时屈服线如图 7-19 所示，最大弯矩产生于屈服线处。

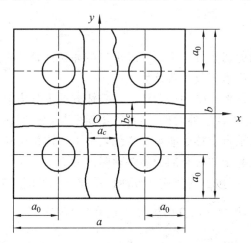

图 7-19　四桩承台弯曲破坏模式

根据极限平衡原理，承台正截面弯矩计算如下。

多桩（例如 6 根以上）矩形承台的弯矩计算截面取在柱边和承台厚度突变处，如图 7-20 所示，两个方向的正截面弯矩表达式分别为：

$$M_x = \sum N_i y_i \tag{7-18}$$

$$M_y = \sum N_i x_i \tag{7-19}$$

式中　M_x、M_y ——垂直 y 轴和 x 轴方向的计算截面处的弯矩设计值；

x_i、y_i ——垂直 y 轴和 x 轴方向自桩轴线相应计算截面的距离；

N_i ——扣除承台和其上填土自重后相应于荷载效应基本组合时的第 i 桩竖向力设计值。

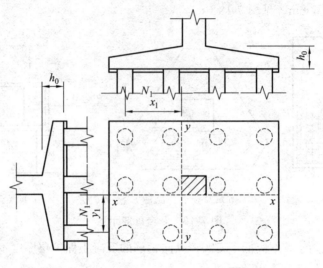

图 7-20　承台弯矩计算示意

根据弯矩即可计算出配筋。

$$A_{sx} = \frac{M_x}{0.9 f_y h_0} \qquad A_{sy} = \frac{M_y}{0.9 f_y h_0}$$

3. 承台厚度强度

承台厚度可按冲切及剪切条件确定，一般可先按冲切计算，再按剪切复核。其强度计算包括受冲切、受剪切、局部承压及受弯计算。

若承台有效高度不足，将产生冲切破坏。其破坏方式可分为沿柱（墙）边的冲切和单一基桩对承台的冲切两类。产生柱边冲切破坏时，锥体斜面与承台底面的夹角大于或等于 45°，该斜面的上周边位于柱与承台交接处或承台变阶处，下周边位于相应的桩顶内边。承台板的冲切有两种情况，分别缘起于柱底竖向力和桩顶竖向力。

① 柱对承台的冲切，可按下列公式计算冲切承载力，见图 7-21。

$$F_l \leqslant 2[\beta_{0x}(b_c + a_{0y}) + \beta_{0y}(h_c + a_{0x})]\beta_{hp} f_t h_0 \qquad (7\text{-}20)$$

$$F_l = F - \sum N_i$$

$$\beta_{0x} = 0.84/(\lambda_{0x} + 0.2)$$

$$\beta_{0y} = 0.84/(\lambda_{0y} + 0.2)$$

式中　F_l ——扣除承台及其上填土自重，作用在冲切破坏锥体上相应于荷载效应基本组合的冲切力设计值，冲切破坏锥体应采用自柱边或承台变阶处至相应桩顶边缘连线构成的锥体，锥体与承台底面的夹角不小于 45°；

　　　h_0 ——冲切破坏锥体的有效高度；

　　　β_{hp} ——受冲切承载力截面设计影响系数，其值按规范规定取值；

β_{0x}、β_{0y} ——冲切系数；

λ_{0x}、λ_{0y} ——冲跨比，$\lambda_{0x}=a_{0x}/h_0$，$\lambda_{0y}=a_{0y}/h_0$，a_{0x}，a_{0y} 为柱边或变阶处至柱边的水平距离，当 $a_{0x}(a_{0y})<0.2h_0$ 时，$a_{0x}(a_{0y})=0.2h_0$ 时，当 $a_{0x}(a_{0y})>h_0$ 时；

F ——柱根部轴力设计值；

$\sum N_i$ ——冲切破坏锥体范围内各桩的净反力设计值之和。

对中低压缩性土上的承台，当承台与地基之间没有脱空现象时，可根据地区经验适当减小柱下桩基础独立承台受冲切计算的承台厚度。

② 角桩对承台的冲切，多桩矩形承台受角桩冲切的承载力应按下列公式计算（图 7-22）：

$$N_l \leqslant \left[\beta_{1x}\left(c_2 + \frac{a_{1y}}{2} \right) + \beta_{1y}\left(c_1 + \frac{a_{1x}}{2} \right) \right] \beta_{hp} f_t h_0 \qquad (7\text{-}21)$$

$$\beta_{1x} = \left(\frac{0.56}{\lambda_{1x}+0.2} \right)$$

$$\beta_{1y} = \left(\frac{0.56}{\lambda_{1y}+0.2} \right)$$

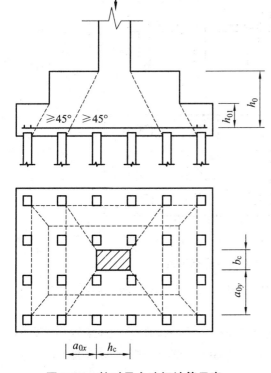
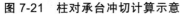

图 7-21 柱对承台冲切计算示意

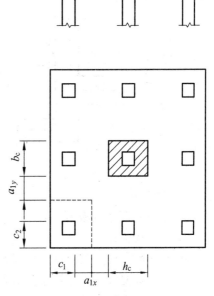

图 7-22 矩形承台角桩冲切计算示意

式中　N_l ——扣除承台和其上填土自重后的角桩桩顶相当于荷载效应基本组合时的竖向力设计值；

　　β_{1x}、β_{1y} ——角桩冲切系数；

λ_{1x}、λ_{1y} ——角桩冲跨比，其值满足 0.2～0.1，$\lambda_{1x} = a_{1x}/h_0$，$\lambda_{1y} = a_{1y}/h_0$；

c_1、c_2 ——从角桩内边缘至承台外边缘的距离；

a_{1x}、a_{1y} ——从承台底角桩内边缘引 45°冲切线与承台顶面或承台变阶处相交点至角桩内边缘的水平距离；

h_0 ——承台外边缘的有效高度。

③ 承台板的斜截面受剪承载力验算。

一般情况下，独立桩基承台板作为受弯构件，验算斜截面受剪承载力必须考虑互相正交的两个截面；当桩基同时承受弯矩时，则应取与弯矩作用面相交的斜截面作为验算面，通常以过柱（墙）边和桩边的斜截面作为剪切破坏面，如图 7-23 所示。斜截面受剪承载力按下列公式验算：

$$V = \beta_{hs}\beta f_t b_0 h_0 \tag{7-22}$$

$$\beta = \frac{1.75}{\lambda + 0.1}$$

$$\beta_{hs} = (800/h_0)^{1/4}$$

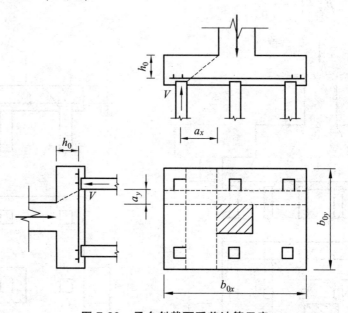

图 7-23　承台斜截面受剪计算示意

式中　V ——扣除承台及其上填土自重后相应于荷载效应基本组合时斜截面的最大剪力设计值；

b_0 ——承台计算截面处的计算宽度，阶梯形承台变阶处的计算宽度、锥形承台的计算宽度应按《建筑地基基础设计规范》（GB 50007—2011）附录确定；

h_0 ——计算宽度处的承台有效高度；

β ——剪切系数；

β_{hs} ——受剪切承载力截面高度影响系数，板的有效高度 $h_0 < 800$ mm 时，h_0 取 800 mm，$h_0 > 2\,000$ mm 时，h_0 取 2 000 mm；

λ ——计算截面的剪跨比，$\lambda_x = \dfrac{a_x}{h_0}$，$\lambda_y = \dfrac{a_y}{h_0}$，为柱边或承台变阶处至 x、y 方向计算

一排桩的桩边的水平距离，当 $\lambda < 3$ 时，取 $\lambda = 3$，当 $\lambda > 3$ 时，取 $\lambda = 3$。

④ 局部承压验算。

当承台的混凝土强度等级低于柱或桩的混凝土强度等级时，尚应验算柱下或桩上承台的局部受压承载力。

4. 承台之间的连接

① 单桩承台，宜在两个互相垂直的方向上设置连系梁。

② 两桩承台，宜在其短方向设置连系梁；

③ 有抗震要求的柱下独立承台，宜在两个主轴方向设置连系梁；

④ 连系梁顶面宜与承台位于同一标高。连系梁的宽度不应小于 250 mm，梁的高度可取承台中心距的 1/10 ~ 1/15；

⑤ 连系梁的主筋应按计算要求确定。连系梁内上下纵向钢筋直径不应小于 12 mm 且不应少于 2 根，并应按受拉要求锚入承台。

7.5 灌注桩施工

7.5.1 施工准备

灌注桩施工应具备下列资料：

（1）建筑场地岩土工程勘察报告。

（2）桩基工程施工图及图纸会审纪要。

（3）建筑场地和邻近区域内的地下管线、地下构筑物、危房、精密仪器车间等的调查资料。

（4）主要施工机械及其配套设备的技术性能资料。

（5）桩基工程的施工组织设计。

（6）水泥、砂、石、钢筋等原材料及其制品的质检报告。

（7）有关荷载、施工工艺的试验参考资料。

钻孔机具及工艺的选择，应根据桩型、钻孔深度、土层情况、泥浆排放及处理条件综合确定。

施工组织设计应结合工程特点，有针对性地制定相应质量管理措施，主要应包括下列内容：

（1）施工平面图：标明桩位、编号、施工顺序、水电线路和临时设施的位置；采用泥浆护壁成孔时，应标明泥浆制备设施及其循环系统。

（2）确定成孔机械、配套设备以及合理施工工艺的有关资料，泥浆护壁灌注桩必须有泥浆处理措施。

（3）施工作业计划和劳动力组织计划。

（4）机械设备、备件、工具、材料供应计划。

（5）桩基施工时，对安全、劳动保护、防火、防雨、防台风、爆破作业、文物和环境保护等方面应按有关规定执行。

（6）保证工程质量、安全生产和季节性施工的技术措施。

成桩机械必须经鉴定合格，不得使用不合格机械。

施工前应组织图纸会审，会审纪要连同施工图等应作为施工依据，并应列入工程档案。

桩基施工用的供水、供电、道路、排水、临时房屋等临时设施，必须在开工前准备就绪，施工场地应进行平整处理，保证施工机械正常作业。

基桩轴线的控制点和水准点应设在不受施工影响的地方。开工前，经复核后应妥善保护，施工中应经常复测。

用于施工质量检验的仪表、器具的性能指标，应符合现行国家相关标准的规定。

7.5.2　一般规定

不同桩型的适用条件应符合下列规定：

（1）泥浆护壁钻孔灌注桩宜用于地下水位以下的黏性土、粉土、砂土、填土、碎石土及风化岩层。

（2）旋挖成孔灌注桩宜用于黏性土、粉土、砂土、填土、碎石土及风化岩层。

（3）冲孔灌注桩除宜用于上述地质情况外，还能穿透旧基础、建筑垃圾填土或大孤石等障碍物。在岩溶发育地区应慎重使用，采用时，应适当加密勘察钻孔。

（4）长螺旋钻孔压灌桩后插钢筋笼宜用于黏性土、粉土、砂土、填土、非密实的碎石类土、强风化岩。

（5）干作业钻、挖孔灌注桩宜用于地下水位以上的黏性土、粉土、填土、中等密实以上的砂土、风化岩层。

（6）在地下水位较高，有承压水的砂土层、滞水层、厚度较大的流塑状淤泥、淤泥质土层中不得选用人工挖孔灌注桩。

（7）沉管灌注桩宜用于黏性土、粉土和砂土；夯扩桩宜用于桩端持力层为埋深不超过20m的中、低压缩性黏性土、粉土、砂土和碎石类土。

7.5.3　施工工序

1. 成孔

成孔设备就位后，必须平整、稳固，确保在成孔过程中不发生倾斜和偏移。应在成孔钻具上设置控制深度的标尺，并应在施工中进行观测记录。桩在施工前，宜进行试成孔。

成孔的控制深度应符合下列要求：

（1）摩擦型桩：摩擦桩应以设计桩长控制成孔深度；端承摩擦桩必须保证设计桩长及桩

端进入持力层深度。当采用锤击沉管法成孔时，桩管入土深度控制应以标高为主，以贯入度控制为辅。

（2）端承型桩：当采用钻（冲），挖掘成孔时，必须保证桩端进入持力层的设计深度；当采用锤击沉管法成孔时，沉管深度控制以贯入度为主，以设计持力层标高对照为辅。

灌注桩成孔施工的允许偏差应满足表 7-7 的要求。

表 7-7　灌注桩成孔施工允许偏差

成 孔 方 法		桩径偏差 /mm	垂直度允许偏差/%	桩位允许偏差（mm）	
				1～3 根桩、条形桩基沿垂直轴线方向和群桩基础中的边桩	条形桩基沿轴线方向和群桩基础的中间桩
泥浆护壁 钻、挖、冲孔桩	$d \leqslant 1000$ mm	$\leqslant -50$	1	$d/6$ 且不大于 100	$d/4$ 且不大于 150
	$d > 1000$ mm	-50		$100 + 0.01H$	$150 + 0.01H$
锤击（振动）沉管 振动冲击沉管成孔	$d \leqslant 500$ mm	-20	1	70	150
	$d > 500$ mm			100	150
螺旋钻、机动洛阳铲干作业成孔灌注桩		-20	1	70	150
人工挖孔桩	现浇混凝土护壁	± 50	0.5	50	150
	长钢套管护壁	± 20	1	100	200

注：① 桩径允许偏差的负值是指个别断面；
　　② H 为施工现场地面标高与桩顶设计标高的距离；d 为设计桩径。

2. 钢筋笼制作、安装

（1）钢筋笼的材质、尺寸应符合设计要求，制作允许偏差应符合表 7-8 的规定。

表 7-8　钢筋笼制作允许偏差

项　　目	允许偏差（mm）
主筋间距	± 10
箍筋间距	± 20
钢筋笼直径	± 10
钢筋笼长度	± 100

（2）分段制作的钢筋笼，其接头宜采用焊接或机械式接头（钢筋直径大于 20 mm），并应遵守国家现行标准《钢筋机械连接通用技术规程》（JGJ 10）、《钢筋焊接及验收规程》（JGJ 18）和《混凝土结构工程施工质量验收规范》（GB 50204）的规定。

（3）加劲箍宜设在主筋外侧，当因施工工艺有特殊要求时也可置于内侧。

（4）导管接头处外径应比钢筋笼的内径小 100 mm 以上。

（5）搬运和吊装钢筋笼时，应防止变形，安放应对准孔位，避免碰撞孔壁和自由落下，就位后应立即固定。

3. 混凝土

粗骨料可选用卵石或碎石，其骨料粒径不得大于钢筋间距最小净距的 1/3。

4. 成桩

检查成孔质量合格后应尽快灌注混凝土。直径大于 1 m 或单桩混凝土量超过 25 m³ 的桩，每根桩桩身混凝土应留有 1 组试件；直径不大于 1 m 的桩或单桩混凝土量不超过 25 m³ 的桩，每个灌注台班不得少于 1 组；每组试件应留 3 件。

7.5.4　泥浆护壁成孔灌注桩

1. 泥浆的制备和处理

除能自行造浆的黏性土层外，均应制备泥浆。泥浆制备应选用高塑性黏土或膨润土。泥浆应根据施工机械、工艺及穿越土层情况进行配合比设计。

泥浆护壁应符合下列规定：

（1）施工期间护筒内的泥浆面应高出地下水位 1.0 m 以上，在受水位涨落影响时，泥浆面应高出最高水位 1.5 m 以上。

（2）在清孔过程中，应不断置换泥浆，直至浇注水下混凝土。

（3）浇注混凝土前，孔底 500 mm 以内的泥浆比重应小于 1.25 含砂率不得大于 8%，黏度不得大于 28 s。

（4）在容易产生泥浆渗漏的土层中应采取维持孔壁稳定的措施。

（5）废弃的浆、渣应进行处理，不得污染环境。

2. 正、反循环钻孔灌注桩的施工

对孔深较大的端承型桩和粗粒土层中的摩擦型桩，宜采用反循环工艺成孔或清孔，也可根据土层情况采用正循环钻进，反循环清孔。

泥浆护壁成孔时，宜采用孔口护筒，护筒设置应符合下列规定：

（1）护筒埋设应准确、稳定，护筒中心与桩位中心的偏差不得大于 50 mm。

（2）护筒可用 4~8 mm 厚钢板制作，其内径应大于钻头直径 100 mm，上部宜开设 1~2 个溢浆孔。

（3）护筒的埋设深度：在黏性土中不宜小于 1.0 m；砂土中不宜小于 1.5 m。护筒下端外侧应采用黏土填实；其高度尚应满足孔内泥浆面高度的要求。

（4）受水位涨落影响或水下施工的钻孔灌注桩，护筒应加高加深，必要时应打入不透水层。

当在软土层中钻进时，应根据泥浆补给情况控制钻进速度；在硬层或岩层中的钻进速度应以钻机不发生跳动为准。

钻机设置的导向装置应符合下列规定：

（1）潜水钻的钻头上应有不小于 3 倍直径长度的导向装置。

（2）利用钻杆加压的正循环回转钻机，在钻具中应加设扶正器。

如在钻进过程中发生斜孔、塌孔和护筒周围冒浆、失稳等现象时，应停钻，待采取相应措施后再进行钻进。

钻孔达到设计深度，灌注混凝土之前，孔底沉渣厚度指标应符合下列规定：

（1）对端承型桩，不应大于 50 mm。

（2）对摩擦型桩，不应大于 100 mm。

（3）对抗拔、抗水平力桩，不应大于 200 mm。

7.5.5 冲击成孔灌注桩的施工

在钻头锥顶和提升钢丝绳之间应设置保证钻头自动转向的装置。冲孔桩孔口护筒，其内径应大于钻头直径 200 mm。

冲击成孔质量控制应符合下列规定：

（1）开孔时，应低锤密击，当表土为淤泥、细砂等软弱土层时，可加黏土块夹小片石反复冲击造壁，孔内泥浆面应保持稳定。

（2）在各种不同的土层、岩层中成孔时，可按照表 7-9 的操作要点进行。

（3）进入基岩后，应采用大冲程、低频率冲击，当发现成孔偏移时，应回填片石至偏孔上方 300 ～ 500 mm 处，然后重新冲孔。

（4）当遇到孤石时，可预爆或采用高低冲程交替冲击，将大孤石击碎或挤入孔壁。

（5）应采取有效的技术措施防止扰动孔壁、塌孔、扩孔、卡钻和掉钻及泥浆流失等事故。

（6）每钻进 4 ～ 5m 应验孔一次，在更换钻头前或容易缩孔处，均应验孔。

（7）进入基岩后，非桩端持力层每钻进 300 ～ 500 mm 和桩端持力层每钻进 100 ～ 300m 时，应清孔取样一次，并应做记录。

表 7-9 冲击成孔操作要点

项　　目	操　作　要　点
在护筒刃脚以下 2 m 范围内	小冲程 1 m 左右，泥浆比重 1.2 ～ 1.5，软弱土层投入黏土块夹小片石
黏性土层	中、小冲程 1 ～ 2 m，泵入清水或稀泥浆，经常清除钻头上的泥块
粉砂或中粗砂层	中冲程 2 ～ 3 m，泥浆比重 1.2 ～ 1.5，投入黏土块，勤冲、勤掏渣
砂卵石层	中、高冲程 3 ～ 4 m，泥浆比重（密度）1.3 左右，勤掏渣
软弱土层或塌孔回填重钻	小冲程反复冲击，加黏土块夹小片石，泥浆比重 1.3 ～ 1.5

注：1. 土层不好时提高泥浆比重或加黏土块；
　　2. 防黏钻可投入碎砖石。

排渣可采用泥浆循环或抽渣筒等方法，当采用抽渣筒排渣时，应及时补给泥浆。

冲孔中遇到斜孔、弯孔、梅花孔、塌孔及护筒周围冒浆、失稳等情况时，应停止施工，采取措施后方可继续施工。

大直径桩孔可分级成孔，第一级成孔直径应为设计桩径的 0.6 ～ 0.8 倍。

7.5.6　水下混凝土的灌注

钢筋笼吊装完毕后，应安置导管或气泵管二次清孔，并应进行孔位、孔径、垂直度、孔深、沉渣厚度等检验，合格后应立即灌注混凝土。

水下灌注的混凝土应符合下列规定：

（1）水下灌注混凝土必须具备良好的和易性，配合比应通过试验确定；坍落度宜为 180 ~ 220 mm；水泥用量不应少于 360 kg/m³（当掺入粉煤灰时水泥用量可不受此限）；

（2）水下灌注混凝土的含砂率宜为 40% ~ 50%，并宜选用中粗砂；粗骨料的最大粒径应小于 40 mm；

（3）水下灌注混凝土宜掺外加剂。

导管的构造和使用应符合下列规定：

（1）导管壁厚不宜小于 3 mm，直径宜为 200 ~ 250 mm；直径制作偏差不应超过 2 mm，导管的分节长度可视工艺要求确定，底管长度不宜小于 4 m，接头宜采用双螺纹方扣快速接头；

（2）导管使用前应试拼装、试压，试水压力可取为 0.6 ~ 1.0MPa；

（3）每次灌注后应对导管内外进行清洗。

灌注水下混凝土的质量控制应满足下列要求：

（1）开始灌注混凝土时，导管底部至孔底的距离宜为 300 ~ 500 mm；

（2）应有足够的混凝土储备量，导管一次埋入混凝土灌注面以下不应少于 0.8 m；

（3）导管埋入混凝土深度宜为 2 ~ 6 m。严禁将导管提出混凝土灌注面，并应控制提拔导管速度，应有专人测量导管埋深及管内外混凝土灌注面的高差，填写水下混凝土灌注记录；

（4）灌注水下混凝土必须连续施工，每根桩的灌注时间应按初盘混凝土的初凝时间控制，对灌注过程中的故障应记录备案；

（5）应控制最后一次灌注量，超灌高度宜为 0.8 ~ 1.0 m，凿除泛浆高度后必须保证暴露的桩顶混凝土强度达到设计等级。

7.5.7　长螺旋钻孔压灌桩

当需要穿越老黏土、厚层砂土、碎石土以及塑性指数大于 25 的黏土时，应进行试钻。

钻机定位后，应进行复检，钻头与桩位点偏差不得大于 20 mm，开孔时下钻速度应缓慢；钻进过程中，不宜反转或提升钻杆。

钻进过程中，当遇到卡钻、钻机摇晃、偏斜或发生异常声响时，应立即停钻，查明原因，采取相应措施后方可继续作业。

根据桩身混凝土的设计强度等级，应通过试验确定混凝土配合比；混凝土坍落度宜为 180 ~ 220 mm；粗骨料可采用卵石或碎石，最大粒径不宜大于 30 mm；可掺加粉煤灰或外加剂。

混凝土泵应根据桩径选型，混凝土输送泵管布置宜减少弯道，混凝土泵与钻机的距离不宜超过 60 m。

桩身混凝土的泵送压灌应连续进行，当钻机移位时，混凝土泵料斗内的混凝土应连续搅拌，泵送混凝土时，料斗内混凝土的高度不得低于 400 mm。

混凝土输送泵管宜保持水平，当长距离泵送时，泵管下面应垫实。

当气温高于 30 ℃ 时，宜在输送泵管上覆盖隔热材料，每隔一段时间应洒水降温。

钻至设计标高后，应先泵入混凝土并停顿 10～20 s，再缓慢提升钻杆。提钻速度应根据土层情况确定，且应与混凝土泵送量相匹配，保证管内有一定高度的混凝土。

在地下水位以下的砂土层中钻进时，钻杆底部活门应有防止进水的措施，压灌混凝土应连续进行。

压灌桩的充盈系数宜为 1.0～1.2。桩顶混凝土超灌高度不宜小于 0.3～0.5 m。

成桩后，应及时清除钻杆及泵（软）管内残留混凝土。长时间停置时，应采用清水将钻杆、泵管、混凝土泵清洗干净。

混凝土压灌结束后，应立即将钢筋笼插至设计深度。钢筋笼插设宜采用专用插筋器。

7.5.8　沉管灌注桩和内夯沉管灌注桩

1. 锤击沉管灌注桩施工

锤击沉管灌注桩施工应根据土质情况和荷载要求，分别选用单打法、复打法或反插法。

锤击沉管灌注桩施工应符合下列规定：

（1）群桩基础的基桩施工，应根据土质、布桩情况，采取消减负面挤土效应的技术措施，确保成桩质量。

（2）桩管、混凝土预制桩尖或钢桩尖的加工质量和埋设位置应与设计相符，桩管与桩尖的接触应有良好的密封性。

灌注混凝土和拔管的操作控制应符合下列规定：

（1）沉管至设计标高后，应立即检查和处理桩管内的进泥、进水和吞桩尖等情况，并立即灌注混凝土。

（2）当桩身配置局部长度钢筋笼时，第一次灌注混凝土应先灌至笼底标高，然后放置钢筋笼，再灌至桩顶标高。第一次拔管高度应以能容纳第二次灌入的混凝土量为限，不应拔得过高。在拔管过程中应采用测锤或浮标检测混凝土面的下降情况。

（3）拔管速度应保持均匀，对一般土层拔管速度宜为 1m/min，在软弱土层和软硬土层交界处拔管速度宜控制在 0.3～0.8 m/min。

（4）采用倒打拔管的打击次数，单动汽锤不得少于 50 次/min，自由落锤小落距轻击不得少于 40 次/min；在管底未拔至桩顶设计标高之前，倒打和轻击不得中断。

混凝土的充盈系数不得小于 1.0；对于充盈系数小于 1.0 的桩，应全长复打，对可能断桩和缩颈桩，应采用局部复打。成桩后的桩身混凝土顶面应高于桩顶设计标高 500 mm 以内。全长复打时，桩管入土深度宜接近原桩长，局部复打应超过断桩或缩颈区 1m 以上。

全长复打桩施工时应符合下列规定：

（1）第一次灌注混凝土应达到自然地面。

（2）拔管过程中应及时清除粘在管壁上和散落在地面上的混凝土。

（3）初打与复打的桩轴线应重合。

（4）复打施工必须在第一次灌注的混凝土初凝之前完成。

混凝土的坍落度宜采用 80～100 mm。

2. 振动、振动冲击沉管灌注桩施工

振动、振动冲击沉管灌注桩应根据土质情况和荷载要求，分别选用单打法、复打法、反插法等。单打法可用于含水量较小的土层，且宜采用预制桩尖；反插法及复打法可用于饱和土层。

振动、振动冲击沉管灌注桩单打法施工的质量控制应符合下列规定：

（1）必须严格控制最后 30 s 的电流、电压值，其值按设计要求或根据试桩和当地经验确定。

（2）桩管内灌满混凝土后，应先振动 5～10 s，再开始拔管，应边振边拔，每拔出 0.5～1.0 m，停拔，振动 5～10 s；如此反复，直至桩管全部拔出。

（3）在一般土层内，拔管速度宜为 1.2～1.5 m/min，用活瓣桩尖时宜慢，用预制桩尖时可适当加快；在软弱土层中宜控制在 0.6～0.8 m/min。

振动、振动冲击沉管灌注桩反插法施工的质量控制应符合下列规定：

（1）桩管灌满混凝土后，先振动再拔管，每次拔管高度 0.5～1.0 m，反插深度 0.3～0.5 m；在拔管过程中，应分段添加混凝土，保持管内混凝土面始终不低于地表面或高于地下水位 1.0～1.5 m 以上，拔管速度应小于 0.5 m/min。

（2）在距桩尖处 1.5 m 范围内，宜多次反插以扩大桩端部断面。

（3）穿过淤泥夹层时，应减慢拔管速度，并减少拔管高度和反插深度，在流动性淤泥中不宜使用反插法。

3. 内夯沉管灌注桩施工

当采用外管与内夯管结合锤击沉管进行夯压、扩底、扩径时，内夯管应比外管短 100 mm，内夯管底端可采用闭口平底或闭口锥底（图 7-24）。

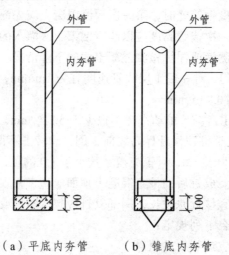

（a）平底内夯管　　（b）锥底内夯管

图 7-24　内外管及管塞

外管封底可采用干硬性混凝土、无水混凝土配料，经夯击形成阻水、阻泥管塞，其高度可为 100 mm。当内、外管间不会发生间隙涌水、涌泥时，亦可不采用上述封底措施。

桩身混凝土宜分段灌注；拔管时内夯管和桩锤应施压于外管中的混凝土顶面，边压边拔。

施工前宜进行试成桩，并应详细记录混凝土的分次灌注量、外管上拔高度、内管夯击次数、双管同步沉入深度，并应检查外管的封底情况，有无进水、涌泥等，经核定后可作为施工控制依据。

7.5.9　人工挖孔灌注桩施工

人工挖孔桩的孔径（不含护壁）不得小于 0.8 m，且不宜大于 2.5 m；孔深不宜大于 30 m。当桩净距小于 2.5 m 时，应采用间隔开挖。相邻排桩跳挖的最小施工净距不得小于 4.5 m。

人工挖孔桩混凝土护壁的厚度不应小于 100 mm，混凝土强度等级不应低于桩身混凝土强度等级，并应振捣密实；护壁应配置直径不小于 8 mm 的构造钢筋，竖向筋应上下搭接或拉接。

人工挖孔桩施工应采取下列安全措施：

（1）孔内必须设置应急软爬梯供人员上下；使用的电葫芦、吊笼等应安全可靠，并配有自动卡紧保险装置，不得使用麻绳和尼龙绳吊挂或脚踏井壁凸缘上下。电葫芦宜用按钮式开关，使用前必须检验其安全起吊能力。

（2）每日开工前必须检测井下的有毒、有害气体，并应有足够的安全防范措施。当桩孔开挖深度超过 10 m 时，应有专门向井下送风的设备，风量不宜少于 25 L/s。

（3）孔口四周必须设置护栏，护栏高度宜为 0.8 m。

（4）挖出的土石方应及时运离孔口，不得堆放在孔口周边 1 m 范围内，机动车辆的通行不得对井壁的安全造成影响。

（5）施工现场的一切电源、电路的安装和拆除必须遵守现行行业标准《施工现场临时用电安全技术规范》JGJ 46 的规定。

开孔前，桩位应准确定位放样，在桩位外设置定位基准桩，安装护壁模板必须用桩中心点校正模板位置，并应由专人负责。

第一节井圈护壁应符合下列规定：

（1）井圈中心线与设计轴线的偏差不得大于 20 mm。

（2）井圈顶面应比场地高出 100 ~ 150 mm，壁厚应比下面井壁厚度增加 100 ~ 150 mm。

修筑井圈护壁应符合下列规定：

（1）护壁的厚度、拉接钢筋、配筋、混凝土强度等级均应符合设计要求。

（2）上下节护壁的搭接长度不得小于 50 mm。

（3）每节护壁均应在当日连续施工完毕。

（4）护壁混凝土必须保证振捣密实，应根据土层渗水情况使用速凝剂。

（5）护壁模板的拆除应在灌注混凝土 24 h 之后。

（6）发现护壁有蜂窝、漏水现象时，应及时补强。

（7）同一水平面上的井圈任意直径的极差不得大于 50 mm。

挖至设计标高，终孔后应清除护壁上的泥土和孔底残渣、积水，并应进行隐蔽工程验收。验收合格后，应立即封底和灌注桩身混凝土。

灌注桩身混凝土时，混凝土必须通过溜槽；当落距超过 3 m 时，应采用串筒，串筒末端距孔底高度不宜大于 2 m；也可采用导管泵送；混凝土宜采用插入式振捣器振实。

当渗水量过大时，应采取场地截水、降水或水下灌注混凝土等有效措施。严禁在桩孔中边抽水边开挖边灌注，包括相邻桩的灌注。

7.5.10　桩基础检验

1. 一般规定

桩基工程应进行桩位、桩长、桩径、桩身质量和单桩承载力的检验。桩基工程的检验按时间顺序可分为三个阶段：施工前检验、施工检验和施工后检验。

对砂、石子、水泥、钢材等桩体原材料质量的检验项目和方法应符合国家现行有关标准的规定。

2. 施工前检验

施工前应严格对桩位进行检验。

预制桩（混凝土预制桩、钢桩）施工前应进行下列检验：

（1）成品桩应按选定的标准图或设计图制作，现场应对其外观质量及桩身混凝土强度进行检验。

（2）应对接桩用焊条、压桩用压力表等材料和设备进行检验。

灌注桩施工前应进行下列检验：

（1）混凝土拌制应对原材料质量与计量、混凝土配合比、坍落度、混凝土强度等级等进行检查。

（2）钢筋笼制作应对钢筋规格、焊条规格、品种、焊口规格、焊缝长度、焊缝外观和质量、主筋和箍筋的制作偏差等进行检查，钢筋笼制作允许偏差应符合《建筑桩基技术规范》（JGJ 94—2008）表 6.2.5 的要求。

3. 施工检验

（1）预制桩（混凝土预制桩、钢桩）施工过程中应进行下列检验：

① 打入（静压）深度、停锤标准、静压终止压力值及桩身（架）垂直度检查。

② 接桩质量、接桩间歇时间及桩顶完整状况。

③ 每米进尺锤击数、最后 1.0 m 锤击数、总锤击数、最后三阵贯入度及桩尖标高等。

（2）灌注桩施工过程中应进行下列检验：

① 灌注混凝土前，应按照《建筑桩基技术规范》（JGJ 94—2008）第 6 章有关施工质量要求，对已成孔的中心位置、孔深、孔径、垂直度、孔底沉渣厚度进行检验。

② 应对钢筋笼安放的实际位置等进行检查，并填写相应质量检测、检查记录。

③ 干作业条件下成孔后应对大直径桩桩端持力层进行检验。

4. 施工后检验

工程桩应进行承载力和桩身质量检验。有下列情况之一的桩基工程，应采用静荷载试验对工程桩单桩竖向承载力进行检测，检测数量应根据桩基设计等级、本工程施工前取得试验数据的可靠性因素，可按现行行业标准《建筑基桩检测技术规范》JGJ 106 确定：

（1）工程施工前已进行单桩静载试验，但施工过程变更了工艺参数或施工质量出现异常时。

（2）施工前工程未按《建筑桩基技术规范》（JGJ 94—2008）第 5.3.1 条规定进行单桩静载试验的工程。

（3）地质条件复杂、桩的施工质量可靠性低。

（4）采用新桩型或新工艺。

桩身质量除对预留混凝土试件进行强度等级检验外，尚应进行现场检测。检测方法可采用可靠的动测法，对于大直径桩还可采取钻芯法、声波透射法；检测数量可根据现行行业标准《建筑基桩检测技术规范》JGJ 106 确定。

对专用抗拔桩和对水平承载力有特殊要求的桩基工程，应进行单桩抗拔静载试验和水平静载试验检测。

7.6　其他深基础简介

除桩基础外，还有沉井基础、地下连续墙、桩箱基础、墩基础、沉箱基础等深基础。本节就沉井基础和地下连续墙进行简要介绍。

7.6.1　沉井基础

沉井是一种井筒状结构物，是依靠在井内挖土，借助井体自重及其他辅助措施而逐步下沉至预定设计标高，最终形成的建筑物基础的一种深基础形式。

该基础具有占地面积小，不需要板桩围护，与大开挖相比较，挖土量少，对邻近建筑物的影响比较小，操作简便，无须特殊的专业设备等特点。近年来，沉井的施工技术和施工机械都有很大改进。

沉井基础的使用范围：

（1）上部荷载较大，而表层地基土的容许承载力不足，扩大基础开挖工作量大，以及支撑困难，但在一定深度下有好的持力层，采用沉井基础与其他深基础相比较，经济上较为合理时。

（2）在山区河流中，虽然土质较好，但冲刷大或河中有较大卵石不便桩基础施工时。

（3）岩层表面较平坦且覆盖层薄，但河水较深；采用扩大基础施工围堰有困难时。

沉井基础一般由井壁（侧壁）、刃脚、内隔墙、井孔、封底和顶盖板等组成，如图 7-25 所示。井筒有圆柱形、阶梯形及锥形等，如图 7-26 所示。

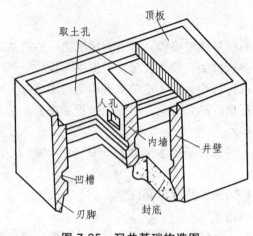

图 7-25　沉井基础构造图

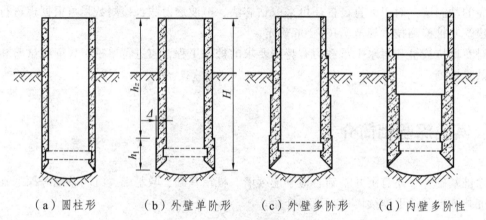

（a）圆柱形　　　（b）外壁单阶形　　　（c）外壁多阶形　　　（d）内壁多阶性

图 7-26　沉井基础剖面图

　　井壁是沉井的主要部分，应有足够的厚度与强度，以承受在下沉过程中各种最不利荷载组合（水土压力）所产生的内力，同时要有足够的重量，使沉井能在自重作用下顺利下沉到设计标高。井壁最下端一般都做成刀刃状的"刃脚"。其主要功用是减少下沉阻力。刃脚还应具有一定的强度，以免在下沉过程中损坏。根据使用和结构上的需要，在沉井井筒内设置内隔墙。内隔墙的主要作用是增加沉井在下沉过程中的刚度，减小井壁受力计算跨度。同时，又把整个沉井分隔成多个施工井孔（取土井），使挖土和下沉可以较均衡地进行，也便于沉井偏斜时的纠偏。内隔墙因不承受水土压力，所以，其厚度较沉井外壁要薄一些。沉井内设置的内隔墙或纵横隔墙或纵横框架形成的格子称作井孔，井孔尺寸应满足工艺要求。当沉井下沉深度大，穿过的土质又较好，估计下沉会产生困难时，可在井壁中预埋射水管组。射水管应均匀布置，以利于控制水压和水量来调整下沉方向，一般不小于 600 kPa。当沉井下沉到设计标高，经过技术检验并对井底清理整平后，即可封底，以防止地下水渗入井内。为了使封底混凝土和底板与井壁间有更好的联结，以传递基底反力，使沉井成为空间结构受力体系，常于刃脚上方井壁内侧预留凹槽，以便在该处浇筑钢筋混凝土底板和楼板及井内结构。

　　沉井基础施工时，先在地面制作一个井筒形结构，然后在筒内挖土（或采用水力吸泥），使沉井在重力作用下，因失去竖向支承而下沉，如此边挖边排土边下沉，直至设计标高为止，最后封顶。如果沉井过高，可分段制作，分段下沉。沉井的井筒在施工期间作为四周土体的护壁，竣工后即为永久性深基础。

7.6.2　地下连续墙

近年来，随着地下连续墙技术的发展，其应用范围也更加广泛。地下连续墙适用于建造建筑物的地下室、地下油库、挡土墙、高层建筑等的深基础，逆作法施工的围护结构，工业建筑的竖井以及水工结构的堤坝防渗墙、护岸、码头、桥梁墩台、地下铁道或临时围堰工程等。

地下连续墙是指采用合适的挖槽（孔）设备，沿着开挖工程的周边轴线，在泥浆护壁的条件下，挖出一个具有一定长度、宽度与深度的沟槽（孔槽），并在槽内设置预先制作的钢筋笼，然后采用导管法向槽内浇灌混凝土筑成一个单元墙段，依次施工，再以适当的接头形式将各单元墙段相互连接起来，最终构成完整的地下连续墙体。

1. 地下连续墙分类

地下连续墙可按如下方法分类：

（1）按地下连续墙的结构形式分类。

① 槽式（或壁板式）地下连续墙。采用挖槽设备（泥浆护壁），在地下挖出一个狭长的深槽，在槽内下入钢筋笼并浇灌混凝土使之形成一个单元墙段，然后将各单元墙段连接成整体，构成一道完整的槽式地下连续墙。

② 排桩式地下连续墙。将单桩依次施工、连接，形成一道连续墙体。

③ 组合式地下连续墙。将壁式和排桩式工艺结合起来施工筑成的组合式墙体。

（2）按受力和支撑形式分类。

地下连续墙按受力支撑形式可分为自立式、内撑式、锚定式、格形重力式和竖井式连续墙。

（3）按墙体材料分类。

地下连续墙按墙体材料可分为钢筋混凝土墙、素混凝土墙、黏土墙、自凝泥浆墙和混合墙等若干种。

（4）按墙体施工方法分类

地下连续墙按墙体施工方法可分为就地浇注、预制及二者组合成墙。

（5）按接头形式分类。

地下连续墙按接头形式可分为非刚性接头如锁口管式、榫接式、搭接式，和刚性接头如I型、十字型钢板接头。

（6）按用途不同分类。

地下连续墙按用途不同可分为结构墙、临时性支护墙、挡土墙、防渗心墙以及抗滑、隔振墙。

2. 地下连续墙的特点

（1）地下连续墙特殊的优点。

地下连续墙技术现已成为深基础施工的重要方法，并且正逐步取代一些传统的施工方法，之所以此技术可以深受岩土工程界的青睐，是因为连续墙具有一系列特殊的优点：

① 可以作为一种或兼作多种结构使用，墙体刚度大，强度高，可承重、挡土、截水、抗渗，耐久性能好。

② 适于密集建筑群中建造深基础，与原有建筑物的最小距离可达 0.2 m，对周围地基无扰动，对相邻建筑物、地下设施及地面交通影响较小；可在狭窄场地条件施工。

③ 与逆作法结合施工，可地下部分与上部结构同时施工，大大缩短工期。

④ 比常规挖槽施工节省大量挖土石方工作量，且无须降低地下水位。

⑤ 施工机械化程度高，精度高，劳动强度低，挖掘工效高。

⑥ 施工振动小，噪声低，有利于保护城市环境。

（2）地下连续墙的局限性。

① 地下连续墙施工，需要较多的机具设备，一次性投资较高，如果基坑开挖深度较浅或者仅作为临时性挡土结构，则经济性较差。

② 对于岩溶地区含有较高承压水头的夹层，细、粉砂层，不稳定的流塑软黏土，具有动水渗流的细、粉砂层以及漂石或大的卵石层施工难度较大。

③ 施工工艺较为复杂，技术要求高，质量要求严，施工队伍需具有相当的技术水平。

④施工中的废浆（用泥浆护壁时）量较大，在城市中处理起来费用较高。

3. 地下连续墙常用形式

地下连续墙的造价较高，因此必须对其结构形式及施工工艺进行认真的技术经济对比后才可以确定支护方案。

目前，多层地下室采用逆作法施工，是一种比较先进的深基坑围护技术。多层地下室逆作法的设计和应用，只有在地下连续墙技术应用时才得以实现。而地下连续墙用于逆作法施工，又保证了逆作法的合理性、有效性和可靠性。地下连续墙逆作法施工使支护体系采用支撑式结构不仅可以将地下连续墙作为主体结构的外墙，同时还可以利用主体结构的梁板构件作为墙体的支撑体系，简化了施工工序，大大降低了工程费用，具有显著的技术经济效益。

思考题

1. 什么条件下宜用桩基础？

2. 桩基设计原理是什么？

3. 试述桩的分类。

4. 什么是单桩？说明桩侧极限摩阻力的影响因素是什么？

5. 说明单桩静载试验曲线的形式。

6. 轴向荷载下的竖直单桩，按荷载传递方式不同可分为几类？

7. 决定单桩竖向承载力的因素是什么？

8. 什么是群桩基础？什么是基桩？什么是群桩效应？

9. 群桩中的基桩和单桩在承载力和沉降方面有何差别？

10. 试述桩基的设计内容。

11. 承台承载力计算包括哪些内容？

12. 灌注桩施工准备工作有哪些?

习　题

1. 某柱的矩形截面边长为 $b_c = 450\ mm$，$h_c = 600\ mm$，柱底（标高为 $-0.5\ m$）荷载标准值为：竖向力 $F_k = 3\ 200\ kN$，弯矩 $M_k = 170\ kN \cdot m$（作用于长边方向），水平力 $H_k = 150\ kN$，柱底荷载设计值取荷载标准值的 1.25 倍。拟用混凝土预制桩基础，方形桩截面边长为 $b_p = 400\ mm$，桩长为 15 m。已确定基桩的竖向承载力特征值 $R_a = 600\ kN$，水平承载力特征值 $R_{Ha} = 50\ kN$，承台混凝土强度等级取 C20，配置 HRB335 钢筋。试设计该桩基础（不考虑承台效应）。

8 地基处理技术

【学习要点】

要求熟悉常见地基处理方法的基本原理、设计与施工要点，明确地基处理的基本概念，了解地基处理方法的适用范围与选用原则。

8.1 概 述

地基处理的对象主要是软弱地基，地基处理是通过采取各种地基处理措施，来改善地基土的工程特性，达到满足建筑物对地基强度和变形要求的目的。

按照加固机理不同，地基处理方法可分为碾压夯实、排水固结、换土垫层、挤密振密和化学加固五类。本章介绍其中的换土垫层法、排水固结法、强夯法、挤密振密法和化学加固法，并简要介绍湿陷性黄土和膨胀土的工程特性和地基处理的方法。

8.1.1 地基处理概念

地基系位于建筑物基础之下，受建筑物荷载影响的那部分地层。当基础直接建造在未经加固的天然土层上时，这种地基称为天然地基。如果天然地基很软弱，不能满足建筑物对地基的强度和变形要求时，则应事先对地基进行人工改良加固，再建造基础，这种加固地基的方法称为地基处理，所形成的地基称为人工地基。

8.1.2 软弱地基特征

地基处理的主要对象是软弱地基。软弱地基系指由淤泥、淤泥质土、冲填土、杂填土或其他高压缩性土层构成的地基。

淤泥和淤泥质土，是指在静水或缓慢的流水环境中沉积，并经生物化学作用形成，天然含水量 w 大于液限 w_L、天然孔隙比 $e \geqslant 1.0$ 的黏性土。当天然孔隙比 $e>1.5$ 时，称为淤泥；当 $1.0 \leqslant e<1.5$ 时，称为淤泥质土。它广泛分布于中国沿海地区及内陆河流、湖泊和沼泽地带，是软弱土的主要土类，一般统称为软土。

软土的特性是：含水量高，孔隙比大；抗剪强度低；压缩性高；渗透性小；具有明显的结构性和流变性。因此，软土的工程特性很差，在其上建造建筑物时，就应对地基进行人工处理，以改善土的物理力学性能。

冲填土是人们在整治和疏通江河时，通过挖泥船或泥浆泵将江河底部的泥砂吹送到两面形成的沉积土层。其工程特征与土的颗粒级配密切相关，若冲填土主要含砂粒，则其透水性和力学性能均较好，不属软弱地基；若主要含黏土颗粒，则呈欠固结状态，其力学性能比同类土要差。

8.1.3 地基处理方法分类

地基处理方法按加固机理不同，可分为碾压夯实法、排水固结法、换土垫层法、挤密振密法、化学加固法和土工合成材料加固法等多种，如表8-1所示。

表 8-1 地基处理方法

分类	处理方法	原理及作用	适用范围
碾压夯实	机械碾压法 重锤夯实法 振动压实法 强夯法	通过机械碾压、振动或夯击，压实土的表层。强夯法则利用强大的夯击能量，在地基中产生强烈的冲击波和动应力，迫使深层土体动力固结而密实	适用于碎石土、砂土、低饱和度的粉土和黏性土、素填土、杂填土及湿陷性黄土。对饱和黏性土应慎重采用
排水固结	堆载预压法 砂井堆载预压法 真空预压法 井点降水预压法 塑料排水带预压法	通过改善地基排水条件和施加预压荷载，加速地基的固结和强度增长，提高地基的强度和稳定性，并使地基沉降提前完成	适用于饱和软弱地基。对于透水性极泥灰土应慎重采用
换土垫层	砂垫层 碎石垫层 素（灰）土垫层 矿渣垫层	用砂、碎石、素土、灰土和矿渣等强度较高的材料，置换出地基表层软弱土，以提高持力层地基承载力，减少沉降量	软弱地基、湿陷性黄土地基及暗沟、暗塘等的浅层处理
挤密振密	振冲法 砂桩挤密法 灰土桩挤密法 石灰桩挤密法	通过振动或挤密，使土体深层孔隙减少，强度提高；并在振动挤密过程中回填砂、砾石、灰土等材料，形成砂桩、碎石桩等桩体，桩与桩间土一起组成复合地基，从而提高地基承载力，减少沉降量	松散砂土、粉土、素填土、杂填土、抗剪强度不小于20 kPa 的黏性土及湿陷性黄土
化学加固	硅化法 高层喷射注浆法 深层搅拌法	通过机械拌合、注入、压入水泥浆或其他化学浆液的方法，使土体发生化学反应并将土粒胶结在一起，从而改善土的性质，提高地基的承载力	碎石土、砂土、粉土、黏性土、人工填土、湿陷性黄土以及工程事故的处理
土工合成材料加固	采用土工织物 土工膜 土工复合材料 土工特种材料	土工合成材料是一种用于土工的化学纤维，包括土工织物、土工膜、土工复合材料和土工特种材料等，具有反滤、排水、隔离、加筋、防渗、防护等功能	软弱地基、人工土，松散砂土等

8.1.4　地基处理方法的选择

地基处理方法虽众多，但各自都有不同的适用范围和作用原理，且不同地区地质条件差别很大，上部建筑对地基要求各不相同，施工单位机具千差万别。因此，选择地基处理方法，应综合考虑场地工程地质条件、水文地质条件、上部结构情况和采用天然地基存在的问题等因素的影响，确定处理的目的、处理范围和处理后要求达到的各项技术经济指标，并在结合现场试验的基础上，通过几种可供采用方案的比较，择优选择一种技术先进、经济合理、施工可行的方案。

8.2　换土垫层法

8.2.1　换土垫层法概念

换土垫层法是将基础底面下一定范围内的软弱土层挖去，然后分层回填强度较大的砂、碎石、素土或灰土等材料，并加以夯压或振密的一种地基处理方法。

根据回填材料不同，垫层可分为砂垫层、砂石垫层、碎石垫层、素土垫层、灰土垫层、粉煤灰垫层和干渣垫层等。垫层的夯压或振密可采用机械碾压、重锤夯实和振动压实等方法进行。

8.2.2　换土垫层法作用

换土垫层法的作用表现在以下几个方面：

（1）提高浅基础下地基的承载力。因地基中的剪切破坏是从基础底面开始，随应力增大逐渐向纵深发展。故以抗剪强度较大的砂或其他回填材料置换掉可能产生剪切破坏的软弱土层，就可避免地基的破坏。

（2）减少沉降量。一般浅层土的侧向变形引起地基的竖向沉降量占地基的总沉降量比例较大。因此，用密实砂或经夯压振密的回填材料替代浅层软弱土后，就可减少大部分沉降量。同时，由于垫层对应力的扩散，作用在下卧土层上的压力较小，下卧土层的沉降也相应减少。

（3）加速软弱土层的排水固结。砂、碎石或砂石等垫层材料的透水性大，软弱土层受压后，垫层可作为良好的排水面，使基础下面的孔隙水压力迅速消散，加速了垫层下软弱土层的排水固结，并使其强度提高。

此外，采用砂、碎石或砂石垫层时，因材料颗粒较粗，土中孔隙大，不易产生毛细现象，故可防止季节性冻土的冻胀；在膨胀土地基上，采用砂、砂石等垫层置换后，还可消除其胀缩性；采用灰土或素土垫层还可消除湿陷性黄土的湿陷性。

8.2.3　换土垫层法适用范围

换土垫层法适用于淤泥、淤泥质土、湿陷性黄土、素填土、杂填土地基及暗沟、暗塘等的浅层地基处理。处理深度一般控制在 3 m 以内，但不宜小于 0.5 m。因为垫层太厚，施工土方量和坑壁放坡占地面积均较大，使处理费用增高、工期拖长；而垫层太薄，处理效果又不显著。

8.2.4 垫层压实方法

垫层施工的关键是将换填材料压实至设计要求的密实度。压实方法常用机械碾压法、重锤夯实法和振动压实法。

机械碾压法是用压路机、推土机、平碾、羊足碾、振动碾或蛙夯机等压实机械来压实地基表层的一种地基处理方法；重锤夯实法是用起重机械将 15 ～ 30 kN 的重锤(图 8-1) 提升到 2.5 ～ 4.5 m 的高度，然后自由落下，重复夯打，使地基表面形成一硬壳层的地基处理方法；振动压实法是利用振动压实机产生的垂直振动力来振实地基表层的地基处理方法。

垫层压实方法的选择，取决于换填材料种类。素土垫层宜采用平碾或羊足碾；砂、石垫层宜用振动碾和振动压实法；当有效夯实深度内土的饱和度小于并接近 60% 时，可采用重锤夯实法。

应注意的是，机械碾压法、重锤夯实法和振动压实法不仅能用于垫层加密处理，也适宜于浅层软弱地基土处理。其中，机械碾压法可用于大面积填土地基处理；重锤夯实法可用于地下水位距地表 0.8 m 以上的黏性土、砂土和杂填土地基；振动压实法适用于无黏性土地基。

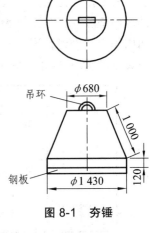

图 8-1 夯锤

8.3 排水固结法

8.3.1 砂井类型

作为竖向排水体的砂井有普通砂井、袋装砂井和塑料排水带三种类型。

1. 普通砂井

普通砂井系指在软弱地基中成孔，再于孔中灌砂并密实后，所形成的竖向排水体。成孔方法常用套管法、射水法、螺旋钻孔法和爆破法等。

2. 袋装砂井

袋装砂井是将砂料装入透水性极好的聚丙烯或聚乙烯编织袋，形成长条形砂袋，再用钢管将其置于土中后，所形成竖向排水体。为避免扰动地基土，钢管内径宜略大于砂井直径。砂袋放入孔内后，需高出孔口 200 mm 以上，并应扶直埋入砂垫层，以形成排水系统。灌入砂袋的砂宜用于砂。

3. 塑料排水带

塑料排水带是用于竖向排水的土工复合材料。由塑料芯板外套无纺土工织物滤膜形成，如图 8-2 所示。它具有极好的透水性、较大的湿润抗拉强度和抗弯曲能力。

塑料带穿过导管后，端部连接好预制混凝土圆桩尖或倒梯形钢桩尖，然后沉管到设计深度，拔出导管，剪断塑料带，即完成带体的插设。袋装砂井和塑料排水带适用于砂料缺乏地区。

8.3.2　真空预压

真空预压是以大气压作为预压荷载，如图 8-2 所示。先埋设好袋装砂井或塑料排水带，铺设砂垫层，砂垫层中埋设真空滤水管，再于砂垫层表面铺设三层不透气塑料薄膜或橡胶布，四周用土料密封，连接射流真空泵与滤水管，开启真空泵抽气，使薄膜内外形成气压差（称为真空度），孔隙水从滤水管排出后，地基发生排水固结，从而达到预压的目的。

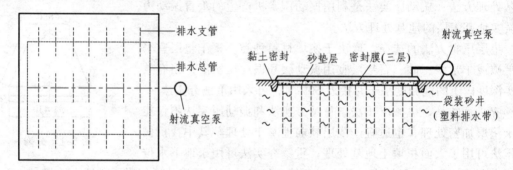

图 8-2　真空预压示意图

8.4　强夯法

8.4.1　加固机理

强夯法，又称动力固结法或动力密实法。这种方法是利用起吊设备将 100 ~ 400kN 的重锤（最重可达 2 000 kN）吊离地面 6 ~ 40 m 高后，自由落下，对地基土施以强大冲击能量的夯击，通过反复多次夯打，使土体受到强力夯实，从而提高地基承载力，降低其压缩性。

强夯法加固地基，主要是靠强大的夯击能量在地基中产生的冲击波和动应力对土体作用的结果，但土的类型和饱和程度不同时，其作用机理亦不同。对于非饱和土，巨大的冲击力破坏了土粒间的连接，迫使土体产生塑性变形，土颗粒相互靠拢，孔隙中的水和气体排出后，土粒重新排列而密实。对于饱和土，其作用机理可分为三个阶段：

（1）加载阶段，即夯击的一瞬间，夯锤的冲击使地基土产生强烈的振动和动应力，孔隙水压力急剧上升，但动应力仍大于孔隙水压力。动应力使土体产生塑性变形，破坏土的结构。

在无黏性土中，迫使土粒重新排列，孔隙体积减小。对于黏性土，将导致部分结合水从颗粒间析出，土中形成裂缝。

（2）卸载阶段，即夯击能量卸去的一瞬间，动应力迅速消失，但土中孔隙水压力仍然保持较高的水平，此时孔隙水压力大于土中有效应力。砂土中，土颗粒将随水流动，形成液化现象。对于黏性土，土体则会开裂，因此水迅速从孔隙中排出，孔隙水压力下降。

（3）动力固结阶段，卸载之后，土体仍然保持一定的孔隙水压力，土体就在此压力作用下排水固结。此过程在无黏性土中的持续时间很短，黏性土中，因孔隙水压力消散较慢，可能延续较长时间。

8.4.2　适用范围

由于强夯法施工简便、费用低廉，且效果显著，因此在工程中应用广泛，适用于处理碎石土、砂土、低饱和度的粉土与黏性土、湿陷性黄土、杂填土和素填土等地基，但应用于高饱和度的粉土和黏性土地基时应慎重对待。

8.4.3　主要施工工艺

（1）清理并平整施工场地，标出第一遍夯击点位置，并测量场地标高。

（2）起重机就位，使夯锤对准夯点位置，测量夯前锤顶高程。

（3）将夯锤起吊到预定高度，待夯锤脱钩自由下落后放下吊钩，测量锤顶高程；若出现坑底不平而造成夯锤歪斜时，应及时将坑底整平。

（4）重复步骤（3），按设计规定的夯击次数和控制标准，完成一个夯点的夯击。

（5）重复步骤（2）～（4），完成第一遍全部夯点的夯击。

（6）用推土机填平夯坑，并测量场地高程。

（7）在规定的间歇时间后，重复以上步骤逐次完成全部夯击遍数，最后用低能量满夯，使场地表层松土密实，并测量夯后场地高程。

8.5　挤密法和振冲法

8.5.1　土或灰土桩挤密法

1. 加固机理

土或灰土桩挤密法，是将钢管通过锤击、振动等方式沉入土中，形成孔位，孔中分层填入黏性土或石灰与土的混合料，经分层捣实后，形成土桩或灰土桩。土中成孔方法亦可使用冲击、爆破等形式。

土或灰土桩挤密法的加固机理是：成孔过程中，桩位处土体被迫挤向桩周土中，土受挤压后，孔隙体积减小，桩间土因而密实，地基承载力提高；同时，桩体捣实后，自身强度很高，桩与桩间土组成复合地基，共同承担建筑物荷载。

2. 适用范围

土或灰土桩挤密法适用于处理地下水位以上的湿陷性黄土、素填土和杂填土等地基。当以消除地基湿陷性为主要目的时，宜选用土桩；当以提高地基承载力或水稳定性为主要目的时，宜选用灰土桩。处理深度宜为 5～15 m。但当地基含水量大于 23%及其饱和度大于 65%时，拔管过程中，桩体易产生颈缩现象，沉管时桩周土易隆起，成桩质量得不到保证，因此不宜采用土或灰土桩挤密法。

8.5.2　砂石桩挤密法

1. 加固机理与适用范围

砂石桩挤密法，系指借助打桩机械，通过振动或锤击作用将钢管沉入软弱地基中成孔，孔中灌入砂、石等材料后，形成砂石桩的地基处理方法，适用于处理松散砂土、素填土和杂填土等地基。对在饱和黏性土地基上，主要不以变形控制的工程亦可采用砂石桩置换处理。

① 松砂加固机理：松散砂土具有疏松的单粒结构，土中孔隙大，颗粒骨架极不稳定。而在砂石桩成桩过程中，因钢管采用振动或锤击方式下沉，桩管对周围砂层将产生很大的横向挤密作用。桩周土体受挤压后，土中颗粒产生移动，土孔隙体积减小，桩间砂土密实度增大，从而提高了地基承载力，减少了地基沉降，防止了砂土的地震液化。由此可见，砂石桩在松砂地基中主要起横向挤密作用。应注意的是：排水固结法中的砂井亦是以砂为填料的桩体，但砂井的作用是排水，没有挤密作用。

② 黏性土加固机理：因饱和软黏土透水性极低，受扰动后地基强度有所下降，故而砂石桩在成桩过程中，很难起到横向挤密加固作用。砂石桩在饱和软黏土中的作用效果主要体现在置换和排水两方面，替换了软土的密实砂石桩与桩间土组成复合地基，共同承担建筑物荷载，因此提高了地基承载力；同时，砂石桩亦是良好的排水通道，加速了软土的排水固结。

2. 设计要点

① 桩径：根据地基土质情况和成桩设备等因素确定，一般为 300～800 mm。

② 桩位布置：砂石桩的平面布置可采用等边三角形或正方形。对于砂土地基，宜用等边三角形布置；对于软黏土地基，可选用任何一种。

③ 桩距：砂石桩桩距取决于地层土质条件、成桩机械能力和要求达到的密实度等因素，应通过现场试验确定，但不宜大于砂石桩直径的 4 倍。

④ 加固深度：砂石桩加固深度宜按以下原则确定。

当地基中的松软土层厚度不大时，砂石桩宜穿过松软土层；当松软土层厚度较大时，桩长应根据建筑物地基的允许变形值确定。对可液化砂层，桩长应穿透可液化层。

⑤ 加固范围：砂石桩挤密地基宽度应超出建筑物基础宽度，每边放宽不应少于 1～3 排桩。

砂石桩用于防止砂层液化时，每边放宽不宜小于处理深度的 1/2，并不应小于 5 m。当可液化土层上覆盖有厚度大于 3 m 的非液化层时，每边放宽不宜小于液化层厚度的 1/2，并不应小于 3 m。

8.5.3 振冲法

1. 振冲法概念

振冲法亦称振动水冲法，是依靠振冲器对地基施加振动和水冲动作，达到加固地基的目的。振冲器由装入钢制外套内的潜水电动机、偏心块和通水管三部分组成，类似于插入式混凝土振捣器，如图 8-3 所示。其施工程序如图 8-4 所示。

2. 振冲密实法加固机理

由于振冲法在砂土和黏性土地基中的作用机理不同，振冲法又分为振冲置换法和振冲密实法两类。

振冲密实法适用于处理松砂地基。振冲时，因振动力强大，振冲器周围一定范围内的饱和砂土发生液化。液化后的土粒在自重、上覆土层压力以及碎石挤压力作用下重新排列，土因孔隙体积减小而得到密实，因此提高了地基承载力，减少了沉降。另一方面，由于预先经历了人工液化，砂土抗地震液化能力也得到提高；同时，已形成的碎石桩，作为良好的排水通道，可使地震时产生的孔隙水压力迅速消散。因此，振冲密实法的加固机理就是振动密实和振动液化。应注意的是，根据砂土性质不同，振冲密实中也可不加碎石，仅靠振冲器对砂土振冲挤密即可。

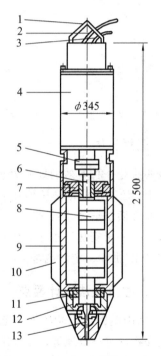

图 8-3 振冲器构造

1—吊具；2—水管；3—电缆；4—电机品；
5—联轴器；6—轴；7—轴承；8—偏心块；
9—壳体；10—翅片；11—轴承；
12—头部；13—水管

3. 振冲置换法加固机理

振冲法在黏性土地基中起振冲置换作用。因黏性土（特别是饱和黏性土）的透水性较小，在振冲器振动力作用下，孔隙水不易排出，孔隙水压力不易消散，因此，所形成的碎石桩起不到挤密作用。但碎石桩透水性较好又经过了振密，用其置换掉原来的软土后，能与桩周土体形成复合地基，从而使黏性土地基排水能力得到很大改善，加速了地基的排水固结，提高了地基承载力，减少了沉降。

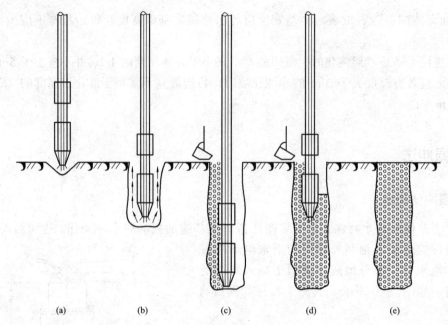

图 8-4 振冲法施工程序示意

（a）定位；（b）振冲下沉；（c）振冲至设计深度后开始填料；（d）边下料、边振动、边上提制桩；（e）成桩

4. 适用范围

振冲法是一种有效的地基处理方法，适用范围较广，可提高地基承载力，减少地基沉降，对于砂土，还能增强地基抗地震液化能力。一般经振冲加固后，地基承载力可提高一倍以上。一般振冲置换法适用于处理不排水抗剪强度 $\geq 20\ kPa$ 的黏性土、粉土、饱和黄土和人工填土等地基。振冲密实法适用于处理砂土和粉土地基。不加填料的振冲密实法仅适用于处理黏粒含量<10%的粗砂、中砂地基。

5. 振冲置换法设计要点

① 加固范围：振冲法加固范围应根据建筑物的重要性和场地条件确定，通常都大于基础底面面积。对一般地基，在基础外缘宜扩大 1~2 排桩；对可液化地基，在基础外缘应扩大 2~4 排桩。

② 桩位布置：桩位布置形式有等边三角形、正方形、矩形和等腰三角形四种，如图 8-5 所示。

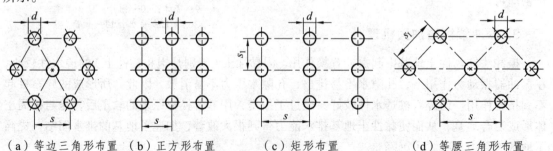

（a）等边三角形布置 （b）正方形布置 （c）矩形布置 （d）等腰三角形布置

图 8-5 桩位布置示意图（ s、s_1 为桩距， d 为桩径）

③ 桩距:桩的间距应根据上部结构荷载大小和振冲前地基的抗剪强度确定,可采用 1.5 ～ 2.5 m。荷载大或振冲前土的抗剪强度低时,宜取较小间距;反之,宜取较大间距。对桩端未达到相对较硬土层的短桩,应取小间距。

④ 加固深度:振冲置换法的加固深度,当相对较硬土层的埋藏深度不大时,应按相对硬层埋藏深度确定;当相对硬层的埋藏深度较大时,应按建筑物地基的变形允许值确定。加固深度不宜小于 4 m。在可液化的地基中,加固深度应按抗震要求确定。

⑤ 桩径:桩的直径可按每根桩所用的填料量计算,一般可取为 0.8 ～ 1.2 m。

⑥ 填料:振冲桩体所用填料可就地取材,一般采用碎石、卵石、角砾、圆砾等硬质材料。材料的最大粒径应 ≤80 mm。对碎石,常用的粒径为 20 ～ 50 mm。

⑦ 垫层:在振冲桩体顶部,由于地基上覆压力小,桩体密实程度较难满足设计要求。因此,振冲施工完毕后,常将桩体顶部 1 m 左右的一段挖去,再铺设 200 ～ 500 mm 厚的碎石垫层,垫层本身要压实,然后于其上做基础。

6. 振冲密实法设计要点

① 加固范围:振冲密实法加固范围应大于建筑物基础范围。一般在建筑物基础外缘每边放宽应 ≥5 m。

② 桩位布置与桩距:振冲点布置宜按等边三角形或正方形布置,对于大面积挤密处理,用等边三角形布置可得到更好的处理效果。

振冲孔位的间距与土的颗粒组成、要求达到的密实程度、地下水位、振冲器功率和出水量等因素有关,因此应通过现场试验确定,一般可取为 1.8 ～ 2.5 m。

③ 加固深度:当可液化土层不厚,振冲深度应穿透整个可液化土层;当可液化土层较厚时,振冲深度应按抗震要求确定。

④ 填料:振冲密实法桩体填料可用碎石、卵石、角砾、圆砾、砾砂、粗砂、中砂等硬质材料。常用粒径为 5 ～ 50 mm。填料粒径越粗,挤密效果越好。

8.6　化学加固法

8.6.1　概　述

化学加固法系指通过高压喷射、机械搅拌等方法,将各种化学浆液注入土中,浆液与土粒胶结硬化后,形成含化学浆液的加固体,从而改善地基土物理和力学性能,达到加固地基的目的。

化学浆液一般分化学类和水泥类两大系列。化学类浆液大部分有毒性,成本较高,建筑工程中较少采用。因此常用水泥类浆液加固地基。

本节主要介绍用水泥浆液加固地基的高压喷射注浆法和深层搅拌法。

8.6.2 高压喷射注浆法

1. 加固机理

高压喷射注浆法，是通过高压喷射的水泥浆与土混合搅拌来加固地基的。首先利用钻机钻孔至设计深度，插入带特殊喷嘴的注浆管，借助高压设备，使水泥浆或水以 20～40 MPa 的压力，从喷嘴喷出，冲击破坏土体，然后注浆管边旋转、边上提，浆液与土粒充分搅拌混合并凝固后，土中即形成一固结体，从而使地基加固。施工程序如图 8-6 所示。

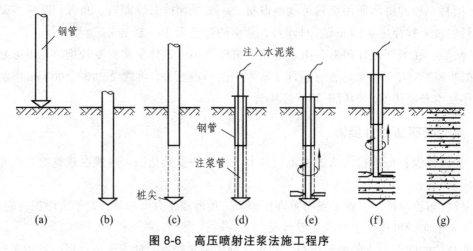

图 8-6　高压喷射注浆法施工程序

（a）钻机就位；（b）钻孔至设计深度；（c）上拔钢管；（d）插入注浆管；
（e）喷射注浆；（f）边旋转边上提注浆管；（g）形成固结体

2. 固结体形状

固结体形状与高压喷射液流作用方向和注浆管移动轨迹有关。当注浆管边上提边做 360°旋转喷射（简称旋喷）时，固结体呈圆柱状；若注浆管提升时仅固定于一个方向喷射（简称定喷），固结体呈墙壁状；当注浆管做摆动方向小于 180°的往复喷射（简称摆喷）时，固结体呈扇形状。

在地基加固中，通常采用固结体为圆柱状的旋喷形式，本节以此为主。

3. 高压喷射注浆法分类

高压喷射注浆法，按注浆管类型不同分为：单管法、二重管法和三重管法三种。

① 单管法即单管旋喷注浆法，是利用钻机将只能喷射一种材料的单重注浆管置于土中设计深度后，借助高压泥浆泵产生 20～40 MPa 的压力，使水泥浆从喷嘴喷出，冲击破坏土体，随着注浆管的旋转和提升，浆液与土粒搅拌混合，并凝固成固结体来加固地基，固结体直径一般为 0.3～0.8 m，如图 8-7 所示。

② 二重管法：二重管法所用注浆管为具有双通道的二重注浆管。管内每一通道只传送一种介质，外通道与空压机相连，传送压缩空气；内通道与高压泥浆泵连接，传送水泥浆。管底侧面带有同轴的内、外两个喷嘴，可分别喷射水泥浆和压缩空气。

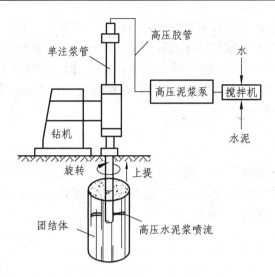

图 8-7 单管喷射注浆法示意图

当二重注浆管钻进到土层设计深度后，通过高压泥浆泵和空压机，使位于管底侧面的同轴双重喷嘴，同时喷射出 20 MPa 的水泥浆和 0.7 MPa 的压缩空气两种介质的复合喷射流，冲击破坏土体。因压缩空气裹于水泥浆外侧，喷射流冲击破坏土体的能量显著增大，随着注浆管边喷射边旋转提升，最后在土中形成的圆柱状固结体直径，明显大于单管法，一般在 1 m 左右，如图 8-8 所示。

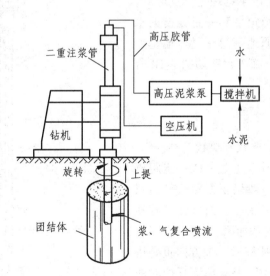

图 8-8 双管喷射注浆法示意图

③ 三重管法：三重管法使用分别传送高压水、压缩空气和水泥浆三种介质的三重注浆管。传送水、气、浆的通道分别与高压水泵、空压机和泥浆泵相连。管底侧面喷嘴，水、气通道为同轴双重喷嘴，水泥浆通道为单独喷嘴。

三重注浆管钻达到层设计深度后，开启高压水泵和空压机，通过管底侧面水、气同轴双重喷嘴，喷射出 20 MPa 水射流外环绕 0.7 MPa 空气流的复合喷射流，冲切破坏土体，土中形成较大空隙，再由泥浆泵在喷头下端喷嘴，注入压力为 1~3 MPa 的水泥浆，于空隙中填充，喷嘴边旋转边提升，最后水泥浆凝固成直径较大的固结体。由于水气复合喷射流的能量大于浆气复合喷射流，三重管法固结体直径大于二重管法，一般为 1~2 m。

由于喷射能量大小不同，上述三种方法中，三重管法处理深度最长，形成的固结体直径最大，二重管法次之，单管法最小。一般在旋喷时，可采用三种方法中的任何一种。定喷和摆喷时宜用三重管法。

4. 适用范围

高压喷射注浆法具有施工简便、操作安全、成本低、既加固地基又防水止渗等优点，广泛应用于已有建筑和新建建筑的地基处理，适用于处理淤泥、淤泥质土、黏性土、粉土、黄土、砂土、人工填土和碎石土等地基。

8.6.3 深层搅拌法

1. 加固机理

深层搅拌法系利用水泥粉、石灰粉或水泥浆等材料作为固化剂，通过特制的深层搅拌机械（图 8-9），在地基深处就地将软土和固化剂强制拌和，固化剂和软土产生物理化学反应后，硬结成具有整体性、水稳定性和一定强度的水泥土加固体，加固体与原地基组成复合地基，共同承担上部建筑荷载。施工程序如图 8-10 所示。

2. 固体形状

加固体形状有柱状、壁状和块状三种。

① 柱状：柱状加固体是通过每隔一定距离打设一根搅拌桩形成。一般呈正方形或等边三角形布置，适用于单层工业厂房独立柱基础和多层房屋条形基础下的地基加固。

② 壁状：将相邻搅拌桩沿一个方向重叠搭接即形成壁状加固体，适用于深基坑开挖时的软土边坡加固，建筑物长高比较大、刚度较小且对不均匀沉降比较敏感的多层砖混结构房屋条形基础下的地基加固。

③ 块状：将相邻搅拌桩沿纵横两个方向重叠搭接即形成块状加固体。适合于上部结构荷载大，对不均匀下沉控制严格的构筑物基础的地基加固。

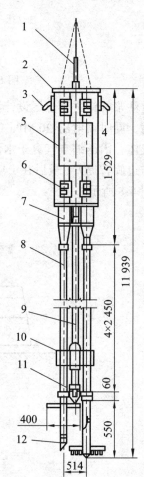

图 8-9 SJB—1 型深层搅拌机

1—输浆管；2—外壳；3—出水口；4—进水口；
5—电动机；6—导向滑块；7—减速器；
8—搅拌轴；9—中心管；10—横向系统；
11—球形阀；12—搅拌头

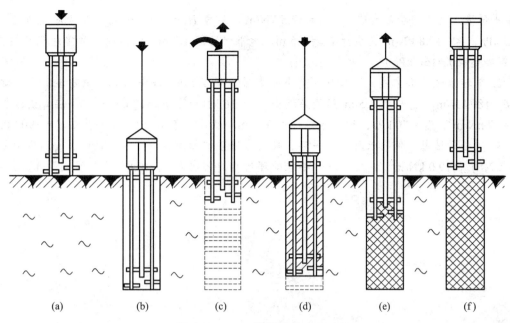

图 8-10 深层搅拌法施工程序

（a）设备定位、下沉；（b）预拌、设备下沉到设计深度；（c）喷浆搅拌上升；
（d）重复搅拌下沉；（e）重复搅拌上升；（f）施工完毕

3. 适用范围

深层搅拌法施工时，无振动和噪声，对相邻建筑物无不良影响，施工工期短，造价低，因此应用较广泛，适用于处理淤泥、淤泥质土、粉土和含水量较高且地基承载力≤120kPa的黏性土等地。

思考题

1. 何谓软弱土地基？
2. 软弱地基有哪些主要特性？
3. 选用地基处理方法时应考虑哪些因素？
4. 简述软弱土地基处理方法的分类。
5. 试述砂（碎石）垫层的设计方法。
6. 试述排水固结预压法加固地基的设计内容。
7. 什么是强夯法？它的加固机理是什么？
8. 强夯的设计参数有哪些？
9. 简述砂井堆载预压的排水固结分类方法。
10. 简述挤密法的加固机理和适用条件。

习 题

1. 某中学教学楼，采用砖混结构条形基础，作用在基础顶面竖向荷载为 $F_k = 130\,\text{kN/m}$。

地基土层情况：第一层为素填土，$\gamma_1 = 17.5 \text{ kN/m}^3$，层厚 $H_1 = 1.30 \text{ m}$；第二层为淤泥质土，$f_{ak} = 75 \text{ kPa}$，$\gamma_2 = 17.8 \text{ kN/m}^3$，层厚 $H_2 = 6.5 \text{ m}$；地下水位深 1.3 m。设计此教学楼的粗砂垫层。（设粗砂垫层 $f_a = 150 \text{ kPa}$）

2. 某砖混结构办公楼，承重墙下为条形基础，宽 1.2 m，埋深 1 m，承重墙传至基础荷载 $F_k = 180 \text{ kN/m}$。地表为 1.5 m 厚的杂填土，$\gamma = 16 \text{ kN/m}^3$，$\gamma_{sat} = 17 \text{ kN/m}^3$；下层为淤泥层，$\gamma_{sat} = 17 \text{ kN/m}^3$，$f_{ak} = 70 \text{ kPa}$，地下水距地表深 1 m。试设计基础垫层。（砂垫层 $f_a = 190 \text{ kPa}$）

3. 某松砂地基，地下水与地面平齐，采用挤密砂桩加固，砂桩直径 $d = 0.6 \text{ m}$。该地基土 $d_s = 2.7$，$\gamma_{sat} = 19.0 \text{ kN/m}^3$，$e_{min} = 0.6$，要求处理后相对密实度 $D_r = 0.8$。求砂桩间距 1。

9 特殊土地基及山区地基

【学习要点】

本章主要介绍了湿陷性黄土、膨胀土和红黏土的主要物理特性，以及为减少其对基础的危害所采取的方法和措施。

我国幅员广大，由于生成时不同的地理环境、气候条件、地质成因以及次生变化等，使一些土类具有特殊的成分、结构、工程地质，从而形成了各种各样的区域性特殊土。不同类别的工程，对土的物理和力学性质的研究重点和深度都各自不同。土的形成年代和成因对土的工程性质有很大影响，不同成因类型的土，其力学性质会有很大差别，特殊土是指具有一定分布区域或工程意义上具有特殊成分、状态或结构特征的土。

我国的特殊土不仅类型多，而且分布广，各种天然或人为形成的特殊土的分布，都有其一定的规律，表现一定的区域性。在我国，具有一定分布区域和特殊工程意义的特殊土包括：沿海及内陆地区各种成因的软土；主要分布于西北、华北等干旱、半干旱气候区的黄土；西南亚热带湿热气候区的红黏土；主要分布于南方和中南地区的膨胀土；高纬度、高海拔地区的多年冻土；以及盐渍土、人工填土和污染土等。当其作为建筑场地、地基、建筑环境时，由于它们自身的不同特点，如果不采取相应的措施，就会造成工地上的重大事故。因此，只有掌握了它们各自的特点，才有利于工程建设。

9.1 软 土

软土是指淤泥、淤泥质土和部分冲填土、杂填土及其他高压缩性土。这类土的物理特性大部分是饱和的，含有机质，天然含水量大于液限，孔隙比大于 1。当天然孔隙比大于 1.5 时，称为淤泥；天然孔隙比大于 1 而小于 1.5 时，则称为淤泥质土。这类土的抗剪强度很低，压缩性较高，渗透性很小，并具有结构性，广泛分布于我国东南沿海地区和内陆江河湖泊的周围，是软弱土的主要土类，通称软土。

9.1.1 工程特性

（1）含水量较高，孔隙比大。一般含水量为 35%~80%，孔隙比为 1~2。

（2）抗剪强度很低。根据土工试验的结果，我国软土的天然不排水抗剪强度一般小于 20 kPa，其变化范围在 5~25 kPa；有效内摩擦角为 20°~35°；固结不排水剪内摩擦角为 12°~

$17°$。正常固结的软土层的不排水抗剪强度往往是随距地表深度的增加而增大，每米的增长率为 $1\sim2\text{kPa}$。加速软土层的固结速率是改善软土强度特性的一项有效途径。

（3）压缩性较高。一般正常固结的软土的压缩系数约为 $\alpha_{1-2}=0.5\sim1.5\ \text{MPa}^{-1}$，最大可达 $\alpha_{1-2}=4.5\ \text{MPa}^{-1}$；压缩指数为 $C_c=0.35\sim0.75$。

（4）渗透性很小。软土的渗透系数一般约为 $1\times10^{-6}\sim1\times10^{-8}\ \text{cm/s}$。

（5）具有明显的结构性。软土一般为絮状结构，尤以海相黏土更为明显。这种土一旦受到扰动，土的强度显著降低，甚至呈流动状态。我国沿海软土的灵敏度一般为 $4\sim10$，属于高灵敏度土。因此，在软土层中进行地基处理和基坑开挖，若不注意避免扰动土的结构，就会加剧土体变形，降低地基土的强度，影响地基处理效果。

（6）具有明显的流变性。在荷载作用下，软土承受剪应力的作用产生缓慢的剪切变形，并可能导致抗剪强度的衰减，在主固结沉降完毕之后还可能继续产生可观的次固结沉降。

9.1.2　软土地基的地基处理方法及工程措施

应根据软土地区的特点，场地具体条件，综合建筑物的结构类型，对地基的要求按照一定的原则，选择合理处理方法进行处理。软土地区经常出现的问题及处理方法有以下几种：

1. 对地区经常出现的问题及处理方法

（1）当范围不大时，一般采用基础加深或换填处理。

（2）当宽度不大时，一般采用基础梁跨越处理。

（3）当范围较大时，一般采用短桩处理，短桩的类型有砂桩、碎石桩、灰土桩、施喷桩、和预测桩。桩的设计参数宜用试验确定。

2. 对表层及浅层不均匀地基及软土的处理

（1）对不均匀地基采用机械碾压法或夯实法。

（2）对浅层软土常用垫层法。

3. 对深层软土的处理

（1）排水固结法：对天然地基，或先在地基中设置砂井（袋装砂井或塑料排水带等竖向排水体，然后利用建筑物本身重量分级逐渐加载；或在建筑物建造前在场地上先行加载预压，使土体的孔隙水排出，逐渐固结，地基发生沉降，同时强度逐步提高。

（2）桩基础：对荷载下，沉降限制严格的建筑物，宜用桩基础，以达到有效的沉降量或差异沉降量的要求。

9.2　湿陷性黄土

黄土是干旱或半干旱气候条件下的沉积物，在生成初期，土中水分不断蒸发，土孔隙中的毛细作用，使水分逐渐集聚到较粗颗粒的接触点处。同时，细粉粒、黏粒和一些水溶盐类也不同程度地集聚到粗颗粒的接触点形成胶结。

湿陷性黄土是一种特殊性质的土，其土质较均匀、结构疏松、孔隙发育。在未受水浸湿时，一般强度较高，压缩性较小。当在一定压力下受水浸湿，土结构会迅速破坏，产生较大附加下沉，强度迅速降低。故在湿陷性黄土场地上进行建设，应根据建筑物的重要性、地基受水浸湿可能性的大小和在使用期间对不均匀沉降限制的严格程度，采取以地基处理为主的综合措施，防止地基湿陷对建筑产生危害。在湿陷性黄土地基上进行工程建设时，必须考虑因地基湿陷引起附加沉降对工程可能造成的危害，选择适宜的地基处理方法，避免或消除地基的湿陷或因少量湿陷所造成的危害。

9.2.1 工程特性

我国大部分湿陷性黄土的工程地质特性为：可塑性较弱；含水量较少；压实程度很差，孔隙比较大；抗水性很弱，遇水强烈崩解，膨胀量较小，但是失水收缩较明显；有很强的透水性；强度较高，因为压缩中等，抗剪强度较高。

湿陷性黄土之所以在一定压力下受水时产生显著附加下沉，除上述在遇水时颗粒接触点处胶结物的软化作用外，还在于土的欠压密状态，干旱气候条件下，无论是风积或是坡积和洪积的黄土层，其蒸发影响深度大于大气降水的影响深度，在其形成过程中，充分的压力和适宜的湿度往往不能同时具备，导致土层的压密欠佳。接近地表 2~3 m 的土层，受大气降水的影响，一般具有适宜压密的湿度，但此时上覆土重很小，土层得不到充分的压密，便形成了低湿度、高孔隙率的湿陷性黄土。

湿陷性黄土在天然状态下保持低湿和高孔隙率是其产生湿陷的充分条件。我国湿陷性黄土分布地区大部分年平均降雨量在 250~500 mm，而蒸发量却远远超过降雨量，因而湿陷性黄土的天然湿度一般在塑限含水量左右，或更低一些。在竖向剖面上，我国湿润陷性黄土的孔隙比一般随深度增加而减小，其含水量则随深度增加而增加，有的地区这种现象比较明显，为此较薄的湿陷性土层往往不具自重湿陷或自重湿陷不明显。

9.2.2 湿陷性黄土的地基处理

对于各类建筑进行地基处理时，地基处理有以下要求：

1. 甲类建筑

对于甲类建筑进行地基处理时，应穿透全部湿陷土层或消除地基全部湿陷量，处理厚度要求：

（1）非自重湿陷性黄土场地，应将基础下湿陷起始压力小于附加压力与上覆土的饱和自重压力之和的所有土层进行处理，或处理至基础以下的压缩层下限为止。

（2）在自重湿陷性黄土场地，应处理基础以下的全部湿陷性土层。

2. 乙类建筑

对于乙类建筑进行地基处理时，应消除基础部分湿陷性，其最小处理厚度为：

（1）非自重湿陷性黄土场地，不应小于压缩层厚度的 2/3。

（2）自重湿陷性黄土场地，不应小于压缩层土层的 2/3，并控制未处理土层的湿陷量不大于 20 cm。

（3）若地基的宽度大或湿陷性土层的厚度大，处理 2/3 压缩层或 2/3 湿陷性土层有困难时，在建筑物范围内应采用整片处理，处理厚度前者不小于 4 m，后者不小于 6 m。

3. 丙类建筑

对于丙类建筑进行地基处理时，应消除基础部分湿陷性，方法同上。

4. 丁类建筑

此类建筑的地基一律不处理。

9.3　膨胀土

膨胀土是指含有大量的强亲水性黏土矿物成分，具有显著的吸水膨胀和失水收缩且胀缩变形往复可逆的高塑性土。膨胀土是种高塑性黏土，一般承载力较高，具有吸水膨胀、失水收缩和反复胀缩变形、浸水承载力衰减、干缩裂隙发育等特性，性质极不稳定，常使建筑物产生不均匀的竖向或水平的胀缩变形，造成位移、开裂、倾斜甚至破坏，且往往成群出现，尤以低层平房严重，危害性很大。裂缝特征有外墙垂直裂缝，端部斜向裂缝和窗台下水平裂缝，内、外山墙对称或不对称的倒八字形裂缝等；地坪则出现纵向长条和网格状的裂缝。

9.3.1　工程特性

（1）膨胀量、膨胀力均较小。试验表明，当上覆荷载压力由 $P = 0$ 增加至 $P = 1.6$ kPa 时，其膨胀量能减少 40%；当增加至 $P = 25$ kPa 时，其膨胀量减少 70% ~ 80%，因此该膨胀土膨胀对路基产生的影响小，但其收缩产生的地裂破坏作用大，主要表现在路基经受长久干湿季节的反复收缩时，其裂隙不断发展，当有水渗入时，膨胀软化，从而影响路基稳定。

（2）吸水膨胀，强度降低。膨胀土吸水后体积膨胀，其强度降低，尤其击实后的膨胀土，密实度较高，而遇较多的水分补结时，其强度降低幅度较大。

（3）裂隙发育。裂隙有竖向、斜交、水平 3 种，地表 1 ~ 2 m 深度内见竖向张裂隙，裂面粗糙，上大下小，逐渐尖灭；裂面呈油脂光泽或蜡状光泽，有的裂隙面有擦痕及铁锰氧化物薄膜，裂隙中常充填灰绿、灰白色黏性土。

（4）易风化。沿线膨胀土属强风化层。路基开挖后，土体在风化应力作用下，很快会产生碎裂、剥落和泥化现象，使土体结构破坏、强度降低。

（5）压实困难。当天然含水量比较高时，粉碎压实需将土的含水量降到重型击实标准的最佳含水量，在江淮多雨地区十分困难，晾晒费时费工，既影响工程进度，又增加成本，即使按重型击实标准压实到规定的密实度，若不做其他防护处理时，遇水浸泡后仍膨胀变形，路基不能保持长久稳定。

9.3.2 膨胀土的地基处理

（1）换土垫层：可采用膨胀土或灰土，换土厚度通过计算确定。

（2）砂石垫层：平坦土地上Ⅰ、Ⅱ级膨胀土地基可采用这种方法，厚度不应小于 300 mm，垫层厚度应大于垫底厚度，两侧宜用相同材料回填，并做好防水处理。

（3）桩基础：桩基础应穿过膨胀土层，使桩尖进入非膨胀土层或伸入大气影响急剧层以下一定的深度，桩端可发挥锚固作用抵抗膨胀土对上部的上拔力。

另外，在美国采用石灰浆灌入法，加固膨胀土地区铁路路基；澳大利亚采用移去树或在树木与房屋中间设置竖直隔墙及深基托换等方法来减少或避免大树吸水与蒸发引起的房屋破坏。

9.4 红黏土

红黏土是指亚热带湿热气候条件下，碳酸盐类岩石（石灰石，白云石，泥质泥石等）经强烈风化后形成的残积、坡积的褐红色、棕红色或黄褐色的一种高塑性黏土。红黏土主要为残积、坡积类型，因而其分布多在山区或丘陵地带。这种受形成条件所控制的土，为一种区域性的特殊性土。在我国以贵州、云南、广西等省（区）分布最为广泛和典型，其次在安徽、川东、粤北、鄂西和湘西也有分布。一般分布在山坡、山麓、盆地或洼地中。其厚度的变化与原始地形和下伏基岩面的起伏变化密切相关，分布在盆地或洼地时，其厚度变化大体是边缘较薄，向中间逐渐增厚；分布在基岩面或风化面上时，则取决于基岩起伏和风化层深度。当下伏基岩的溶沟、溶槽、石芽等较发育时，上覆红黏土的厚度变化极大，常有咫尺之隔，竟相差 10 m 之多；就地区论，贵州的红黏土厚度 3～6 m，超过 10 m 者较少，云南地区一般为 7～8 m，个别地段为 10～20 m；湘西、鄂西、广西等地一般在 10 m 左右。

9.4.1 工程特性

（1）天然含水量高、低密度。天然含水量一般为 40%～60%，最高达 90%，密度小，天然孔隙比一般为 1.4～1.7，最高为 2，具有大孔隙性。

（2）塑性高和分散性。塑限一般为 40%～60%，最高达 90%，塑性指数一般为 20～50。由于塑性很高，所以尽管天然含水量高，一般仍处于坚硬或硬可塑状态，甚至饱水的红黏土也是坚硬状态的。

（3）压缩性较低。红黏土的压缩性一般不高。例如：潞西市芒别水库、蚌相水库、77332部队营区等的土样在 100～200 kPa 压力范围内，压缩系数均为 0.1～0.5 MPa^{-1}，按照分类标准，均属中等或中等偏低压缩性土，这对控制坝体和地基的沉陷量是有利的。但是该类土 *e-p* 关系曲线多为光滑曲线，且保持一定的坡度，也就是说压缩变形尚未达到稳定。

（4）渗透性好。由于红黏土中的游离氧化铁胶结作用水稳性较好，胶结体在水中不易分散，故其抗渗性比较好。又由于该类土中存在着大小集合体，集合体间存在较大孔隙，故其渗透系数比分散性黏土的渗透系数相对要大，一般为 $1 \times 10^{-4} \sim 1 \times 10^{-7}$ cm/s。

（5）抗剪强度。红黏土虽然一般含水量较高，干容重较低，孔隙比较大，但这类土的抗剪强度值并不低，其内摩擦角一般在 20°～30°，凝聚力一般在 20～100 kPa，这类土用作筑坝材料，其强度值是能满足要求的。

9.4.2　红黏土的地基处理

红黏土地基的处理要针对地基不均匀性、土硐、地裂等问题进行，要坚持采取地基处理、基础设计和结构调整相合的方法，搞好红黏土的地基的处理。

1. 对地基不均匀性红黏土处理

应优先考虑地基处理为主的措施，宜采用改变基宽，调整相邻地基基底压力、增减地基埋深，使基底下可压缩土厚相对均一，对外露石芽，可用压缩材料褥垫处理；对土层厚度状态分布不均匀的地段，用低压缩的材料作置换处理。

2. 红黏土地基中土硐处理

（1）对于红黏土地基中只有个别土硐存在，且对地基稳定性影响不大时，分两种：当浅埋土硐，实行地面开挖，消除软土，用块石回填，再加毛石混凝土至底面下 0.3 m，再用土夹石填至基础底面即可；当深埋土硐，地面上对准硐体顶板，打砖孔多个，用水冲法将砂砾石灌进洞里。若灌注困难，可借助压力灌注细石混凝土。

（2）对于红黏土地基中含有较多土硐时，其有发展趋势，对地基稳定性影响较大，应考虑放弃红黏土地基，采用桩基础，以下伏基岩作持力层。

3. 红黏土地基中地裂处理

详细了解地裂的情况，根据实际情况，除与土硐地面塌陷有关的地裂外，其余所有地裂都要进行充填封实，防止地表水下渗，使深部红黏土软化，形成土硐，从而地基失去稳定。在填实了的地裂上施工建筑时，采用梁、拱跨越，并在基础设计和建筑结构上，采取相应的措施。对于潜在的发展的地裂，在其密布地段和延伸地带，不宜拟建新的建筑物。

9.5　山区地基

山区（包括丘陵地带）地基设计应考虑以下 8 方面因素，即：建设场区内自然条件下是否存在滑坡现象以及有无影响场地稳定性的断层破碎带；在建设场地周围是否存在不稳定的工程边坡；施工过程中的挖方、填方、堆载和卸载等是否会对山坡稳定性产生不良影响；地基内基岩面的起伏情况、厚度及空间分布情况以及是否存在影响地基稳定性的临空面；建筑地基的不均匀性；岩溶、土洞的发育程度；出现崩塌、泥石流等不良地质现象的可能性；地面水、地下水对建筑地基和建设场区的影响等。

在山区建设时应对场区进行必要的工程地质和水文地质评价，应对建筑物有潜在威胁或直接危害的大滑坡、泥石流、崩塌以及岩溶、土洞强烈发育地段进行认真的探察且不宜将这些地段选作建设场地（若因特殊需要必须使用这类场地时则应采取可靠的整治措施）。山区建设工程的总体规划应根据使用要求、地形地质条件合理布置，主体建筑宜设置在较好的地基上且应使地基条件与上部结构的要求相适应。山区建设中应充分利用和保护天然排水系统和山地植被，当必须改变排水系统时应在易于导流或拦截的部位将水引出场外，在受山洪影响的地段应采取相应的排洪措施。

9.5.1 山区地基的常见类型

目前，山区地基的常见类型主要为岩石地基、土岩组合地基和填土地基。

1. 岩石地基

岩石地基在地基基础设计前应进行岩土工程勘察。

岩石地基基础设计应遵守相关规定。岩石地基基础设计应按以下两条原则进行，即：岩石地基上的基础埋置深度应满足抗滑要求；岩石地基的计算应符合相关规定。对置于完整、较完整、较破碎岩石上的地基上的建筑物地基可仅进行地基承载力计算。对较破碎和极破碎岩体应按土质地基进行设计。对遇水易软化和膨胀、暴露后易崩解的煤层、泥质、炭质等岩石应注意软化、膨胀和崩解作用对岩体承载力的影响。

2. 土岩组合地基

建筑地基（或被沉降缝分隔区段的建筑地基）的主要受力层范围内遇下列三种情况之一者即属于土岩组合地基，这三种情况分别为：下卧基岩表面坡度较大的地基；石芽密布并有出露的地基；存在大块孤石或个别石芽出露的地基。

当地基中下卧基岩面为单向倾斜且其岩面坡度大于 10%、基底下的土层厚度≥1.5 m 时应按相关规定进行设计，即当结构类型和地质条件符合相关规范的要求时可不进行地基变形验算；若岩土界面上存在软弱层（比如泥化带）则应验算地基的整体稳定性；当土岩组合地基位于山间坡地、山麓洼地或冲沟地带且存在局部软弱土层时应验算软弱下卧层的强度及不均匀沉降。

3. 填土地基

填土地基应根据建筑物对地基的具体要求进行填方设计。填方设计的内容应包括填料的性质、压（夯）实机械的选择、密实度要求、质量监督和检验方法等技术措施。重大填方工程必须在填方设计前选择典型场区进行现场试验以取得填方设计参数然后才能进行填方工程的设计与施工。

9.5.2 滑坡防治理论与技术

在建设场区内，对由于施工或其他因素影响而有可能形成滑坡的地段必须采取可靠的预防措施，对具有滑动发展趋势并威胁建筑物安全使用的滑坡应及早整治以防止滑坡继续发展。必须根据工程地质、水文地质条件以及施工影响等因素认真分析滑坡可能发生（或发展）的主要原因以确定采取的防治滑坡的处理措施。防治滑坡的处理措施多种多样，概括起来讲不外乎排水、支挡、卸载、反压等 4 种手段，采用排水防滑时主要通过设置排水沟来防止地面水浸入滑坡地段（必要时还应采取防渗措施，在地下水影响较大情况下还应根据地质条件设置地下排水工程）；采用支挡防滑时可根据滑坡推力的大小、方向及作用点情况灵活选用重力式抗滑挡墙、阻滑桩或其他抗滑结构[抗滑挡墙的基底及阻滑桩的桩端应埋置于滑动面以下的稳定土（岩）层中，必要时应验算墙顶以上的土（岩）体从墙顶滑出的可能性]；采用卸载防滑时在能确保卸载区上方及两侧岩土稳定前提下可在滑体主动区内卸载（但不得在滑体被动区卸载）；采取反压防滑时主要通过在滑体的阻滑区段增加竖向荷载以提高滑体的阻滑安全系数。

$$F_n = F_{n-1}\psi + \gamma_t G_{nt} - G_{nn}\tan\varphi_n - c_n l_n \tag{9-1}$$
$$\psi = \cos(\beta_{n-1} - \beta_n) - \sin(\beta_{n-1} - \beta_n)\tan\varphi_n \tag{9-2}$$

式中：F_n、F_{n-1} 分别为第 n 块、第 $n-1$ 块滑体的剩余下滑力；ψ 为传递系数；γ_t 为滑坡推力安全系数；G_{nt}、G_{nn} 分别为第 n 块滑体自重沿滑动面、垂直滑动面的分力；φ_n 为第 n 块滑体沿滑动面土的内摩擦角标准值；c_n 为第 n 块滑体沿滑动面土的黏聚力标准值；l_n 为第 n 块滑体沿滑动面的长度。

9.5.3 边坡处理及挡墙设计

目前，土木工程领域喜欢将边坡分为土质边坡和岩石边坡等两大类，不同类型的边坡应采用不同的处理方式。

1. 土质边坡处理与重力式挡墙设计

土质边坡设计应遵守相关原则：边坡工程设计前应进行详细的工程地质勘察；边坡设计应注意保护和整治边坡环境（边坡水系应因势利导且应设置地表排水系统，边坡工程应设内部排水系统，稳定边坡应采取保护及营造植被的防护措施）；建筑物的布局应依山就势以防止大挖大填（对平整场地而出现的新边坡应及时进行支挡或构造防护）；应根据边坡类型、边坡环境、边坡高度及可能的破坏模式选择适当的边坡稳定计算方法和支挡结构形式；支挡结构设计应进行整体稳定性计算、局部稳定性计算、地基承载力计算、抗倾覆稳定性计算、抗滑移计算及结构强度计算；边坡工程的设计前应进行详细的工程地质勘察并应对边坡的稳定性作出准确评价（还应对其有可能引发的周围环境危害作出预测；对岩石边坡的结构面应调查清楚且应指出主要结构面的所在位置；应提供边坡设计所需要的各项参数）；边坡的支挡结构应进行排水设计（对可向坡外排水的支挡结构应在支挡结构上设置排水孔，排水孔应沿横竖两个方向设置且其间距宜取 2~3 m，排水孔外斜坡度宜为 5%，孔眼尺寸不宜小于 100 mm），支挡结构后面应做好滤水层（必要时应作排水暗沟，支挡结构后面有山坡时应在坡脚处设置截水沟，对不能向坡外排水的边坡应在支挡结构后面设置排水暗沟）；支挡结构后面的填土应选择透水性强的填料（当采用黏性土作填料时宜掺入适量的碎石，在季节性冻土地区应选择炉碴、碎石、粗砂等非冻胀性填料）。

重力式挡土墙构造应符合相关要求：重力式挡土墙适用于高度小于 6 m、地层稳定、开挖土石方时不会危及相邻建筑物的地段。重力式挡土墙可在基底设置逆坡（对于土质地基其基底逆坡坡度不宜大于 1：10；对岩质地基其基底逆坡坡度不宜大于 1：5）。块石挡土墙的墙顶宽度不宜小于 400 mm；混凝土挡土墙的墙顶宽度不宜小于 200 mm。重力式挡墙的基础埋置深度应根据地基承载力、水流冲刷、岩石裂隙发育及风化程度等因素进行确定（在特强冻涨、强冻涨地区还应考虑冻涨的影响。在土质地基中的基础埋置深度不宜小于 0.5 m；在软质岩地基中其基础埋置深度不宜小于 0.3 m）。重力式挡土墙应每间隔 10~20 m 设置一道伸缩缝，当地基有变化时宜加设沉降缝，在挡土结构的拐角处应采取加强的构造措施。

挡土墙的稳定性验算应符合第五章的相关要求。

2. 岩石边坡处理以及岩石锚杆挡墙设计

在岩石边坡整体稳定的前提下，岩石边坡的开挖坡度允许值应根据当地经验按工程类比的原则、参照本地区已有稳定边坡的坡度值加以确定。

当整体稳定的软质岩边坡高度小于 12 m（或硬质岩边坡高度小于 15 m）时其边坡开挖时可进行构造处理。

岩石锚杆应遵守构造要求方面的规定：岩石锚杆由锚固段和非锚固段组成，锚固段应嵌入稳定的基岩中（其嵌入基岩的深度应大于40倍锚杆主筋的直径且不得小于3倍锚杆的直径，其混凝土强度等级不应低于 C25 或水泥砂浆强度不应低于 25 MPa），非锚固段的主筋必须进行防护处理（可采用混凝土或水泥砂浆包裹方式处理）。

思考题

1. 简述我国各特殊土的分布区域。
2. 软土的工程特性有哪些？其地基处理的措施有哪些？
3. 湿陷性黄土的工程特性有哪些？其地基处理的措施有哪些？
4. 膨胀土的工程特性有哪些？其地基处理的措施有哪些？
5. 山区地基的工程特性有哪些？其地基处理的措施有哪些？

参考文献

[1]　同济大学土力学与基础工程教研室. 土力学.

[2]　高大钊. 土力学与基础工程. 北京：中国建筑工业出版社，1998.

[3]　陈希哲. 土力学与基础工程. 北京：清华大学出版社，2015.

[4]　王雅丽. 土力学与基础工程. 重庆：重庆大学出版社，2008.

[5]　侯兆霞，等. 特殊土地基. 北京：中国建材工业出版社，2007.

[6]　杨小平. 建筑地基基础. 广州：华南理工大学出版社，2007.

[7]　赵明华. 基础工程. 北京：高等教育出版社，2010.

[8]　国家标准. GB 50007—2011　建筑地基基础设计规范. 北京：中国建筑工业出版社，2013.

[9]　国家标准. GB 51004—2015　建筑地基基础施工规范. 北京：中国建筑工业出版社，2015.

[10]　行业标准. JGJ 94—2008　建筑桩基础技术规范. 北京：中国建筑工业出版社，2008.

[11]　国家标准. GB/T 50123—1999　土工试验方法标准. 北京：中国计划出版社，1999.

附录 土力学实验指导书

实验一 土的密度实验

一、概 述

土的密度 ρ 是土质量密度的简称,指单位体积土样的质量,即土的总质量(m)与其体积(V)之比,是土的基本物理性质指标,单位为 g/cm^3 或 t/m^3。土的密度反映了土体结构的松紧程度,是计算土的自重应力、干密度、孔隙比、孔隙度等指标的主要依据,也是挡土墙土压力计算、土坡稳定性验算、地基承载力和沉降量估算以及路基路面施工填土压实度控制的主要指标之一。

当用国际单位制计算土的重力时,由土的质量产生的单位体积的重力称为土的重力密度 γ ,简称重度,其单位是 kN/m^3。重度由密度乘以重力加速度求得,即 $\gamma = \rho g$ 。

土的密度一般情况下是指土的湿密度 ρ ,相应的重度称为湿重度 γ ,除此以外还有土的干密度 ρ_d 、饱和密度 ρ_{sat} 以及有效密度 ρ' ,相应地有干重度 γ_d 、饱和重度 γ_{sat} 和有效重度 γ' 。

二、目的要求

测定土在天然状态下单位体积的质量。

三、实验方法及原理

(1)环刀法:采用一定容积的环刀切取土样并称土样质量的方法。环刀内土的质量与环刀容积之比即为土的密度。环刀法操作简便且准确,在室内和野外均普遍采用,但环刀法仅适用于测定不含砾石颗粒的黏性土密度。

(2)蜡封法:也称浮称法,其原理是依据阿基米德原理,即物体在水中失去的质量等于排开同体积水的质量,来测出土的体积,为考虑土体浸水后崩解、吸水等问题,在土体外涂一层蜡。特别适用于难以切削的易破裂土和形状不规则的坚硬黏性土。

(3)灌水法:在现场挖坑后灌水,由水的体积来量测试坑容积从而测定土的密度的方法。该方法适用于现场测定砂土与砂砾土的密度,特别是巨粒土的密度,从而为粗粒土和巨粒土提供施工现场检验密实度的手段。

(4)灌砂法:首先在现场挖一个坑后,然后向试坑中灌入粒径为 $0.25 \sim 0.50$ mm 的标准砂，由标准砂的质量和密度来测量试坑的容积，从而测定土的密度的方法。该方法主要用于现场测定粗粒土的密度。

这里只介绍环刀法实验。

四、仪器设备

环刀法需要下列仪器设备：

（1）环刀：内径为 61.8 mm（面积 30 cm²）或 79.8 mm（面积 50 cm²），高度为 20 mm，壁厚 1.5 mm。

（2）天平：称量 200 g，感量 0.1 g。

（3）其他：切土刀、钢丝锯、凡士林等。

五、操作步骤

（1）首先取一个环刀并记录环刀上的编号，再把环刀放在在天平上称取它的质量 m_1。

（2）根据工程需要取原状土或所需湿度密度的扰动土样，其直径和高度应大于环刀的尺寸的原状土样或制备土样。切取原状土样时，应保持原来结构并使试样保持与天然土层受荷方向一致。

（3）先削平土样两端，然后在环刀内壁涂一薄层凡士林油，刀口向下放在土样上，用切土刀将土样削成略大于环刀直径的土柱，然后将环刀下压，边压边削，直至土样伸出环刀为止。

（4）根据试样的软硬程度，采用钢丝锯或切土刀将两端余土削去修平，并及时在两端盖上圆玻璃片，以免水分蒸发。注意修平土样时，严禁在土面上反复涂抹，以免土面孔隙堵塞。

（5）擦净环刀外壁，将取好土样的环刀放在天平上称量，记下环刀与湿土的总质量 m_2，精确至 0.1 g。

六、数据记录与计算

1. 数据记录

密度试验记录表（环刀法）

试样编号	土样类别	环刀号	湿土质量/g	体积/cm³	湿密度/（g/cm³）	含水率/%	干密度/（g/cm³）	平均干密度/（g/cm³）
			（1）	（2）	（3）=（1）/（2）	（4）	（5）=（3）/[1+0.01（4）]	（6）

2. 计算土的密度

按下式分别计算土的湿密度和干密度

$$\rho = \frac{m}{V} = \frac{m_2 - m_1}{V}$$

$$\rho_d = \frac{\rho}{1 + 0.01w}$$

式中　ρ ——湿密度（g/cm³），精确至 0.01 g/cm³；

ρ_d ——干密度（g/cm³），精确至 0.01 g/cm³；

m ——湿土质量（g）；

m_1 ——环刀质量（g）；

m_2 ——环刀质量加湿土质量（g）；

V——环刀容积（cm³），计算至 0.01 g/cm³。

w ——含水量。

3. 要求

本实验应进行两次平行测定，两次测定的密度差值不得大于 0.03 g/cm³，并取其两次测值的算术平均值。

实验二　土的含水率实验

一、概述

土的含水量 w 是指土在 105～110 ℃ 的温度下烘至恒量时所失去的水分质量和达恒量后干土质量的比值，以百分数表示。

含水量是土的基本物理性指标之一，它反映了土的干、湿状态。含水量的变化将使土物理力学性质发生一系列的变化，它可使土变成半固态、可塑状态或流动状态，可使土变成稍湿状态、很湿状态和饱和状态，也可造成土的压缩性和稳定性上的差异。含水量还是计算土的干密度、孔隙比、饱和度、液性指数等项指标不可缺少的依据，也是建筑物地基、路堤、土坝等施工质量控制的重要指标。

二、目的要求

土的含水率是土在 105～110 ℃ 下烘至恒量时所失去的水的质量和干土质量的百分比值。土在天然状态下的含水率为土的天然含水率。

试验的目的：测定土的含水率。

三、实验方法及原理

（1）烘干法：将试样放在能保持 105～110 ℃ 的烘箱中烘至恒量的方法，是室内测定含水量的标准方法，一般黏性土都可以采用。

（2）酒精燃烧法：将试样和酒精拌合，点燃酒精，随着酒精的燃烧使试样水分蒸发的方法。酒精燃烧法是快速简易且较准确测定细粒土含水量的一种方法，适用于没有烘箱或试样较少的情况。

（3）比重法：通过测定湿土体积，估计土粒比重，从而间接计算土的含水量的方法。土体内气体能否充分排出，将直接影响到试验结果的精度，故比重法仅适用于砂类土。

（4）碳化钙气压法：公路上快速简易测定土的含水量的法，其原理是将试样中的水分与碳化钙吸水剂发生化学反应，产生乙炔气体，其化学方程式为：

$$CaC_2+2H_2O \rightarrow Ca（OH）_2+C_2H_2 \uparrow$$

从以上的化学方程式可以看出，乙炔（C_2H_2）的数量与土中水分的数量有关，乙炔气体所产生的压力强度与土中水分的质量成正比，通过测定乙炔气体的压力强度，并与烘干法进行对比，从而可得出试样的含水量。

由于用烘干法测定土的含水量，试验简便、结果稳定，目前我国多以此方法作为室内试验的标准方法。这里也只介绍烘干法。

四、仪器设备

烘干法测土的含水量需要下列仪器设备：
（1）电热烘箱：温度能保持在 105～110 ℃。
（2）天平：称量 200 g，感量 0.01 g;
（3）其他：干燥器、称量盒等。

五、试验操作步骤（烘干法）

（1）取一个称量盒并记录盒号，然后用天平称取盒的质量 m_0。
（2）从土样中选取具有代表性的试样，黏性土为 15～30 g，砂性土、有机质土和整体状构造冻土为 50 g，放入称好质量的称量盒内，立即盖上盒盖，称盒加湿土的总质量 m_1。
（3）打开盒盖，将试样和盒一起放入烘干箱内，在 105～110 ℃ 恒温下烘至恒量。试样烘至恒量的时间与土的类别及取土数量有关，黏性土不得少于 8 h，砂性土不得少于 6 h。含有机质超过 5%的土需在 65～70 ℃ 的恒温下进行烘干。
（4）按规定时间烘干后，取出称量盒，立即盖好盒盖，置于干燥器内冷却至室温后，称取盒和干土的质量 m_2。
（5）本实验称量应准确至 0.01 g。

六、成果整理及计算

1. 数据记录

含水率试验记录表

试样编号	土样说明	盒号	盒质量/g	盒加湿土质量/g	盒加干土质量/g	水的质量/g	干土质量/g	含水率/%	平 均含水率/%
			（1）	（2）	（3）	（4）=（2）－（3）	（5）=（3）－（1）	（6）=（4）/（5）	（7）

2. 计算含水量

$$w = \frac{m_{w}}{m_{s}} = \frac{m_1 - m_2}{m_2 - m_0} \times 100\%$$

式中 w ——含水量（%），准确至 0.1%；

m_1 ——称量盒与湿土质量（g）；

m_2 ——称量盒与干土质量（g）；

m_0 ——称量盒质量（g）。

3. 要求

（1）干土质量计算至 0.1%。

（2）本试验需进行两次平行测定，取其算术平均值，允许平行差值应符合下表规定。

含水量/%	小于 10	10～40	大于 40
允许平行差值/%	0.5	1.0	2.0

实验三 土的液塑限联合测定仪法试验

一、概述

黏性土的物理状态随着含水量的变化而变化，当含水量不同时，黏性土可分别处于流动状态、可塑状态、半固体状态和固体状态。黏性土从一种状态转到另一种状态的分界含水量称为界限含水量。土从可塑状态转到流动状态的界限含水量称为液限 w_L；土从可塑状态转到半固体状态的界限含水量称为塑限 w_P，土从半固体状态不断蒸发水分，则体积逐渐缩小，小到体积不再缩小时的界限含水量称为缩限 w_s。

土的塑性指数 I_P 是指液限与塑限的差值，由于塑性指数在一定程度上综合反映了影响黏性土特征的各种重要因素，因此，黏性土常按塑性指数进行分类。土的液性指数 I_L 是指黏性土的天然含水量和塑限的差值与塑性指数之比，液性指数可被用来表示黏性土所处的软硬状态，所以，土的界限含水量是计算土的塑性指数和液性指数不可缺少的指标，土的界限含水量还是估算地基土承载力等的一个重要依据。

界限含水量试验要求土的颗粒粒径小于 0.5 mm，且有机质含量不超过 5%，且宜采用天然含水量的试样，但也可采用风干试样，当试样中含有大于 0.5 mm 的土粒或杂质时，应过 0.5 mm 的筛。

二、目的要求

细粒土由于含水率不同，分别处于流动状态、可塑状态、半固体状态和固体状态。液限是细粒土呈可塑状态的上限含水率，塑限是细粒土呈可塑状态的下限含水率。本试验是测定细粒土的液限和塑限含水率，用作计算土的塑性指标和液性指数，以划分土的工程类别和确定土的状态。

三、实验方法及原理

1. 液限实验

（1）圆锥仪法：圆锥仪液限试验就是将质量为 76 g，锥角为 30°且带有平衡装置的圆锥仪，轻放在调配好的试样的表面，使其在自重的作用下沉入土中，若圆锥体经过 5s 恰好沉入土中 10 mm 深度，此时试样的含水量就是液限。

（2）碟式仪法：碟式仪液限试验就是将调配好的土膏放入土碟中，用开槽器分成两半，以每秒两次的速率将土碟由 100 mm 高度下落，当土碟下落击数为 25 次时，两半土膏在碟底的合拢长度恰好达到 13 mm，此时试样的含水量即为液限。

（3）液、塑限联合测定法：液塑限联合测定是根据圆锥仪的圆锥入土深度与其相应的含水量在双对数坐标上具有线性关系这一特性来进行的。利用圆锥质量为 76 g 的液塑限联合测定仪测得土在不同含水量时的圆锥入土深度，并绘制圆锥入土深度与含水量的关系直线图，在图上查得圆锥下沉深度为 10 mm（17 mm）时所对应的含水量即为土样的液限，查得圆锥下沉深度为 2 mm 时所对应的含水量即土样的为塑限。

2. 塑限实验

（1）滚搓法：滚搓法塑限试验就是用手在毛玻璃板上滚搓土条，当土条直径搓成 3 mm 时产生裂缝并开始断裂，此时试样的含水量即为塑限。

（2）液、塑限联合测定法：同上。

这里只介绍液、塑限联合测定法。

四、试验方法

液限测定可以采用塑限联合测定仪法

五、仪器设备

液塑限联合测定法测土的液、塑限需要下列仪器设备：

（1）液塑限联合测定仪，包括带标尺的圆锥仪、电磁铁、显示屏、控制开关和试样杯。附图3-1、附图3-2所示为光电式液塑限联合测定仪，圆锥质量为76 g，锥角为30°；读数显示为光电式；试样杯内径为40～50 mm，高度为30～40 mm。

（2）天平：称量200 g，分度值0.01 g。

（3）烘箱、干燥器。

（4）铝盒、调土刀、孔径0.5 mm的筛、研钵、凡士林等。

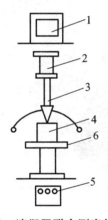

附图3-1　液塑限联合测定仪示意图

1—显示屏；2—电磁铁；3—带标尺的圆锥仪；
4—试样杯；5—控制开关；6—升降座

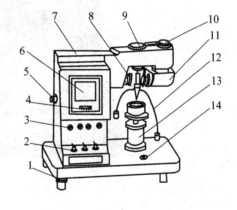

附图3-2　液限、塑限联合测定仪

1—水平调节螺丝；2—控制开关；3—指示发光管；
4—零线调节旋钮；5—反射镜调节螺杆；6—屏幕；
7—机壳；8—物镜调节螺丝；9—电磁装置；
10—光源调节螺丝；11—光源装置；
12—圆锥仪；13—升降台；14—水准泡

六、试验步骤

1. 液塑限联合测定法试验步骤

（1）本试验宜采用天然含水率试样，当土样不均匀时，采用风干试样，当试样中含有大于0.5 mm的土粒和杂物时应过0.5 mm筛。

（2）当采用天然含水量土样时，取代表性土样 250 g；采用风干土样时，取过 0.5 mm 筛下的代表性试样 200 g，将试样放在橡皮板上用纯水调制成均匀膏状，放入盛土皿中，然后放入密封的保湿缸中，静置 24 h。

（3）将制备好的土膏用调土刀充分调拌均匀，分层密实地填入试样杯中，注意土中不能留有空隙，装满试杯后刮去余土使土样与杯口齐平，并将试样杯放在联合测定仪的升降座上。

（4）将圆锥仪擦拭干净，并在锥体上抹一薄层凡士林，然后接通电源，使电磁铁吸稳圆锥。

（5）调节屏幕准线，使初始读数为零。然后转动升降座，使试样杯徐徐上升，当圆锥尖刚好接触试样表面时，指示灯亮，圆锥在自重下沉入试样内，经 5 s 后立即测读显示在屏幕上的圆锥下沉深度（附图 3-3）。

把联合测定仪的升降台降下来，放上试样杯，将联合测定仪的手动自动换挡开关放到手动挡。让升降台慢慢地上升，与圆锥接触，此时接触指示灯亮。

按手动复位钮，锥自由下落，待读数指示灯亮后，读锥下落的深度。当锥的下落深度在 9.9～10.1 mm时，测土样的含水率值。

附图 3-3

（6）取下试样杯，挖出锥尖入土处的凡士林，取锥体附近不少于 10 g 的试样，放入称量盒内，测定含水量。

（7）将剩余试样从试杯中全部挖出，在加水或吹干并调匀，重复以上试验步骤分别测定试样在不同含水量下的圆锥下沉深度和其相应的含水量。液塑限联合测定至少在 3 点以上，其圆锥入土深度宜分别控制在 3～4 mm、7～9 mm 和 15～17 mm。

2. 含水量试验步骤

（1）取代表性试样 15～30 g，放入铝盒内，迅速盖好铝盒盖，称量 m_1，减去铝盒质量 m_0，准确至 0.01 g。

（2）揭开盒盖，将试样和盒一起放入恒温箱烘烤至恒重，温度设定为 105～110 ℃。黏土约需 10 h。

（3）将烘干后的试样和铝盒取出，盖好盒盖，放入干燥器内冷却至室温，称铝盒加土质量 m_2。干土质量 $m_s = m_2 - m_0$，减去铝盒质量 m_0，准确至 0.01 g。

（4）按下式计算该土样的含水量：

$$w = \frac{m - m_s}{m_s} = \frac{m_1 - m_2}{m_2 - m_0} \times 100\%$$

（5）按前面的步骤进行两次平行试验，当两次测定的含水量差值在含水量低于 40%时不大于 1%，在含水量高于 40%时，不大于 2%时，取两次平行试验的平均值作为含水量。

七、数据记录与计算

液塑限联合试验记录表

试样编号						
圆锥下沉深度/mm						
盒号						
盒质量/g						
盒＋湿土质量/g						
盒＋干土质量/g						
湿土质量/g						
干土质量/g						
水的质量/g						
含水率/g						
平均含水率/%						
液限 w_L/%						
塑限 w_P/%						
塑性指数 I_P						
液性指数 I_L						
土的分类						

八、成果整理

（1）计算含水量。

$$w = \frac{m_2 - m_1}{m_1 - m_0} \times 100\%$$

式中　　w ——含水量（％），精确至 0.1%；

　　　　m_1 ——干土和称量盒质量（g）

　　　　m_2 ——湿土和称量盒质量（g）；

　　　　m_0 ——称量盒质量（g）。

（2）确定液限、塑限。

以含水量为横坐标，以圆锥入土深度为纵坐标，在双对数坐标纸上绘制含水量与圆锥入土深度关系曲线，如附图 3-4 所示。三点应在一条直线上，如图中 A 线。当三点不在一条直线上时，应通过高含水量的一点分别与其余两点连成两条直线，在圆锥下沉深度为 2 mm 处分别查得相应的两个含水量，当两个含水量的差值小于 2%时，应以该两点含水量的平均值（仍在圆锥下沉深度2 mm 处）与高含水量的点再连一直线，如图中 B 线。若两个含水量的差值大于或等于2%时，应重做试验。

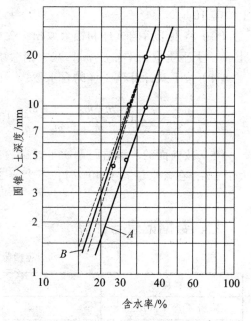

附图 3-4　圆锥下沉深度与含水量关系曲线

（3）在圆锥下沉深度 h 与含水量 w 关系图上，查得圆锥下沉深度为 17 mm 所对应的含水量为 17 mm 液限；查得圆锥下沉深度为 10 mm 所对应的含水量为 10 mm 液限；查得下沉深度为 2 mm 所对应的含水量为塑限；取值以百分数表示，准确至 0.1%。

（4）塑性指数计算。

塑性指数：　　$I_P = w_L - w_P$

式中　　I_P ——塑性指数，精确至 0.1%；

　　　　w_L ——液限（%）；

　　　　w_P ——塑限（%）。

（5）液性指数计算

液性指数：　　$I_L = \dfrac{w - w_P}{I_P}$

式中　　I_L ——液性指数，精确至 0.01；

　　　　w ——天然含水量（%）；

其余符号意义同上式。

实验四　土的直接剪切试验

一、概述

土的抗剪强度是指土体对于外荷载所产生的剪应力的极限抵抗能力。在外荷载作用下，土体中将产生剪应力和剪切变形，当土中某点由外力所产生的剪应力达到土的抗剪强度时，土就沿着剪应力方向产生相对滑动，该点便产生剪切破坏。土体发生剪切破坏时，将沿着其内部某一曲面产生相对滑动，而该滑动面上的剪应力就对等于土的抗剪强度。法国的库仑根据试验结果提出了土的抗剪强度表达式，即库仑定律：

$$\tau_{\mathrm{f}} = c + \sigma \tan \varphi$$

式中　τ_{f} —— 土的抗剪强度（kPa）；

　　　σ —— 剪切滑动面上的法向应力（kPa）；

　　　c —— 土的黏聚力（kPa）；

　　　φ —— 土的内摩擦角（°）。

直接剪切实验就是直接对土样进行剪切的实验，简称直剪实验，是测定土的抗剪强度的一种常用方法。通常采用 4 个试样，分别在不同的垂直压力 p 下，施加水平剪切力进行剪切，测得剪切破坏时的剪应力 τ。然后根据库仑定律确定土的抗剪强度指标：内摩擦角 φ 和黏聚力 c。

二、目的要求

掌握土的直接剪切试验基本原理和试验方法，了解试验的仪器设备，熟悉试验的操作步骤，掌握直接剪切试验成果的整理方法，根据土的剪切曲线计算土的内聚力和摩擦角。

三、试验原理

直剪试验中采用圆柱状试样，在竖直方向加法向力 P，在预定剪切面上、下加一对剪力 T 使试样剪切。试验时，剪力 T 自零开始增加，剪切位移 δ 也自零增加。剪破时，剪力 T 达到最大值 $T_{\max}$，对应剪破面上剪应力达到抗剪强度，即：

$$\sigma = P / A, \quad \tau_{\mathrm{f}} = T_{\max} / A$$

式中，σ 为剪破面上的法向应力；P、T 代表法向力和剪力；τ_{f} 剪破面上抗剪强度；$T_{\max}$ 为试样所受最大剪力；A 为剪破面面积。

当采用 4 个试样，用不同的法向应力 σ_i 作用于竖直方向，剪切时得到不同抗剪强度 $\tau_{\mathrm{f}i}$。将 4 组（σ_i，$\tau_{\mathrm{f}i}$），在附图 4-1 的坐标系中，用最小二乘法作强度线，强度线在纵坐标上的截距为凝聚力 c，与水平线的夹角为内摩擦角 φ。

四、试验方法

直剪试验按法向力 P 和剪力 T 施加速度或作用时间长短分成下述三种：

（1）快剪实验：在试样上施加垂直压力后立即以每

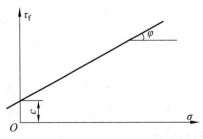

附图 4-1　直剪试验强度曲线

分钟 0.8 mm 的剪切速率快速施加水平剪应力，直至破坏，一般在 3～5 min 内完成，适用于渗透系数小于 10^{-6} cm/s 的细粒土。这种方法将使粒间的有效应力维持原状，不受适用外力的影响，但由于这种粒间有效应力的数值无法求得，所以试验结果只能求得（$\sigma \tan \varphi_q + c_q$）混合值。该适用于测定黏性土天然强度，但 φ_q 角偏大。

（2）固结快剪实验：在试样上施加垂直压力，待试样排水固结稳定后，再以每分钟 0.8 mm 的剪切速率施加剪力，直至剪坏，一般在 3～5 min 内完成，适用于渗透系数小于 10^{-6} cm/s 的细粒土。由于时间短促，剪力所产生的超静水压力不会转化为粒间的有效应力，用几个土样在不同垂直压力下进行固结快剪，便能求得抗剪强度参数 φ_{cq} 和 c_{cq} 值，这种 φ_{cq}、c_{cq} 值称为总应力法抗剪强度参数。

（3）慢剪实验：在试样上施加垂直压力，待试样排水固结稳定后，再以小于每分钟 0.02 mm 的剪切速率施加水平剪应力，在施加剪应力的过程中，使土样内始终不产生孔隙水压力，用几个土样在不同垂直压力下进行剪切，将得到有效应力抗剪强度参数 c_s 和 φ_s 值，但历时较长，剪切破坏时间可按下式估算：

$$t_f = 50 t_{50}$$

式中　t_f ——达到破坏所经历的时间；

　　　t_{50} ——固结度达到 50% 所经历的时间。

五、仪器设备

（1）应变控制式直剪仪（附图 4-2、附图 4-3）：由剪切盒、垂直加压设备、剪切传动装置、测力计、位移量测系统组成。

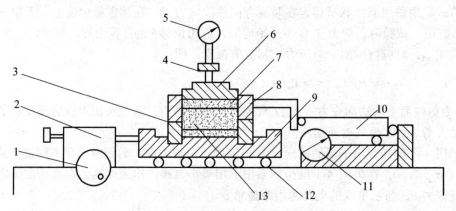

附图 4-2　应变控制式直剪仪构造

1—剪切传动机构；2—推动器；3—下盒；4—垂直加压框架；5—垂直位移计；6—传压板；7—透水板；
8—上盒；9—储水盒；10—测力计；11—水平位移计；12—滚珠；13—试样

（2）环刀：内径 61.8 mm，高度 20 mm。

（3）位移量测设备：量程为 10 mm，分度值为 0.01 mm 的百分表；或准确度为全量程 0.2% 的传感器。

（4）其他：天平、削土刀、饱和器、滤纸、润滑油等。

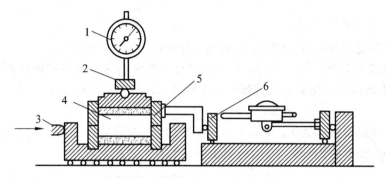

附图 4-3 应变控制式直剪仪

1—垂直变形量表；2—垂直加荷框架；3—推动座；4—试样；5—剪切容器；6—量力环

六、试验步骤

1. 慢剪试验步骤

（1）试样制备：从原状土样中切取原状土试样或制备给定干密度和含水量的扰动土试样。按规范规定，测定试样的密度及含水量。对于扰动土样需要饱和时，按规范规定的方法进行抽气饱和。

（2）对准上下盒，插入固定销。在下盒内放湿滤纸和透水板。将装有试样的环刀平口向下，对准剪切盒口，在试样顶面放湿滤纸和透水板，然后将试样徐徐推入剪切盒内，移去环刀。

转动手轮，使上盒前端钢珠刚好与测力计接触。调整测力计读数为零。依次加上加压盖板、钢珠、加压框架，安装垂直位移计，测记起始读数。

（3）施加垂直压力：一个垂直压力相当于现场预期的最大压力 p，一个垂直压力要大于 p，其他垂直压力均小于 p。但垂直压力的各级差值要大致相等。也可以取垂直压力分别为 100 kPa、200 kPa、300 kPa、400 kPa，各级垂直压力可一次轻轻施加，若土质软弱，也可以分级施加以防试样挤出。

（4）如系饱和试样，则在施加垂直压力 5min 后，往剪切盒水槽内注满水；如系非饱和试样，仅在活塞周围包以湿棉花，以防止水分蒸发。

（5）在试样上施加规定的垂直压力后，测记垂直变形读数。每 1h 测读垂直变形一次，直至试样固结变形稳定。当每小时垂直变形读数变化不超过 0.005 mm，认为以达到固结稳定。

（6）试样达到固结稳定后，拔去固定销，开动秒表，以 0.8～1.2 mm/min 的速率剪切（每分钟 4～6 转的均匀速度旋转手轮），使试样在 3～5 min 剪损。

（7）拔去固定销，以小于 0.02 mm/min 的剪切速度进行剪切，试样每产生剪切位移 0.2～0.4 mm 测记测力计和位移读数，直至测力计读数出现峰值，应继续剪切至剪切位移为 4 mm 时停机，记下破坏值；当剪切过程中测力计读数无峰值时，应剪切至剪切位移为 6 mm 时停机。

（8）剪切结束后，吸去剪切盒中积水，倒转手轮，尽快移去垂直压力、框架、钢珠、加压盖板等。取出试样，测定剪切面附近的含水量。

（9）剪应力应按下式计算：

$$\tau = C \cdot R / A_0$$

式中：τ 为试样所受的剪应力（kPa）；R 为测力计量表读数（0.01 mm）。

（10）以剪应力为纵坐标、剪切位移为横坐标，绘制剪应力与剪切位移关系曲线（附图4-4），取曲线上剪应力的峰值为抗剪强度，无峰值时，取剪切位移 4 mm 所对应的剪应力为抗剪强度。

（11）以抗剪强度为纵坐标，垂直压力为横坐标，绘制抗剪强度与垂直压力关系曲线（附图4-5），直线的倾角为摩擦角，直线在纵坐标上的截距为黏聚力。

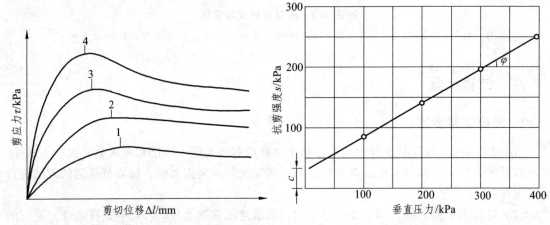

附图 4-4　剪应力与剪切位移关系曲线　　附图 4-5　抗剪强度与垂直压力关系曲线

2. 固结快剪试验步骤

（1）试样制备、安装和固结，应按慢剪试验步骤进行。

（2）固结快剪试验的剪切速度为 0.8 mm/min，使试样在 3～5 min 内剪损，其剪切步骤应按慢剪步骤进行。

（3）固结快剪试验的计算应按慢剪中的规定进行。

（4）固结快剪试验的绘图应按慢剪中的规定进行。

3. 快剪试验步骤

（1）试样制备、安装应按慢剪的步骤进行；安装时应以硬塑料薄膜代替滤纸，不需安装垂直位移量测装置。

（2）施加垂直压力，拔去固定销，立即以 0.8 mm/min 的剪切速度按慢剪的步骤进行剪切至试验结束。使试样在 3～5 min 内剪损。

（3）固结快剪试验的计算应按慢剪中的规定进行。

（4）固结快剪试验的绘图应按慢剪中的规定进行。

七、实验记录及成果整理

1. 记录

剪应力应按下式计算：

$$\tau = C \cdot R / A_0 \text{。}$$

式中 τ——试样所受的剪应力（kPa）；

R——测力计量表读数（0.01 mm）。

2. 计算

按下式计算每个试样的剪应力

$$\tau = KR$$

式中 τ——试样所受的剪应力（kPa）；

K——测力计率定系数（kPa/0.01 mm）；

R——测力计读数（0.01 mm）。

土的直接剪切试验数据记录

仪 器 号 ＿＿＿＿＿＿＿＿＿＿＿＿＿＿ 应力环系数 ＿＿＿＿＿＿＿＿＿＿＿＿＿

土 号 ＿＿＿＿＿＿＿＿＿＿＿＿＿＿ 手轮转速 ＿＿＿＿＿＿＿＿＿＿＿＿＿＿

试验方法 ＿＿＿＿＿＿＿＿＿＿＿＿＿＿ 土壤类别 ＿＿＿＿＿＿＿＿＿＿＿＿＿＿

手轮转数	垂直压力				手轮转数	垂直压力			
	100 kPa	200 kPa	300 kPa	400 kPa		100 kPa	200 kPa	300 kPa	400 kPa
抗剪强度									
剪切历时									
固结时间									
剪切前压缩量									

3. 制图

① 以剪应力为纵坐标、剪切位移为横坐标，绘制剪应力 τ 与剪切位移 Δ 关系曲线（附图

4-4）；取曲线上剪应力的峰值为抗剪强度，无峰值时，取剪切位移 4 mm。

② 以抗剪强度 τ_f 为纵坐标，垂直压力 p 为横坐标，绘制抗剪强度 τ_f 与垂直压力 p 的关系曲线（附图 4-5）。直线的倾角为土的内摩擦角 φ，直线在纵坐标上的截距为土的黏聚力 c。

八、实验报告

此报告格式仅供参考，同学可以参照此原则自定报告形式。在实验报告的最后部分，同学们要综合所学知识及实验所得结论认真回答思考题并可以提出自己的见解、讨论及存在的问题。

1. 实验目的
2. 实验设备
3. 实验记录及成果分析

（1）直剪实验记录（一）。

试验方法：＿＿＿＿＿＿　　剪切速率：＿＿＿＿＿＿＿＿

测力计率定系数 $K=$＿＿＿＿ kPa/0.01 mm　　　　手轮每转进程 $\Delta s=$＿＿＿＿＿＿＿

手轮转数 n	剪切位移 $/（0.01\ mm）$	垂直压力/kPa					
		100		200		300	
		百分表读数 $R/$（0.01 mm）	剪应力 τ/kPa	百分表读数 $R/$（0.01 mm）	剪应力 τ/kPa	百分表读数 $R/$（0.01 mm）	剪应力 τ/kPa
①	②	③	④=$K×$③	⑤	⑥ = $K×$⑤	⑦	⑧ = $K×$⑦

（2）直剪实验记录（二）。

垂直压力 P/kPa	测力计系数 $K/$（kPa/0.01 mm）	破坏时测力计读数 R_f	抗剪强度 τ_f
100			
200			
300			

（3）抗剪强度与垂直压力关系曲线。

（4）确定试样的抗剪确定参数。

（5）抗剪强度与垂直压力关系曲线，以及抗剪强度指标。

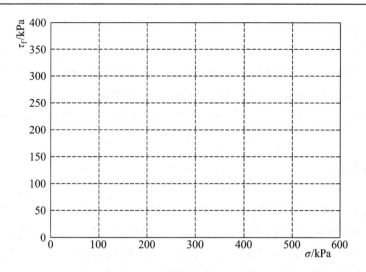

实验五 土的压缩试验

一、目的要求

掌握土的压缩试验基本原理和试验方法，了解试验的仪器设备，熟悉试验的操作步骤，掌握压缩试验成果的整理方法，计算压缩系数、压缩模量，并绘制土的压缩曲线。

二、试验原理

由土力学知识知道，土体在外力作用下的体积减小是由孔隙体积减小引起的，可以用孔隙比的变化来表示。在侧向不变形的条件下，试样在荷载增量 Δp 作用下，孔隙比的变化 Δe 可用无侧向变形条件下的压缩量公式表示为：

$$s = \frac{e_1 - e_2}{1 + e_1} H \qquad \cdot$$

式中 s ——土样在 Δp 作用下压缩量（cm）；

H ——土样在 p_1 作用下压缩稳定后的厚度（cm）；

e_1, e_2 ——土样厚为 H 时的孔隙比和在 Δp 作用压缩稳定后（压缩沉降量为 s）的孔隙比。孔隙比 e_2 对应的压力为 $p_2 = p_1 + \Delta p$，由公式（3.1）得到 e_2 的表达式为：

$$e_2 = e_1 - \frac{s}{H}(1 + e_1)$$

由上述公式可知，只要知道土样在初始条件下即 $p_0 = 0$ 时的高度 H_0 和孔隙比 e_0，就可以计算出每级荷载 p_i 作用下的孔隙比 e_i。由（p_i, e_i）可以绘出 e-p 曲线。

三、试验方法

适用于饱和的黏质土（当只进行压缩试验时，允许用于非饱和土）。

试验方法：标准固结试验；快速固结试验，规定试样在各级压力下的固结时间为 1 h，仅在最后一级压力下，除测记 1 h 的量表读数外，还应测读达压缩稳定时的量表读数。

四、仪器设备

（1）固结容器：由环刀、护环、透水板、水槽以及加压上盖组成（附图 5-1）。① 环刀：内径为 61.8 mm 和 79.8 mm，高度为 20 mm，环刀应具有一定的刚度，内壁应保持较高的光洁度，宜涂一薄层硅脂或聚四氟乙烯。② 透水板：氧化铝或不受腐蚀的金属材料制成，其渗透系数应大于试样的渗透系数。用固定式容器时，顶部透水板直径应小于环刀内径 0.2 ~ 0.5 mm；用浮环式容器时上下端透水板直径相等，均应小于环刀内径。

（2）加压设备：应能垂直地在瞬间施加各级规定的压力，且没有冲击力，压力准确度应符合现行国家标准《土工仪器的基本参数及通用技术条件》（GB/T 15406）的规定。

（3）变形量测设备：量程 10 mm，最小分度值为 0.01 mm 的百分表或准确度为全量程 0.2% 的位移传感器。

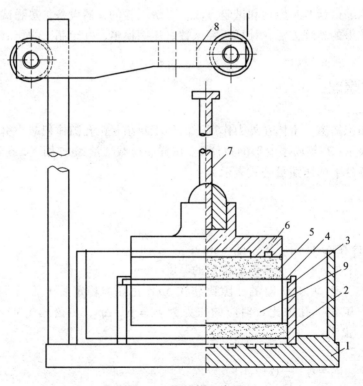

附图 5-1　固结仪示意图

1—水槽；2—护环；3—环刀；4—导环；5—透水板；6—加压上盖；
7—位移计导杆；8—位移计架；9—试样

五、试验步骤

（1）根据工程需要，切取原状土试样或制备给定密度与含水量的扰动土样。

（2）按试验一、二的方法，测定试样的密度及含水量。对于试样需要饱和时，按规范规定的方法将试样进行抽气饱和。

（3）在固结容器内放置护环、透水板和薄滤纸，将带有环刀的试样，小心装入护环内，然后在试样上放薄滤纸、透水板和加压盖板，置于加压框架下，对准加压框架的正中，安装量表。

（4）施加 1 kPa 的预压压力，使试样与仪器上下各部分之间接触良好，然后调整量表，使指针读数为零。

（5）确定需要施加的各级压力。加压等级一般为 12.5 kPa、25.0 kPa、50.0 kPa、100 kPa、200 kPa、400 kPa、800 kPa、1 600 kPa、3 200 kPa。最后一级压力应大于上覆土层的计算压力 100～200 kPa。

（6）如系饱和试样，则在施加第 1 级压力后，立即向水槽中注水至满。如系非饱和试样，须用湿棉围住加压盖板四周，避免水分蒸发。

（7）测记稳定读数。当不需要测定沉降速率时，稳定标准规定为每级压力下固结 24 h。测记稳定读数后，再施加第 2 级压力。依次逐级加压至试验结束。

（8）试验结束后，迅速拆除仪器部件，取出带环刀的试样（如系饱和试样，则用干滤纸吸去试样两端表面上的水，取出试样，测定试验后的含水量）。

注：采用快速法与标准方法的区别是在各级压力下的压缩时间为 1 h，仅在最后一级压力下，除测记 1 h 的量表读数外，还应测读达压缩稳定时的量表读数。稳定标准为量表读数每小时变化不大于 0.005 mm。

六、计算与制图

（1）按下式计算试样的初始孔隙比 e_0：

$$e_0 = \frac{\rho_w G_s (1 + 0.01 w_0)}{\rho_0} - 1$$

式中　ρ_0——试样初始密度（g/cm³）；

　　　w_0——试样的初始含水量（%）。

（2）按下式计算各级压力下固结稳定后的孔隙比 e_i：

$$e_i = e_0 - (1 + e_0) \frac{\Delta h_i}{h_0}$$

式中　Δh_i——某级压力下试样高度变化，即总变形量减去仪器变形量（cm）；

　　　h_0——试样初始高度（cm）。

（3）各级压力下试样校正后的总变形量按下式计算：

$$\sum \Delta h_i = (h_i)_t \frac{(h_n)_T}{(h_n)_t} = K(h_i)_t$$

（4）按下式计算某一级压力范围内的压缩系数 a_v：

$$a_v = \frac{e_i - e_{i+1}}{p_{i+1} - p_i}$$

（5）绘制 e-p 的关系曲线。

以孔隙比 e 为纵坐标、压力 p 为横坐标，将试验成果点在图上，连成一条光滑曲线。

（6）要求：用压缩系数判断土的压缩性。

（7）本试验记录格式。

快速法固结试验记录表

试样起始高度：$h_0=$ mm		$K=(h_n)_T/(h_n)_t=$		初始孔隙比 $e_0=$		
加压历时 /h	压力 /kPa	校正前试样总变形量 /mm	校正后试样总变形量 /mm	压缩后试样高度 /mm	压缩稳定后孔隙比	
	p	$(h_n)_t$	$\sum \Delta h_i - K(h_n)t$	$h = h_0 - \sum \Delta h_i$	e_i	
1						
1						
稳定						